U0201002

trees, woods and forests

人与树

一部社会文化史

A Social and Cultural History

〔英〕查尔斯·沃特金斯(Charles Watkins)◎著　王扬◎译

中国友谊出版公司

图书在版编目（ＣＩＰ）数据

人与树：一部社会文化史 / （英）查尔斯·沃特金斯著；王扬译. -- 北京：中国友谊出版公司，2018.2
书名原文: Trees, Woods and Forests: A Social and Cultural History
ISBN 978-7-5057-4187-4

Ⅰ.①人… Ⅱ.①查…②王… Ⅲ.①人类活动-关系-树木-文化史-世界 Ⅳ.①S718.52-091

中国版本图书馆 CIP 数据核字（2017）第 225180 号

著作权合同登记 图字：01-2017-8070
Trees, Woods and Forests: A Social and Cultural History by Charles Watkins
was first published by Reaktion Books, London, UK, 2014
Copyright©Charles Watkins 2014
Right arranged through CA-Link International LLC
All Right Reserved.

书名	人与树：一部社会文化史
作者	［英］查尔斯·沃特金斯
译者	王 扬
出版	中国友谊出版公司
发行	中国友谊出版公司
经销	新华书店
印刷	北京市兆成印刷有限责任公司
规格	710×1000 毫米 16 开 18.5 印张 256 千字
版次	2018 年 2 月第 1 版
印次	2018 年 2 月第 1 次印刷
书号	ISBN 978-7-5057-4187-4
定价	69.00 元
地址	北京市朝阳区西坝河南里 17 号楼
邮编	100028
电话	（010）64668676

可当我走过我们村子的林地，路过那些由我从斧子下挽救回来的森林，或者当我听见我亲手栽种的那些小树沙沙地响着时，我就觉得这气候有点被我掌握了。而千百年以后，如果人类真能更幸福一点，那么，我自己也总算有一点点小小的功劳。

——阿斯特罗夫博士（Dr Astrov），

安东·契诃夫剧本《万尼亚舅舅》（1897）第一幕

白蜡树已全然光秃了。可那最后一片叶子竟令人诧异地留在枝头，而非翩然脱落。不过，这也会是某个人正期待的。我意外地成为一个自然的崇拜者和观察者，但又仿佛命中注定——我的理解力也在与日俱增。

——利顿·斯特拉齐（Lytton Strachey）

致罗杰·森豪斯（Roger Senhouse），1928 年 11 月 12 日

这是什么时代，当谈论一棵树几乎就是一场犯罪，因为它关乎恶行，却隐含沉默！

——贝尔托特·布莱希特（Bertolt Brecht），《致后来人》，1938

序

我们对树木和森林历史的理解，在近些年发生了很大的转变。诸如
"覆盖整个欧洲大陆的森林带形成于冰河时代之后"，这样一些原本既定的
观点，要么受到了质疑，要么就已经被最新的考古成果所提供的证据推翻。
另一方面，尽管这颗星球上的热带雨林正在不断减少，但鉴于在近几年欧
洲的森林覆盖率大体上有所增加，人们对这里的森林遭遇同样命运的担忧
多少有些杞人忧天。最近的研究表明，在世界各地，人与树木和森林的互
动，都在随着时代的变化而发生着剧烈变化。历史上，由于人工开垦而出
现的林间空地，往往被看成是人口增加和农业生产技术有所进步的证据，
甚至可以当作是文明发展上的重要标记。然而林地并非只是个用来说明固
定的树木景观以及记录人们对其破坏的简单范畴。相反地，这一范畴中包
括了十分复杂的组成成分：林木密度、树龄、树种，不一而足。而无论被
用于以家庭为单位的耕作还是放牧，林地的效用和文化价值都归因于它的
这种多样性。从这个意义上说，它更是一位慷慨的"供给者"，一个可以
用于实践传统式管理或是科学方法的场所。

一个核心的问题在于，即便是同一棵树木或一片树林，在不同的人眼
里，或是在不同的时代，都会产生十分不同的观感。约翰·罗斯金（John
Ruskin）就曾认为，通过对树木的热爱来判断一个人的道德状况往往适得
其反，其实大多数人对树木喜爱与否，态度常常是因时而变的。至于喜欢
与否的理由，又可能会由于要深究到个人记忆及其与树木的个人互动，而
显得神秘莫测。我清楚地记得，1978 年，当时我待在英国中部的某个图书
馆里。偶然从窗子向外望时，映入眼帘的是一座兴建于 19 世纪的景观公

园，里面分散种植着各式人工林和天然小树林，迷人的绿色一直延伸到远处。我沉浸于欣赏这些得到很好照料的小松树和老橡树，而这里的所有者却在一旁饶有兴趣地指出，小松树和它左边的林木，列入的是种植"D计划"——出于节税目的而进行的种植；老橡树与它的右边，则是高一等级的"B计划"树木；至于中间的大型林木，则是两种计划的混合。如此美妙的风景，其种植的目的却是为了避税。而它们被如此精心照料的主要原因，则是在种植计划内，如果发生树木移植，就会产生昂贵的费用，这笔开销足以抵消从其他来源所获得的收入。因此森林景观的美丽与生产效率，很大程度上取决于某时某地的林业税收制度。英国目前的相关税收制度于1915年被引进，其目的正是鼓励人们对林地进行有效管理。对于不谙错综复杂的税收制度的人们而言，美丽风景之下的这一层意义，往往无从窥见。

这本书的创作目的，正是阐明这些纷繁复杂的理解方式与价值认定的由来，从而帮助人们从更多层面去理解人和树木、树林，乃至森林之间的关联与意义。当下的森林景观，其实是我们的祖先经过许多个世纪在严酷条件下努力生存、改造自然的结果。追根溯源，管理林木的工作，同时也包含对区域内羊群——山羊或是绵羊的把控、对火的处理以及裁剪枝叶、收获并收集果实与种子的经验与技巧。至于林地，它可以显得和蔼可亲，无偿为人们提供住所、温暖、食物、燃料和饲料。但也可能会成为噩梦的开端，充满危险，使人失去方向，甚至与堕落和死亡相关联。因此，人们才会把森林与远古时的权力与欲望联系到一起。

本书通过一系列曾发生在森林里的"真实故事"，探讨我们对树木、树林和森林的理解与认知。书中广泛利用了各式各样的素材与方法。事实上，探讨树木与森林的历史，其本质是跨学科的，需要涉及考古学、植物学、生态学、森林学、地理学和历史学等诸多内容。而当下，许多有趣且富有成果的研究，正是来自于诸如文化史、历史生态学、地方史、博物学、历史地理学和生态学等这类边缘学科。我们将会看到，对于一块特定植被的理解，会涉及诸多不同形式证据的论证与组合。这些证据可能就会涉及对此时此刻这块植被上动植物的调查、历史上的相关地图与文件、野外考古、树木年代学、口述历史、土地管理实践、文学描述、遗传分析、花粉与土壤分析、航拍照片以及其他相关的图画与绘画等内容。

树木的形态与存在形式，便是其自身历史渊源的最好证据。它可以告诉你，一棵树在过去是否经历过砍伐和裁剪，是否曾受到过疾病、放牧和啃咬的影响。树木通常被认为是一种多年生的木质植物，拥有一根木质主茎或主干，以及许多枝条，但事实却不总是如此。一些特例之间的区别相当明显，如北美红杉（Sequoia sempervirens）可达百余米高，长成致密的参天古树，而生长在日本本州岛北部早池峰山的高山树种却往往只有一两米高，例如偃松（Pinus pumila）、异叶铁杉（Tsuga diversifolia）。这些低矮树种缠绕在一起，使人们很难区分出单个树种的存在（图66）。树木通常是根植而静态的，但生长在河流旁或是河床上的树木也会被洪水撼动。树种可以通过风的吹拂迅速传播，也可以通过树生的水果和坚果，在动物和河流的帮助下扩大它们的生长范围。它们也可以通过根蘖，实现一年数米缓慢而隐形的移动。许多树木都有上百年的树龄，而最古老的树又往往不会是最高大的：那些矮小而生长缓慢的树，也可能与旁边的参天大树从属于同一物种（图65）。

即便是最基本的"树木"与"森林"的概念，也同样是因时因地而变化的。最近有关历史生态学的研究越发表明，林地、林中牧场、有树牧场和耕地之间的界限已经愈加模糊了。概括来说，在最近300年里，密林与更加开阔的林地之间的区别越发明显，这显然与这段时间的土地集约化管理、对过度放牧的控制有关，而更重要则是土地所有权和土地管理模式的变化。但剩余的半自然植被区，仍然很难区分其林地或非林地的属性。

因而，在我们叙述树木和森林的历史时，这些含糊不清的定义就需要得到格外的"关照"。术语用法的改变会使人困惑，但改变用法这一行为本身，却可以解释人们态度的变化及其实践行为。例如在英国，中世纪的皇家森林是君主政体所特意保留的"狩猎权"的体现。这一区域内所有土地都被认为适合狩猎，但一些区域，比如埃克斯穆尔高地（Exmoor），这里的树木就远比其他地方如迪恩森林（Forest of Dean）要少得多。那时候大多数森林指的都是一大片土地，上面包括了村庄、荒野、耕地、草地，还有林地。那时"森林"（forest）和"林地"（woodland）之间并没有直接的联系——中世纪的森林是一个行政单位，它更像是现代的国家公园，而非一个广泛种植着林木的区域。当王权衰败，尤其是 18 世纪以来，"森林"这个词才开始与那些树木茂密的地区相关联，例如作为皇家森林而依旧留存的新森林地区（the New Forest）以及迪恩森林。但在英国，"森林"这一概念被人们以今天所熟悉的用法用于林业管理中，并非是从 19 世纪专业林业的诞生，以及传统管理思想与科学管理方法共同从欧洲大陆引入时开始的。直到 1919 年国家林业委员会（the state Forestry Commission）成立，人们才开始使用"森林"来指称林业管理单位，而用术语"国家森林公园"（National Forest Park）来指代旅游与休闲的区域。但他们对于"森林"的使用依旧是模棱两可的：巨大的松柏树林，以及古老的皇家森林中残余的落叶林都被囊括其中。

树木和森林往往比人活得更久，因而可以在表象上提供给人秩序性、持续性与安全感的依赖。熟悉的树木突然"故去"，总会令人感到无比扼腕。20 世纪 60 年代末至 70 年代初，有关英国低地地区的阔叶林和灌木林持续减少的关注日益升温，主要原因则是农业开发及耕地的扩张。这同样加剧了 70 年代初荷兰榆树病所带来的毁灭性效果，使英国本土最重要的灌木以及小型树种枝叶脱落、主干光秃。[1] 这个国家的农业扩张，剥蚀了无辜的树木，引发了从英国榆树（Ulmus procera，由罗马人引入），到光榆（U. glabra）的一连串"意外死亡"。其影响持续了数年，甚至成为一种在全球范围内都具有严重影响的树木疾病。

而另一方面，这种对林地减少和衰退的担忧，又往往与英格兰高地地区大规模种植松柏作物的影响联系起来。后一问题最早出现在湖区（Lake District），这里人工种植的松柏对地区高地的生态环境造成的影响，在 30 年代末期已经引发了激烈的讨论。与之相比，在平原和低地地区，诸如舍伍德森林（Sherwood Forest）和东盎格鲁的布列克兰地区（the East Anglian Breckland）引发的争议则较小，尽管这些地方同样有大规模的人工造林计划，但并不算显眼。由于50、60年代林业委员会的方针调整，这种以对地表景观改造为目的种植有所减少，但在70年代到80年代初，城市公共场所和私人种植的松柏作物的快速增加，又一度达到了令人忧虑的地步。对"绿化计划"提出最尖锐批评的是一些组织，譬如漫游者协会（the Ramblers' Association）。他们目睹了人工种植林如何限制公众进入开放的荒原和沼泽。发起激烈讨论的还包括苏格兰和威尔士地区，同时还有西加云杉（Sitka spruce）的种植对鸟类的影响。后者甚至引发了国际的广泛争论，例如在凯斯内斯和萨瑟兰的覆盖沼泽地区（the Flow Country of Caithness and Sutherland）。在20世纪80年代，这里的争论甚至导致了对绿化行为的直接限制。[2]

到了80年代，人们的注意力又转移到了"酸雨"对树木和森林的潜在影响上，这种关注最初是从中欧和北美东部开始的。科学家们发现了一种十分严峻的森林问题，这种问题是由于空气污染所致，他们将其定义为"生态灾难"（德语Waldsterben）。相关文章传播开来，并且配以枯萎和死亡的树木图片加以说明。但通过不到10年的仔细研究，人们发现这种问题并非如所想得那样普遍。不过尽管想象要多过事实，而且现今人们也已经很少提及，但"酸雨"这一话题仍然体现了公众对树木和森林的广泛关注和担忧。在英国，1987年10月15日到16日间的特大风暴，再一次体现了这一点。人们至今仍对那场风暴对英国东南部森林的毁灭性破坏记忆犹新。这种对森林破坏与危害的关注，广泛存在于公民的主观想象中，甚至成为全世界范围内对热带雨林减少而产生的关注的一部分。后者的变化，往往是由于人类的采伐及将林场转化成牧场造成的。[3]

除此之外，另一个林业管理方面的重要争论，关系到半自然栖息地自然保护与文化价值的重要性。历史生态学的观点表明，许多树木都有着古老的起源，而那些传统但今天已经基本停止使用的管理方式，比如"平茬"（cop-

V

picing)①，其实在克服自然缺陷方面是卓有成效的。而在那些通过种植松柏类树木来补植老林地的区域，这些微妙的古老方法对于政策本身也有十分重要的意义。根本上，这些"古森林"，正是那时的人们为了保证公共利用和保护而划定的、存在了数百年的区域。一个普遍的共识，是这些地区到今天应当继续被保护，然而那些新公路、铁路和房地产项目的规划，使得人们必须时时保持警惕。[4]

2011 年 2 月，为阻止政府出售林业委员会所管辖的国有林地的所有及管理权，群众进行了一场激烈的抗议运动。这表明民众总是对树木、林地和森林的状况保持高度关注。它们遭受的变动很容易激起人们的反应，甚至是将其视为保有自己身份认同的行为的一部分。有关这一计划的抗议运动，提出了许多有关公有林地取消后的担忧，并指出了社会管理下不同类型林地所可能具有的益处。一个名为"拯救英国森林"（Save England's Forests）的组织迅速得到坎特伯雷大主教、安妮·蓝妮克丝（Annie Lennox）②、朱迪·丹奇女爵士（Dame Judi Dench）③ 和其他名人的支持。该组织于 2011 年 1 月 22 日便向《星期天电讯报》（*Sunday Telegraph*）致函，声明自己的主张，之后又利用社交媒体，轻易博得了广泛关注，实现了自己的目的，迫使政府改变了他们出售公共林地的政策。

明确的姿态、成功的运动，以及独立团体在林业方面的证据收集，进一步强调了公众在这一方面提供的大力支持，并反证了林地本身可以为人们提供的种种福利，包括木材生产、自然景观、文化内涵、野生动物和狩猎保护、公共参观游览以及天然的避难所。森林作为常见的自然景观，也越发凸显其

---

①指苗木（包括乔木与灌木）在移植 2 至 3 年后，从根颈处全部剪截去上面的枝条，使之重新发出通直而粗壮的主干来，最后根据需要确定其分枝点高度的方法。——译者注

②安妮·蓝妮克丝（1954—），英国女歌手、演员，80 年代红遍欧美乐坛的 "Eurythmics（舞韵合唱团）" 女主唱、两座格莱美奖得主。——译者注

③朱迪·丹奇（1934—），英国演员，曾出演《看得见风景的房间》《查令十字街八十四号》等作品，并七次在 "007" 系列中饰演 "M 夫人"。1970 年荣获大英帝国勋章，1988 年被封为大英帝国女爵士。——译者注

在城市居民亲子关系中的重要价值，同时也被看成是作用明显的疗养场所。而在人们更熟知的层面，树木和林地所提供的明确而特定的功用，如作为苔藓、地衣、真菌、昆虫、鸟类和哺乳动物的栖息地，较之以往有所改善，但伴随的则是当地传统经验的逐渐消失。[5] 在最近大约 10 年里，"碳储存"作为林地的附加价值，也给人们为其设置专门管理提供了理由。

人与树木的关系丰富、复杂而多样。本书也对不同的人如何使用树木、理解树木和欣赏树木进行了考察，并将其作为整个林地历史书写的插曲。我会将英国作为书写的重点，但书中的实例则来自世界各地。本书会按照时间顺序展开，但每一章节都会围绕特定主题，分阶段阐明人们对树木的理解与理解上的变化。第一章探讨古树的重要性，以及譬如平茬这种人们在树木管理方面的早期实践，并从考古学和古代文学等方面提出证据。这一部分旨在强调树木在我们祖先的生存方面起到了怎样的重要作用，以及早期人类在树木管理上已经拥有了怎样的经验和专业技巧。事实上，人类对树木的管理已经有了数千年的历史，而这一系列实践，对于创造适合耕作的土壤与地貌同样必不可少。第二章的焦点在于森林与人类活动，以及树木如何与力量、世界起源联系到一起。在森林中围猎，并展现出众的武力和马上技巧，对于亚历山大大帝或是古罗马的皇帝，诸如哈德良（Hadrian）来说至关重要。树木和森林同样与古典文化、基督教以及古斯堪的纳维亚的创世神话密切相关。在英格兰的诺曼王朝时期，森林也常被国王们用来表达他们的权力，并从中获得重要收益。

人们移栽树木也有相当长的历史。这种做法迅速改变了个别物种的空间分布。而最近 400 年，这种改变的频率空前加快。第三章考察了 17 世纪起欧洲收藏家们的痴迷与热忱，以及新物种如何被收集、命名、归类、测验其属性，以及如何在新环境下开始新生活。人们对新奇树木的兴趣，催生了树木收藏的发展，并在 19 世纪早期产生了"树木园"（arboreta）这一新概念。这一章将以"日本落叶松"（Japanese larch）的案例作为结尾。它在进入英国后迅速成为常见的人工栽培树木，但现在却受到了外来疾病的严重影响。

树木不只可以作为至关重要的木材、燃料、食物和饲料来源，人们对其美丽的关注同样由来已久。许多不同种类的树木都得到了人们的"赏识"。一些以高取胜，拥有线条简洁的"大尺码身材"，譬如山毛榉或是长在种植园里或是某地边界上的松树和橡树，以及林荫道旁或公园里的橡树。另一些人则喜欢古老而有些弯曲的橡树，长在灌木篱墙内或林内牧场与居民区之间的荆棘和白蜡树。第四章考察了艺术领域人们如何表现树木与森林，以及 18 世纪时的树木如何伴随着如画美学的崛起而"摇身一变"，成为一种全新的形象。第五章则聚焦于头木作业①的早期实践，以及其产生的树叶作为饲料对农场动物的重要性。正如在英国，人们对头木作业看法的改变那样，在希腊，这一古老技艺的最后残余也得到了重视。这也与人们对历史上树木的美学和权力隐喻上的疑问密切相关。

即便是相同的树木和树林，不同的人也会产生不同的看法。而对于一群人而言，即便他们的看法相同，其共识也会因时而变。第六章通过人们对舍伍德森林的不同理解，来探讨这些不同的意义本身及其价值所在。作为世界上最有名的森林之一，舍伍德森林于 19 世纪初便获得了"国际声誉"，但与之伴随的却是其合法身份的丧失。直到那棵古老而著名的大橡树得到确认，情况才有所改变。②第七章的主要内容是 19 世纪的英国森林，此时大多数的土地产权，是将土地之上的各种树木及森林也包含在内的。而这种"附属物"的形式，包括从灌木篱墙和小灌木林与农业用地的组合，到木材用的大型树林，甚至是开阔草地上的树木与树林。不同类型的树林在普通狩猎及猎狐方面的价值得到了专门的分析，同时其绿化、装饰及"炫富"的功能，也为人们所普遍应用。

---

①古人创造的一种通过采伐利用树木的方法，在树木长 2 米左右高时，截头平茬，保留当年萌发的新枝条，第 2 年进行疏条，均匀地保留 5～10 条，当枝条长到一定规格时，采伐全部枝条，如此周而复始，一次栽植，永续利用。——译者注

②舍伍德森林系"罗宾汉传奇"故事的主要场景。"大橡树"是罗宾汉的藏身之所。——译者注

第八章描述了可持续林地管理及林业理论的确立。这一系列理论缘起于中世纪末期法国北部的可持续林地作业实践，并通过后来德国的科技林业确立得以进一步发展。这些思想于 19 世纪末期传入印度和美洲，并在一战后传入英国。与之伴随的，则是一系列蕴含着科技业思想的人造景观的出现，以及在畜牧地上的大规模营林运动。第九章讲述的是"发现"加州红杉森林的历程，对森林保护理念发展和国家公园、公共储备理念的影响。这一章还探讨了国家森林公园理念在英国的成熟，以及它如何被用于标准化大规模新型松柏种植园的发展。

最后一章考察的是计划外的物种传播，以及自然再生林地与人工林地的对比。自 20 世纪起，意大利的亚平宁山脉地区许多废弃的农业和畜牧用地，由于树木及灌木的再生，形成了大片的再生林区。这一章认为，这种情况的产生是基于文化景观与自然保护的双重作用。这种对原有复杂和包含了微妙混搭的土地经营活动与人造景观的放弃，诸如夏季牧场、梯田、树木管理以及"板栗文化"等，带来了大量树木和森林的自然再生，但同时也导致了一些文化景观的消失。这种新型的"再度野生化"（rewilded）景观带来了关于自然与文化遗产保护的双重问题。一些人为这种退耕还林弹冠相庆，认为这样可以恢复土地原生的自然野性，并且鼓励野猪、狼和老鹰的四处游荡；而其他一些人则谴责本土文化景观的消失，他们认为这会使先辈的苦心经营失去意义，同时令土地管理趋于粗放与失效。

针对特定事件、时间点与主题的仔细考察形成了本书的基础，它将帮助我们理清并深化对树木、树林和森林的理解。树木可以拥有令人咋舌的高寿，不过一些树木尽管看上去古老而恒久，但一场火灾或是暴风便可能使它们突然死亡。但另一方面，即使遭遇反复的啃牧和放牧困扰，一些树木仍能存活上百年之久。人类活动导致的林间空地和林地的大片损毁，也会带来一些恶性疾病极为迅速的传播，如栗疫病、榆树病、白蜡枯梢病等。近几个世纪以来，人类也一手缔造了大面积的人工林，以及经由培育和形塑而成的单一树种。树木和森林以其在景观中的稳定性而著称，这一特性往往会使得它们成为某个地点、某段记忆的标记。某棵树木可能会生长在距其种子生发地数千英里之外的地方，生长在废弃的田野和村庄之上。以这样的方式，树木、树林和森林于历史之中，既代表了流变，又意味着永恒。

图1　查尔斯·霍尔罗伊德，《夏娃与蛇》，1899，蚀刻版画

❧ 目录 ❧

第十章

利古里亚半自然林地 / 226

第一章　古老的实践

　　人与树之间复杂的情缘，其历史可以追溯至上千年之前。那时候，树木几乎参与到人们生活的所有事务中：制作衣物，提供食物、燃料和饲料，修建房屋，制造工具、武器和轮子，以及提供住处和阴凉。近年来，最激动人心的考古活动之一，就是对"冰人奥茨"的发掘。这具1991年9月在奥地利与意大利交界处——蒂罗尔州的阿尔卑斯山脉被发现的冻尸，同样证明了早期人类对乔木及灌木的严重依赖。"冰人奥茨"大约生活在公元前3300年，而进一步的精密检查，分析"奥茨"身上的衣物和他所拥有的东西，人们可对其社会地位进行有效推测：他似乎是个逃犯，但也可能是猎人或战士，一位巫师或者是一个矿石勘探者，但他最有可能是一个牧羊人，在盛夏来到奥茨山谷（Ötz valley），希望利用这里茂盛的夏季牧草，让他的羊群饱餐一顿。虽然他的身份仍有争议，但通过他所拥有的物品，我们完全可以做出一系列准确的考古学解释，来说明树木在远古时期的种种用途。[1]

　　在"冰人奥茨"残留的衣物和其他人工制品中，木材成分占有相当大的比重。分析表明，它们大致来自六个主要树种。椴树的用途最广，其内部的韧皮可以分离成纤维状，进一步揉搓便可以得到细线或绳子。在奥茨身上，韧皮被用来缝制他的鞋子，同时也是随身携带的罐子的原材料。而由韧皮制成的线则是完成他身上的背包和匕首护套的关键。人们还在一个小口袋里找到了有关椴树的另一种十分专业的用法。那只口袋里有"两把刀片和一个钻孔器，都是由打火石制成的。还有一把用山羊或绵羊骨头制成的锥子、几片用来做火绒的菌类（木蹄层孔菌），以及一种先前用途不明确，后来被确定是用来打磨火石的工具"。这个工具是"一根被剥光皮

1

的椴树枝，里面还钉着一根由鹿角制成的钉状物"。它长11厘米，直径2.6厘米，是专门用来打磨或制作打火石的工具。[2]

　　紫杉被用于制作"冰人奥茨"的两件主要武器：弓和斧头。用紫杉木制作长弓并不稀奇，许多个世纪以来，人们都精于此道。几乎所有古代的弓都由紫杉木制成，直到16世纪，英格兰的军队还会从蒂罗尔山区进口这种木材，用于生产军队装备。奥茨的弓似乎还没完工，因为上面还有许多标记修削的记号。与之相比，紫杉木的斧头就不那么常见了，这一时期人们更多使用白蜡树、橡树、山毛榉或者松树来制作斧柄。而奥茨的斧子则来自一根"稍长一些的树干，以及与之相连的一根粗壮枝条，几乎与主干成直角"。主干经过处理得到斧柄，而树枝则支撑着铜制的斧头。在新石器时期至铁器时代，这种方法制成的斧头十分常见。白蜡木只被用来制作奥茨携带的匕首的刀柄。这稍有些奇怪，在史前时期，白蜡木的应用十分广泛，因为它十分柔软，很容易被制作成人们需要的工具。[3]

　　榛树的枝条结实而柔软，奥茨用它来制作自己背包的框架和箭袋。干粮袋的框架，同样由"一根粗壮的、被弯成'U'字形的榛树条"，以及"两根经过简单处理的落叶松木条"构成。这根榛树条被剥去了树皮，去掉了旁枝。上面的凹口或许是为了加固落叶松木条而做的特别处理。不久，人们又在附近找到了脱落的第三根木条。同样用榛树条制作框架的山羊皮箭袋，里面装了14支箭，由细而笔直，同时致密又坚硬的"旅行树"黑果荚蒾（Viburnum lantana）制成。和弓一样，奥茨的大多数箭似乎也尚未完成，而其中一支还有些损坏，但已被修复，其前端被山茱萸（Cornus）的树枝替代。他的罐子是很容易从小白桦树上剥离的白桦树皮做的，柔韧而结实是其最大优点，这个优点令它成为"制作罐子或箱子的理想材料"。而白桦树的树液则被作为胶水，用来固定和修复斧头。两个罐子中的一个用来装存有火种的余烬，而挪威枫（Acer platanoides）的叶子则被用来做余烬和桦树皮之间的隔热层，衬在罐子的内壁上。余烬是木炭的混合物，其中的成分包括云杉或落叶松、松树、绿桤木（Alnus viridis）、榆树和柳树。[4]

2

图2 "冰人奥茨"的"白桦树皮罐"复原
图，公元前3300年

图3 古老的截头树，公元前2400年，德比郡
阿斯顿采砾坑，由克里斯·索尔兹伯里与诺
曼·刘易斯发掘

通过木炭残留分辨出的树木类型，提醒了我们有关树木可以作为取暖
及做饭的重要燃料来源的功能。但对于奥茨的发现，人们可以得到一个至
关重要的推论，即人和树木之间微妙的交互关系，早在5000多年前便已开
始。深入的研究显示出人类在当时就已经拥有的、有关不同树木价值及用
途的出色认知，以及人们开始关心树木本身的特性，包括在硬度、柔韧性
和便捷性的基础上，来选择合适的材料进行使用。和5000多年前一样，云
杉依旧是奥茨所在的蒂罗尔山区的特色树种，尽管奥茨所使用的木材，来
自包括榛树和白桦树在内的阔叶林与更高海拔的云杉林的过渡带。有趣的
是，人们还在奥茨体内发现大量木本植物——欧洲铁树的花粉，在今天，
这一树种其实主要生活在海拔更低的蒂罗尔山谷一带。[5]

甜蜜小路与旗帜沼泽

最近两项在英格兰低地地区进行的考古挖掘，证明了早在新石器时期，我们的祖先就已经开始大量使用木材。位于门迪普丘陵（Mendip Hills）和奎恩托克山（Quantock Hills）之间的萨默赛特平原区，从上个冰河期开始便饱受冬季洪水的影响。持续的洪涝使得这里形成了大面积的泥炭沼泽，而更深层的地下则形成了几米厚的泥炭层。到了中世纪，人们开始把这些泥炭挖掘出来当作燃料，由此产生的沟渠则用来排水，以方便农业耕作。时间来到 1834 年，一位农民一如往常开始挖掘泥炭，他有了一个新发现，这个发现尽管在当时被忽略，但随后却成为我们今天理解树木、林地，以及森林管理的关键。这位农夫发现，在泥炭层深处，有一组劈开的桤树树干，平行"铺设着"。1864 年，一位地产商听说此事后颇感兴趣。他找到当地的考古学家，希望他们可以把这一事件当成某种"证据"，做出一些推论。这些桤木被解释成是古栈道或木制轨道的一部分，并被命名成"院长之路"（Abbot's Way），因为它可能是由某位中世纪末期的格拉斯顿伯里大修道院院长主持修建的，以便在广阔的沼泽中开辟出一条道路。[6]

但到了 20 世纪 30、40 年代，通过对其他古道的发掘以及当时新兴的碳同位素测定法，人们判定这条"木栈道"的大致年代是公元前 3500 年到公元 400 年间，而非此前认定的中世纪。其中一条由榛树幼枝铺设而成的小道可追溯至公元前 3000 年，它也因此被认为是"地球上最早的灌木林的证据"，尽管当时的人们并没能认识到这一点。[7] 到了 60 年代，出于园艺需求的木炭挖掘变得有利可图，于是越来越多的木质结构作为考古证据也被挖掘出来。"院长之路"也被重新发掘，其范围扩大至方圆一公里。1970 年，雷蒙德·斯威特（Raymond Sweet）发现了"一块白蜡木板，显然是从一棵大树上劈下来的"，他还进一步挖掘出"许多相同的木板，用钉子钉进更深层的地面，还有一些斧子劈下来的碎片"。它被确定为新石器时期的遗迹，人们将它命名为"甜蜜小路"（Sweet Track），它也成为一份关于早期林地管理的重要证据。[8]

新石器时期这种"精妙结构"，其目的是"在泥泞的芦苇沼泽间提供一条凸起的小路"。长而直的铺路木，取材自相当细的白蜡木、桤木、榛木

4

和榆木，安置在沼泽的表面。它们成对或成组地被斜钉连接在一起，经过挤压，在平面上"形成交叉结构"。在"这样创造的 V 型结构"上，一块木板被小心地安放在上面，使得"路面"更加坚实。木板下侧还会特意凿出槽口，以便更好地与支架贴合，使结构更加稳定（图 4）。在结构中所使用的木材，也成为对萨默赛特平原区新石器时期林木种类考察的重要指向："常见的高大林木包括橡树、榆树、椴树，低矮的灌木则包括榛树和冬青树，而桤树、柳树和白杨则长在这片平原相对湿润的边缘地带。"而不同种类树木的"参与"，也可以体现它们不同的生长方式。例如椴树，人们砍伐它们，用来制作长而直的"铺路板"，而这正是因为其树干本身高而直且少有枝杈的特性。这同样也说明，它们在生长之时，相互之间也挨得很近。而一些较大的橡树木板则表明，这些橡树高可达 5 米，直径可达 1 米。透过这些发现，考古学家同样对这些史前人类的木工技艺印象深刻。制作木板，最常见的原材料是橡树。当时人们是把"橡树树干，通过石头或是老橡木块作为楔子，把它们劈开"，多数被劈开的"橡木切面呈放射状，沿着它们自有的纹理"，但一些更小的橡木"切面可与纹理成直角，或多或少还能拼合成环状"。[9]

以如此方式保留下来的大量树木，为考古学家进行树木年代学的考据提供了契机，进一步则可以勾勒出一幅栩栩如生的新石器时期林木生长状态的画面。通过对年轮的分析，人们发现大量的榛树会以 7 年为周期，被谨慎地平茬。此外，栈道中使用的橡树，其年代范围也从 400 年的区间缩小到 100 余年。这一推断，加上此处其他各种各样的物种，共同表明在近 4000 年间，地球上的林木种类发生了极大的变化，而这变化很大程度上是由于人类活动的影响。[10]

林地考古学的另一个重要的遗址，位于英格兰另一边的彼得伯勒。遗址所在的"旗帜沼泽"（Flag Fen）地区于 1971 年起，由弗朗西斯·普赖尔和一队考古队员一同发掘。当时彼得伯勒地区被指定成一处新城，人们准备在这里开发建设住宅小区，小区范围一直延伸到东部的泥炭沼泽地带。

图4 "甜蜜小路"重建图,一处新石器时期萨默赛特平原区的木板人行道。年轮证据显示其年代大致在公元前3800年,可识别出的树木种类包括橡树、榛树、白蜡树和桤树。

而随后的救援性考古却显示,这里有一大片青铜器时期的土地系统,为水沟和"马路"所环绕。这"青铜器时期的土地系统,被用于进行大规模的家畜管理",而周围的"马路",则是"为了满足牲畜在干湿季节自由移动,方便季节性放牧的需要"。这一系统可能建立于公元前3000至公元前2000年间。在纽瓦克公路附近,一些其他复杂的土地系统,通过大量标杆标记的矮小围墙与院子,坐落在一些重要的"马路"附近,也同时被发掘。人们发现了许多可能用于搭建道路或平台的木杆与木板,这些木杆与木板也得到了进一步的年轮分析。结果显示,其中大部分树木都是在公元前1300年被砍伐并投入使用,经过了一段时间的停歇,另一批树木在公元前1200年至公元前900年间投入使用。最早的木杆来自于桤木,人们普遍认为它来自于当地的采伐。另一种常见的树种是橡树,它同时被用于制作木杆和木板,人们还发现了橡木制成的一些其他物件,包括车轴的一部分,以及轮子。最常见的发现还是木杆,通过它们可以分析得出青铜器时期大多数木工技术,包括按长度截取木杆、去除旁枝、削尖木杆来得到尖头,以及制造一些临时的凹口。[11]

考古学家在"旗帜沼泽"进行了大量的测定,以勾勒出青铜器时期人们所从事的木工活动类型。在建筑木材的取用方面，劈和砍还是最主要的方式。这并不意味着此时"锯"还不存在。小铜锯此时已经在古埃及和美索不达米亚出现。至于第一把锯子，人们则普遍认为是来自米诺斯人①的创举。而古希腊著名的哲人泰奥弗拉斯托斯（Theophrastus，前370—前285）则指出锯子应当有一个可替换锯齿的装置，以便及时清除附着在上面的锯屑，尤其是在砍伐生木的时候。老普林尼也进一步对此作出强调，他指出，"锯齿是一个挨一个，依次弯曲的，所以需要去掉其中的锯屑"，否则就会使锯子失去效用。一把铁器时期的优质锯子在20世纪初于格拉斯顿伯里湖村（Glastonbury Lake Village）被找到并发掘。它的锯齿"从一边到另一边"，换言之，它更像是现代的锯，是从简单的锯齿状刀片到全覆盖锯齿的现代锯子的过渡。后者的进步在于可以使推力和拉力都起到作用。它的末端还有一个弯曲的把手，从而可以使推或拉都更加便捷。[12]

但在"旗帜沼泽"，劈砍依旧是制造木杆或其他木质结构最常见的方式。劈砍的原则，是先把木材纵向一分为二，然后再减半，直到达到需要的厚度。研究表明，"直径300毫米的木材，可以被以各种方式劈开以满足需要：一分为二或四分之一可以成为有用的木桩或木梁，而经过32次劈削，人们可以得到32块薄板，每个大约150毫米宽、40毫米厚。"考古学家梅琪·泰勒指出，这种方式，"几乎不会有任何浪费"。但对于更粗大的树木，浪费便不可避免，因为即便是一分为二，它们也很难被直接派上用场，而想要把它们"砍倒以利用"，人们也需要付出旷日持久的努力。1987年的大风暴之后，人们对萨福克区明斯米尔一棵被劈倒的橡树进行了实验。它的重要性，在于其被劈倒时依旧鲜活而未风干变硬，人们通过它及相关实验可以得知不同尺寸的楔子及木材本身的品质对"劈砍的精确性"的影响。实验中，考古学家们被"大树"那"栩栩如生、令人心碎的声音"震惊。它就好像在呻吟一般，同

---

① 公元前6000年迁徙至克里特岛的移民。他们在此创造了"米诺斯文明"，其鼎盛期普遍认为在公元前2850年至公元前1450年间。——译者注

时还发出"橡树所含的单宁"那刺眼又刺鼻的味道。通过实验,考古学家们获得了与青铜器时代的木匠们几乎相同的感官体验。[13]

在宗教和丧葬遗迹中,橡树也扮演了特殊的角色。在剑桥的佛摩尔沼泽,人们发现了一座新石器时期的古坟地,其中的木质结构"几乎全部由一棵完整的大树"制成。它被小心地安放,目的是让"墓室外侧也同样被树木所包围"。而最有名的"老橡树"恐怕要数在东盎格利亚诺福克海岸线附近浅滩里的"水下巨石阵"了。这里的木材本身相互邻接,外侧则包裹了一层树皮。因此,如果可以从远处看,这里的古迹看上去将会像是一根"巨大的原木或树干"。这一遗迹包含了大量倒置的、被剥了皮的树干,它们被特意安置在一起,似乎是有意与周围的其他木材分隔开。这一装置的用途至今成谜,有人认为倒立的树根代表了"生命的起源,用于举行关于灵魂离体的仪式"。而无论它的准确用途为何,倒立的橡树,被剥皮而后又与其他光裸的"树干"混同缠绕在一起的装置,正是史前人类与树木之间亲密联系的有力证据。[14]

图5　水下巨石阵,青铜器时期的人类遗迹,诺福克浅滩。放射碳测定及年轮分析综合表明,其年代在公元前2050年左右。

古典时期的知识

盖尤斯·普林尼·凯基利尤斯·塞古都斯(Gaius Plinius Caecilius Se-

8

cundus，61—112），即小普林尼，先后做过罗马帝国元老院的成员及行省执政官。富有的他拥有几处房产，除了距罗马不远的洛兰图姆的一处别墅外，他在罗马西北150英里、台伯河上游的提弗努姆（今卡斯泰洛），以及意大利北部的科莫还各有一处住宅。在给多米提乌斯·安珀利纳瑞斯的信里，他对古罗马的林地管理做出了一番生动的描述。他的房子在"最有益健康的亚平宁山脉之下"，"远离海边"，同时也远离充满了"发热威胁、有害健康的海岸"。[15]他要求多米提乌斯"想象唯有自然的鬼斧神工才能创作的巨大圆形剧场……山顶覆盖着高大而古老的树木，数量丰富且多种多样，是打猎的好去处。山坡上种着一些灌木，林木间则是肥沃的土壤。"再低一点的地方"是连绵不断的葡萄园，在葡萄园尽头，再往下的地方，农作物正在茁壮生长，然后是草地……"最后以河岸平原难耕的土地收尾。小普林尼的论述，表明了当时人们对不同土地及林地的利用价值已经有了清晰的认识。这一点在他另一封给卡尔维斯乌斯·瑞福斯的信里也有所强调。他向后者征求建议，自己是否应当再购买一块地产，从而使之与自己在提弗努姆"肥沃而富饶，由耕地、葡萄园、木材林地构成，可提供虽回报周期漫长，但却可以有所指望"的土地连接起来。在重要的林业学家拉塞尔·梅格斯（Russell Meiggs）看来，这所谓可靠而规律的收入，指的正是矮林平茬所获得的收获。[16]

当我们通过小普林尼的书信，来了解罗马地主对他们所拥有的林地的态度时，他的叔父老普林尼（23—79）则在他那部百科全书式的作品《自然史》（*Natural History*）里提供了有关树木的经典知识、经验和信仰。老普林尼生在科莫的自家庄园里，这座庄园后来也被他留给了侄子。公元77年，他完成了《自然史》，而几年后，也就是公元79年，有足够的证据显示，老普林尼最终死于维苏威火山的喷发。《自然史》是他赠给提多的，后者是图拉真皇帝的儿子。《自然史》总计37卷，"树木"的内容被安排在第12—16卷，位于"动物"和"农业"之间。其中第12卷和第13卷谈论"无法被移栽、适应新环境，无法在其他环境中生存的异国树种"，第

14 卷专门谈论葡萄种植，第 15 卷关于果树和橄榄树，而只有第 16 卷涉及了罗马帝国的森林及木材林的讨论。[17]

老普林尼以"树与森林应当是自然赋予人们的最高恩赐"；它们"曾赐予人食物，它们的叶子铺满了人们的洞穴使之变得舒适，树皮则成了人们的衣服"开始了有关树木的论述。树木曾是"诸神的庙宇，符合原始信仰，甚至现如今一些落后国家和地区仍将树木置于异乎寻常的高度"。他认为，相对于黄金、白银的形象，人们对森林与其所包纳的沉默给予了更高的崇拜之情。他为树木所提供的水果、坚果和橡果，尤其是"通过树木可以得到的橄榄油和葡萄酒，可以令人们放松四肢、储存能量"[18]而感到庆幸。他谈论的第一棵树是悬铃木（the plane），这种树"仅仅由于其树荫的优势"就被带到了意大利，并且风靡整个罗马帝国，这令老普林尼对它颇感兴趣。他认为悬铃木原本生长在利西亚①及土耳其南部，并且对它"矗立在路边，就像是一栋房舍，里面有 81 英尺宽，站进去就可以感受到阴凉"，树荫里还有"附有青苔的磨砂石，处于一圈岩石环抱之中"而激动不已。而与他同时代、"三任执政官"，还曾领事于利西亚省的李锡尼·穆西阿努斯②"曾和他的 18 个随从一起在悬铃木荫下举行宴会"，还可以"直接躺在树叶上"，宽敞到可以"直接就寝，免受风吹，从雨点落在树叶上的悦耳声音中得到更多快乐"，而不必去寻找什么有着"光滑大理石"或是"镀金镶板"屋顶的宫殿。[19]

老普林尼热爱每个好故事，而树的故事一旦和罗马的兴起，以及帝国扩张有关，就会格外吸引他的注意。他写道，无花果树"长在罗马人的集会广场"，是"出于对神的崇拜"，为的是纪念当年罗马的创立者罗穆卢斯和瑞摩斯。他们正是在卢佩尔卡尔山丘（Lupercal Hill）③ 的无花果树下被

---

①地中海一处古国，后成为罗马帝国一个省。——译者注
②罗马名将、剧作家。——译者注
③实际上卢佩尔卡尔（Lupercal）并非山丘（Hill），而是帕拉蒂尼山（Monte Palatino）的一处洞穴，相传罗穆卢斯与瑞摩斯兄弟是在洞穴中被母狼喂养。——译者注

哺育长大。而他在考据方面的兴趣，则在他阐述无花果树之所以被命名为"Ruminalis，是因为正是在这树下，母狼用自己的乳房（rumis，乳房的古语）养育了婴儿"时表露无遗。[20]尽管老普林尼的大部分记述都来自他广博的阅读，但其中仍有一部分源自作家的亲身经历。他曾在日耳曼行省服役，因而对"海西山（Hercynian）大片的橡树林，未受时间及同时代环境影响，以其不朽的命运而胜过世间所有奇迹"印象深刻。他也对尼德兰地区的橡树根会被环绕四周的须德海海水所浸泡的传闻感到震惊：这些橡树，"当它们受到海浪侵袭，或大风吹拂时，根部连带着岛屿上的土壤就会自行移动"。这些树"保持平衡，笔直地漂浮"，所以"当它们似乎有目的地，随着波浪在夜晚船队抛锚停泊时向船头漂来，巨大的树枝连成索具时"，罗马的舰队"常常会感到恐慌"。他们不得不卷入一场"不可避免的、与树进行的海上对决"。[21]

拉塞尔·梅格斯有关树木的古典文学研究，表明古人们对于"文化地理学"，以及树木及其制品的历史有着非常浓厚的兴趣。但他们对于今天被称为"森林科学"或"造林学"的，以获取木材为目的的树木种植及出售的经验涉及很少，这令拉塞尔有些惊讶。事实上，他认为："一个人通过文学上的记录，会发觉古人们对于树木在放牧及提供树叶作为饲料方面的贡献，远比对其提供的木材更为感激。"[22]常规农业及农业实践的重要知识，一次次在古典著作的记录中被表现。马尔库斯·波尔基乌斯·加图①，即老加图（前234—前149）的《论农业》（De agricultura），是古罗马历史上最权威的关于农业及地产管理的文件之一。而加图本人的农业知识，则是在其年轻时于老家萨宾（Sabian）习得的。他有效地列举了各种农业用地及林地的收益回报率，其中葡萄园和灌溉园林最为赚钱，而林地则至少可以提供橡果和山毛榉坚果，用来喂养家猪和家牛。有趣的是，老加图认为

---

①马尔库斯·波尔基乌斯·加图（Marcus Porcius Cato），罗马共和国时期的政治家、国务活动家、演说家，前195年的执政官。——译者注

柳树矮林要比橄榄林更赚钱，而它们都要比经营牧草地和耕地更加有利可图。柳树可以方便葡萄的生长，在今天的意大利，人们依旧如法炮制。同时，柳树还可以为各种篮子及家具制作提供原料。小灌木可以充当柴火，种植在果园、耕地及牧草地之间也可以提高收益。

老加图表明，树木的种植，完全应与葡萄树以及耕地经营融为一体。他认为，树木的种植，应当以最大化其水果、坚果、树叶及木材生产功能为目的。这意味着每个农庄都应该种植适合自己的树种。而他所建议的树木，则包括榆树、无花果树、松树和柏树。包括农舍及其附属建筑在内的农场建筑，全应由农场自行种植的树木来建造。而不同种类树木的品质是人所共知的：当要建一栋油坊时，"显而易见应使用可制锚柱和路标的橡树或松树，因出色的硬度，粗壮的榆树和榛树也不可缺。橡树做销子，最坚硬的山茱萸做钉子，柳树做楔子。至于横梁，黑角树当仁不让。"[23]一些树的叶子作为饲料，同样可视为农场的重要资产。老加图强调，榆树和白杨可以为牛和羊们提供很棒的饲料。他认为榆树叶最好，同时还建议道："用白杨树叶和榆树叶混合，可以令后者保鲜更久。如果没有榆树叶，也可以用橡树和无花果树的叶子代替来做饲料。"他建议农民们"多多在农场周边种植榆树和白杨树，这样就可以在需要的时候，随时获取牛羊们需要的树叶，以及派上其他用处的木材"。

直到公元前37年，在列阿特的阿普里亚（今天拉齐奥的列蒂）拥有地产的马库斯·特伦提乌斯·瓦罗还认为，如果土壤适合，那么榆树就是最好的树木。他尤其重视榆树对于葡萄种植者的价值，而榆树的树叶又很适合牛羊食用，木材则是制作栅栏、充当柴火的好材料。不过其他作家则对葡萄园的"最佳树木"有其他看法。[24]退役后在拉丁姆和伊特鲁里亚地区打理自家地产的卢修斯·朱尼厄斯·科鲁迈拉和老加图一样，认为种植葡萄是收益最高的土地经营手段，但他认为和榆树及白蜡树相比，白杨树才是葡萄树的最佳伴侣。葡萄树可以被仔细修剪，其树叶，包括白蜡树叶，也都可以用来喂养山羊和绵羊。葡萄藤也可以由木桩来支撑，通常由矮林制成。科鲁迈拉认为，在这方面橡树是最适合的，它以7年为周期生长到合适的尺寸，而栗树则需要5年一修剪。他觉得栗树喜欢生长在"黑暗、土质松散，最好有阴影且朝向向北的斜坡，不介意砾石、潮湿或岩质破碎"。提供了有关栗子种植和收获的精确细节后，他指出，栗子的产量预期应当在每犹格①1.2万颗。[25]

　　许多经典的论述，在今天看起来仍然真实且有用，但也有一些基本的划分，沿用了几个世纪，在今天看起来却有些奇怪。目前已知的最早通过树木的外形及生长方式对其进行分类的人之一，是出生在莱斯博斯岛②，卒于雅典的泰奥弗拉斯托斯。他是亚里士多德学生，并追随亚里士多德一起，创建了吕西亚学园（Lyceum）。人们认为，泰奥弗拉斯托斯对植物分类的兴趣，来自于随亚历山大大帝一同出征东方的那些地理学家和植物学家们的报告。泰奥弗拉斯托斯本人并不是一个卓越的旅行家，但他可以通过他那些造访过马其顿、阿卡迪亚或是小亚细亚的朋友们得到他想要的证据。在他的理论中，一个基本的假设是树木也"男女有别"，其中"雌树"负责产生果实。他还回应了为何同种的雄树和雌树会同时结果——即便是这样的情况，雌树也会"结出更好更多的果实"。树木的性别差异也被认为会影响其木材价值。例如椴树"雄树木质坚硬，呈黄色，香气更浓，枝叶也更密集；雌树则更显苍白。"此外，"雄树树皮更厚，因此想要剥光它并不容易，同时也不容易弯曲；雌树树皮要薄一些，灵活性也更好。"这个想法影响了整个古典时期人们对树木的认知，而且不光是希腊人，罗马作家也纷纷认为"多数树种都是'男女有别'的"。[26]

　　树木不但具有农作和建筑方面的价值，对于希腊人和罗马人来说，他们的海军建设同样与树木息息相关。泰奥弗拉斯托斯曾给出过一份关于造

---

　　①Jugerum，古罗马亩制单位，1犹格约相当于1/4公顷。——译者注
　　②Lesbos，希腊第三大岛、地中海第八大岛。全岛三分之一的人口聚居于首府米蒂利尼。该岛因古希腊著名女诗人萨福而闻名于世，由于萨福传说中是同性恋者，故英语中"女同性恋"（Lesbian）即由此岛名转化而来。——译者注

船时所需树木的重要描述，其中还包括每一部分所对应的最佳选择。他写道，"冷杉、山松和雪松是造船的最好树木。"三桅战船和战舰应当"由冷杉制成，因为它很轻"，这会使得船更快速有效率。与之相比，商船最好由更重的松木制成，因为它们不容易腐烂。然而他也指出，一些国家利用树木造船，完全依赖于他们领土上所生长的树种。例如在叙利亚古国和腓尼基，他们完全使用冷杉造船，因为那里几乎没有雪松或山松。而在塞浦路斯，他们使用"海岸松"，一种生活在海岛上，"品质似乎要优于山松的树种"。三桅战船的龙骨用橡木制成，因为它们足够结实，足以支撑整艘船的重量，使之可以被拖到海岸上。而他们"对于需要特殊加固的船首分水处和吊锚架，往往会选择白蜡树、桑树或榆树"。船桨的理想木材是银杉，而那些相对年幼的、柔韧性好的、生长在密集区域的银杉又最为理想，因为它们硬度合适，同时旁枝也较少。泰奥弗拉斯托斯指出，"冷杉层次分明且复杂，就像洋葱，总能透过一层看到其下面的一层"。由此他认为，制作船桨的关键，是均匀地剥去冷杉的每一层，使其结构不被破坏。如果可以做到，船桨就会很结实，而"如果他们没法均匀地剥掉冷杉的每一层，船桨就会容易折断"。[27]

荷马史诗《伊利亚特》与《奥德赛》，为不同树木的古代审美与利用价值，提供了更广泛的参照。[28]其中，橡树最常被提及，也出现在许多譬喻之中，同时被常常提及的还有白杨、松树、冷杉和白蜡树。在战争场面里，倒下的战士往往会被比作被伐的树木，于是铜矛刺穿人的身体，也就和斧子砍伐树木等同起来。在《伊利亚特》中，克里特岛的领袖伊多梅纽斯"用铜矛刺穿了阿西俄斯的喉咙"，后者"像造船工人在山林中，用锋利的斧头伐取造船所需的橡树、白杨或松树一般，缓缓倒下"[29]。而当西摩埃西俄斯被埃阿斯的"铜矛"，"击中右胸"而倒地时，他"躺在尘土之中，像一棵生长在大片沼泽里的杨树，树干平滑，但顶部枝丫横生。一位制车的工匠用闪光的铁斧把它砍倒，准备把它弯成轮毂，装上精心制作的战车。而杨树就在沼泽边渐渐风干。"这里有关杨树悲伤而精确的描写，紧接着就

14

是对于其被伐倒、风干、制成车轮的诗意表述。[30]而娶了普里阿摩斯女儿的长矛兵英勃里俄斯，则被埃阿斯用长矛击中了耳朵底部，他"猝然倒地，像一棵杨树般，本耸立在山巅，从远处便可遥望其风采，此刻却被铜斧砍倒，纷洒出鲜嫩的叶片"。[31]

矛通常由白蜡木制的矛柄和铜制的矛头组成。赫克托耳曾"在近旁，以利剑砍中埃阿斯长矛的白蜡木柄，并将矛头削了去"，以至于后者只得挥舞着"无用的无头长矛，徒劳地听着青铜矛头在远处锵锵落地作响"。阿喀琉斯的矛"以裴利昂山地的白蜡木作柄，是喀戎赠予他父亲的礼物，取材自裴利昂的山巅（今拉米亚附近），正是杀敌的利器"。[32]战争的噪声，正好是风火穿过树林的音响。当特洛伊人与亚加亚人"相互叫阵"时，荷马将这一场景比作"烈焰在林间空地咆哮，急蹿至森林中"，风的"尖叫"在"橡树之巅——在愤怒中发出雷鸣般的怒吼"。[33]两位"叫阵大师"赫克托耳和普特洛克勒斯，让两支军队的叫喊声互相冲撞，好比是"东风与西风，在山林间来回拉锯，令森林里的山毛榉、白蜡木和光滑的山茱萸承受着奇异的喧嚣，直至破裂折断"。[34]但荷马也注意到，那些幸存的树木，往往生有更强壮的根系。当波吕波忒斯与勒翁泰奥斯在国王阿西俄斯门前守卫时，他们"站得像山顶之上的大橡树，承受着日日夜夜的风雨，生长出深远的根"。[35]

我们同样也可以通过譬喻，了解到樵夫们的日常生活。在一次战斗过后，阿伽门农与他的亚细亚战士们终于突出重围。他们就像是"辛劳的樵夫终于在山间空地，准备享用自己的餐饭。他的胳膊因与粗壮的树木交战而过于乏累，疲倦袭来，他的心智已经被享用一顿饱餐的念头完全占据。"[36]我们也可以从智者内斯特在一场战斗开始前对儿子安提洛科斯的嘱托中得知，以斧砍树时需要无比谨慎的技巧和专注。他将战车的御者比作山间的樵夫，他们需要更多的智慧，而非力量："对于一个樵夫，用脑子总比蛮干好很多。"[37]我们也可以找到关于古希腊人在林地间饲养家猪、猎捕野猪的证据。在《奥德赛》中，女巫喀耳刻的宫殿正是建在"林间空地"中，其间充满了"山狼和狮子"。她给奥德修斯的同伴们下药，"关他们进

15

猪栏"。他们的"头、声音、毛发和身体都变成了猪的样子，唯有心智仍存，像往常一样。"他们在猪栏里哭泣，"喀耳刻在他们面前摇晃橡果和山茱萸的果实，让他们来吃。他们就像是总爱打滚的猪一样，习惯于这样被喂养。"[38]在《伊利亚特》中，两位特洛伊战士"就像山上的野猪一般，静候猎人和狗对他们发起攻击"。他们伺机扑向对手，"掀倒树木、掘断树根，用獠牙发出骇人的声响，直到被人投枪击中，夺去他们的生命。"[39]

尽管荷马关于树木的譬喻，大多出现在血腥的战斗场面中，但他也会通过细腻的方式来展现树木的美丽。在《奥德赛》中，在阿尔喀诺俄斯宫中工作的妇女们"在织机前工作，纺织或捻纱时轻纱漫天，宛若高大的杨树的叶子，顺着指尖轻轻飘落"[40]。亚细亚人尽情享用新鲜的牛肉，同时向"美丽的悬铃木下的圣坛献祭，水流淙淙由此发源"，尽管这里的美景作讽语用，而后"一条可怖的、后背血红的大蛇""由祭坛之下，蜿蜒爬上了悬铃木顶"，"吞噬了在巢中的麻雀雏鸟"，然后蜷缩在叶丛中，"停留在树枝之上"。但在这里，树的美丽其实通过宙斯送来的恐怖大蛇，再一次得到了强调。[41]

即便是最伟大的勇士，也会屈从于悬铃木的美丽。公元前480年，当波斯国王薛西斯游历于佛里吉亚和萨迪斯之间时，他渡过一条名为"梅安得（Maeander）"的河流，恰好看到一棵悬铃木，于是便在树下过夜，并且"由于其美丽，而用黄金装饰了它，还分配了一名不死军①战士守卫它"。[42]到了公元1世纪，悬铃木已经成为最受欢迎的树种之一，并且成为罗马帝国境内最普遍的绿荫树。在它的荫庇之下，人们办学校、开运动会，还进行更加重要的军事训练。鲍桑尼亚曾描述在公元2世纪时斯巴达城邦曾有一区域被命名为"悬铃木林，因为它的四周都被连续不断的悬铃木环绕"，在这里"年轻的斯巴达人经由严酷的格斗训练，由黄发小儿蜕变为成年战士"："他们互相踢打、撕咬，甚至试图挖出同伴的眼睛。只有这样，他们

---

①波斯军中的精锐，原本是波斯宫廷禁卫军中的持矛卫兵与长刀手。薛西斯一世时期，不死军参加了远征希腊诸城邦的战争，并于温泉关之战中歼灭斯巴达留守军，从而扬名。——译者注

16

才能适应日后惨烈的战场格斗。"在战斗开始前,"小伙子们还要驱赶野猪彼此交战,胜者将享有树荫。"他还记述在伊利斯城邦的"老体育馆","高大的悬铃木长在路旁",运动员们在树荫下"进行训练,直至达标",目的是参加古代奥林匹克运动会。[43]尽管悬铃木是意大利从希腊引进的最受欢迎的树种,是小普林尼的最爱,但它却极少像被薛西斯大帝那般,"单独受宠"。小普林尼就曾在他位于托斯卡纳的广阔庄园种植栽培了上百棵悬铃木。他最喜欢的去处,被他称作"仅有的知己"的是一座"由四棵悬铃木环绕而成的凉亭,正中央有一座大理石制成的喷泉,清澈的水流喷涌而出,恰好拍打在悬铃木的根部。"他还有一座跑马场,呈马蹄形,用于散步和骑马消遣。直行的马道处于隐蔽之中,"悬铃木上覆盖着常春藤,这样悬铃木的绿叶覆盖自己的顶部,而根部则充盈着常春藤的绿意。树藤环绕枝干,从一棵树蜿蜒到另一棵树上,使它们彼此相连。"[44]而在跑马场马道弯曲的弧顶,柏树较之悬铃木,提供更加"阴沉而浓郁"的阴影,毗邻的花园里则有一些额外的矮小悬铃木,与果树、黄杨和月桂树长在一处。小普林尼也不无炫耀地指出,他拥有全罗马最奢侈的树木,同时也不乏农业生产力。

但罗马人对树木和主要材木的热情,却可能造成消极的影响。这主要体现在罗马帝国时期最"时尚"、具有神秘吸引力的"广柑树"。这种常绿针叶树以其木材闻名,因而区别于其他以其果实——如柠檬、柑橘等"取悦"人类的柑橘属树木。男人们完全沉迷于以这种木材制成的桌子,普林尼就曾记录道:"女人们以(男人)对这种桌子的痴迷",作为对她们追逐"珍珠奢侈品"的"有效反驳"。这种狂热甚至堪比17世纪时荷兰的"郁金香热"。譬如,并不是很有钱的西塞罗,却曾斥50万塞斯特斯(古罗马货币)的巨资来购买这种桌子;而另一位政治家阿西尼厄斯甚至用过一张"价值一百万"的同样材质的桌子。根据老普林尼的记录,这些钱足够买下一处不错的地产,"假如",他心有不悦地补充说,"会有人愿意花这么大一笔钱来购买土地的话。"事实上,这种木材主要的吸引力,在于其"表面有波状的起伏,会形成纹理或螺旋。纹理绵延较长的,会被称为虎木；形状较为扭曲的，则被称为豹木。"其他同种木材，根据其纹理，则被称为孔雀尾或香芹。而"其最高的价值还在于其色泽"，譬如"作为酒桌"，更光亮的柑橘木桌子，会因其"没有受到酒渍沁染"而更有优势。[45]

巨大的需求促使人们囤积居奇：据传塞内加一口气囤积了500张这样的桌子，配上象牙制成的桌腿。而这种需求势必导致这种树木在北非的生长受到极大的破坏。最好的柑橘木被连根砍倒，同时导致一种树瘤蔓延。按照普林尼的记载，它们是由"一种疾病产生"，"从根处生长"，或者"长在树干和树枝上"。斯特拉博指出，毛里塔尼亚地区①"在这种树木的数量和质量上都占据绝对优势"，因此也就成了"罗马人柑橘木桌子最重要的原料供应地，而且数量巨大，种类繁多。"按照斯特拉博的记录，其他的树木，例如在热那亚地区周边的利古里亚森林广泛生长的枫树，被当成是柑橘木的替代品，需求量同样巨大。这种树木也"适用于造船，这种树木很粗，直径有时会达到8英尺（约2.43米）。而这种树木，甚至在纹理的色泽上，也丝毫不逊于制作桌子的柑橘木。"老普林尼曾记载，"最好的柑橘木"，来自于毛里塔尼亚的"安克拉里尤斯山"，但这里的木材已经被"消耗光了"。关于这一系列的木材开采，伊比利亚半岛的诗人马尔库斯·安内乌斯·卢肯留下了详尽的记录，他写道，"毛里塔尼亚的木材"曾是"当地人唯一的财富"，但他们只"满足于树木提供的阴凉"，而"无视这财富真正的用途"。然而"我们的斧子入侵了未知的森林，寻找理想的桌材，同时也寻到了这世界尽头的优雅"。而由于罗马人对这优雅和纹理精致的树木的贪婪，柑橘树森林遭到了严重的破坏。在接下来的几个世纪，这里其余的大片森林也由于连锁反应开始消失，转变成草地、牧场、田地，甚至荒漠。[46]

---

①北非古国，位于今天的摩洛哥东北部与阿尔及利亚西部一带，后被罗马所灭。这个古国与今天西非的毛里塔尼亚共和国没有任何继承关系，地理上也不在同一个地方。——译者注

第二章　森林与活动

　　国王、主教、贵族与当权者，他们统统都曾对控制其领地内的森林抱有兴趣。森林赋予土地以秩序，同时也明确了领主的疆域范围。狩猎活动通常可以展现军队的英勇及其出众的骑术。与亚历山大大帝及古罗马皇帝——如哈德良——相似，对于英格兰的诺曼国王们而言，森林里的狩猎活动同样是证明自己军队能力的关键。在欧洲，有关森林的法律在中世纪早期便已出现，主要用于对大片土地，包括对村庄甚至是城镇的管理。而在文学的世界里，森林通常与混沌、自由、冥想的空间以及危险相关，而这些想法甚至直接影响到几个世纪里人们对森林经营、管理和控制的方式。伟大的国王们希望通过狩猎来展示他们的威严，进而控制他们的森林。年轻有为的巴比伦国王尼布甲尼撒（公元前605年—前562年在位）曾为自己与腓尼基人作战胜利和发动对耶路撒冷的攻击留下铭文，位于今天黎巴嫩境内的布里萨河谷。文本"伴有浮雕，绘有国王猎狮的图样，但已经严重磨损"，而第二块浮雕显示的是"国王正在砍树"[1]。在《圣经》中，尼布甲尼撒之死也曾被先知以赛亚预言："现在全地得安息，享平静……松树和黎巴嫩的香柏树，都因你欢乐，说，自从你扑倒，再无人上来砍伐我们。"（以14：7—8）①

　　1977年，在希腊东北部的现代村庄韦尔吉纳发现了三座古代皇家陵墓。[2]这里有许多惊人的发现，其中包括被认为是亚历山大大帝父亲腓力二世陵墓的发掘。这位皇帝在公元前336年，即他46岁时被他的"前男友"

---

　　①此段为先知以赛亚预言巴比伦覆亡，以色列复兴之事，故文中"你"指的是入侵的"敌基督"、巴比伦国王尼布甲尼撒。——译者注

谋杀。① 在他的陵墓正上方，人们发现了火堆的残余，里面还有他狩猎时所用的猎犬和猎马。犬马的归属尚有争议，它们也可能本属于亚历山大大帝的兄长阿里达乌斯（即后来的腓力三世）。墓门口的两侧是多利安式石柱，上面则配有爱奥尼亚式的雕带，描绘了狩猎的场景。詹姆斯·戴维森将其描绘成："在神圣氛围下，一次富有生命力的围猎，裸体青年使用长矛、网和斧头，和猎狗一同向鹿、野猪和熊发起攻击。"

这个场景中包含了不少值得注意的地方，但最令人兴奋的莫过于画面中央以一头狮子为中心的一组形象。一个蓄有胡须的男人骑着一匹猎马正向下俯冲，试图杀死狮子，而另一个同样处于雕画中心的骑手正准备向狮子投掷标枪。有胡子的男人"也许就是腓力二世，他正在使用国王的特权，猎杀百兽之王。他的儿子，年轻的亚历山大则疾驰而来，前来协助。"这个年轻人"因此也被称为皇家男孩，他可以像画面显示的那样，被允许在国王狩猎时，独自提供帮助。"但由于这些激动人心的场景，人们很容易忽略狩猎发生的场所背景。尽管雕画已有所褪色，但植被的颜色却很清晰，部分地方岩石裸露，似乎是在表现羊群放牧后的痕迹。这样的开阔区域对于马上狩猎是必不可少的。有几棵老树似乎被截去了树梢，并接受定期的修剪。倘若推测正确，在亚历山大战马"比塞弗勒斯"近旁的一棵树，似乎已经枯死。这个古代的场景，很容易让人联想起现代草场和荒漠上矗立的零星几棵老树。

至于亚历山大本人对狩猎的热爱，罗马元老昆图斯·库尔蒂乌斯·鲁夫斯在他关于亚历山大在亚洲腹地征战的传记作品里有所记载。在"这些地方的野蛮人，并没有什么其他财富能比得上他们所拥有的、困居在山林和谷地间高贵的野生动物"。为此他们选择住在"广阔的森林与常流泉"旁，并"在森林周围修建围墙，筑起高塔，方便猎人们观察"。当亚历山

---

①关于腓力二世被谋杀，凶手系其护卫官保萨尼亚斯确凿无疑，但其动机至今尚无定论。"前男友说"或援引自古希腊历史学家狄奥多罗斯的观点，他考证后认为保萨尼亚斯乃腓力二世的同性恋人，因后者移情别恋故而行凶。除了这个相对香艳八卦的说法，后世史家亦有"贵族不满说"、"前妻雇凶说"、"波斯阴谋说"等观点。——译者注

图6 腓力二世陵墓入口，公元前336年，韦尔吉纳，希腊

大抵达时，"这里的森林已经经历了多年的安稳"，他"命令全军进入森林，从各个角度对野兽发起攻击"。一只"庞大无比的狮子冲向国王本人"，在亚历山大身旁的利西马科斯准备用猎矛护驾时，亚历山大却"把他推到一边，令他休息"，"亲自面对狮子"，然后将它一击毙命。

对于罗马人而言，"狩猎是人们喜闻乐见的娱乐活动"，并且深受图拉真皇帝的喜爱。按照普利尼的说法，这位皇帝"唯一的放松，就是在森林里巡游，把动物们从各自的巢穴里赶出来"，而普林尼自己则"坐在猎网旁边，手里却拿着写作的材料，而非打猎用的长矛"。图拉真的后继者哈德良是更狂热的狩猎爱好者。他很可能在公元122年一次北巡到帝国最北端哈德良长城所在地的过程中，还猎捕了一头野猪：在奔宁山脉的一座祭坛上，记录着一位罗马长官在这里"曾经猎捕到一头品质极好的野猪，是其他所有人都未能捕获的"。[3] 公元124年，他又来到了今天土耳其的西北部，深入森林中进行狩猎，并在成功猎杀一头母熊后，将此地的一个镇子命名为"哈德良西拉"（即"哈德良狩猎地"之意，今名为巴勒克埃希尔）。罗马此时的铸币也选择了哈德良在马背上狩猎的场景作为正面，背面则是一只熊的头颅。在哈德良最爱的猎马波利斯赛讷斯坟墓的铭文里，记录了他

"如何飞跃平原、沼泽、丘陵和丛林，即便是潘诺尼亚长着发白獠牙的野猪，也不敢伤害他。"[4]

公元130年9月，在一次前往埃及的狩猎之行中，哈德良带上了他的同性恋人美少年安提诺乌斯，一首用希腊文写在纸莎草上的诗对此作了描述。这首来自诗人盘卡提斯的诗写道：哈德良"欲测试美少年安提诺乌斯的英武"，故意将一头受伤的狮子引到安提诺乌斯面前，"狮子怒不可遏，以利爪挣脱束缚，冲向他们两人"。最终狮子抓伤了美少年的猎马，而哈德良杀死了狮子，救了恋人一命。[5]哈德良是一个"充满激情，近乎执迷的猎手"，还时常为自己的猎马和猎犬写下隽永短句来颂扬它们。在哈德良的蒂沃利别墅①，有一处浮雕描绘了一个男孩伏在马背上的场景。此外还有八处大理石浮雕，记录了他与旗下的猎手狩猎的辉煌战绩，包括猎捕一头野猪和一头狮子。而"作为猎熊图背景，在哈德良背后骑着马的人，与安提诺乌斯极为相似"。[6]

图7　《男孩与马》，117—118，大理石浮雕，由加文·汉密尔顿在哈德良别墅发掘，表现的可能是卡斯托尔②驭马的画面。

---

①即哈德良别墅，位于意大利中部的城市蒂沃利。——译者注
②Castor，希腊神话中宙斯之子，同时还是双子座的雏形之一。——译者注

狩猎与树木在人类文化中所处的中心位置，甚至还可以追溯到更远的时代。2010年，一支遗址考古队宣称在罗马以南的阿尔巴诺丘陵内米村附近发现了石头围墙的遗迹，时间可追溯至公元前13至前12世纪。这一围墙内"包含狩猎女神狄安娜的神殿，以及梯田、喷泉、蓄水池和水神庙的遗迹，还一度被巨大而神圣的树所环绕，比如罗马人的祖先之一拉丁人将其视为他们的祭司国王的象征"。罗马的不列颠学院主任克里斯托弗·史密斯曾评论道："这是个有趣的发现，它为事实提供了十分重要的证据；我们了解到树木会被种植在神殿附近，而拉丁人会聚集在这里，举行拜神仪式，直到公元前509年罗马共和国建立。"[7]这也为詹姆斯·弗雷泽爵士在其非凡的宗教人类学巨著《金枝》（1890）中展开的著名图景提供了落脚点。

作品中，弗雷泽反复思索内米湖周边的风景。"狄安娜也许此时还在湖滨徘徊，出没于林地荒野。在古代，这片森林曾反复上演过奇特的悲剧。"在内米村之下的悬崖、湖岸边"有一片神圣的树林，以及狄安娜·纳莫仁西斯，即林神狄安娜的神殿"，"林中有一棵大树，在它的附近，无论日夜，都可能会看到一个可怕的人影在徘徊。"弗雷泽认为，这个人影可以令前来狄安娜圣地"温文尔雅又虔诚的朝圣者"眼中的风景"黯然无光"。一个迟来的旅人可能会看见这样的场景："树林的背景上，显出黑色而带有锯齿状的轮廓，衬托着昏暗而孕育着暴雨的天空。风的叹息蛰伏在枝头，枯叶的沙沙声蔓延在脚下……"圣殿的祭司常带着一把出鞘的剑，随时迎接杀戮或被杀，因为圣殿的规矩是"只有那个或早或晚前来杀死他的男人，才可以继承他的位置"。在内米的狄安娜神殿中生长着一棵大树，看起来一根树枝都不曾被折断（图67）。唯一的例外是"逃跑的奴隶，会被允许折断一根粗壮的树枝"。如果他成功了，他就有权力与"祭司单独决斗，杀掉他便可继任祭司之位，并被冠以森林之王的名号（雷克斯·纳莫仁西斯）"。弗雷泽认为，"古代的公共舆论"，正是"那决定性的树枝，即金枝"，是"埃涅阿斯前往冥界的危险之旅开始前所折断之物"。实际上，金枝乃是槲寄生，它被认为是"橡树的生命"，因为即便"橡树脱落至无叶，它却常绿如故"。[8]

当埃涅阿斯苦寻精神之完美形态时，由金枝所代表，森林乃危险、幽暗之地，遵循着"欲望与放纵"之原则。[9]埃涅阿斯和他的追随者们按照女巫西比尔的指令，火葬了号手米瑟努斯，然后前往"原始森林，那里是野兽的巢穴；他们砍倒了漆黑的松树，冬青树也在斧头的斫击下叮叮作响；桦木和橡木在楔子的协助下逐一分离，他们还把巨大的花楸树从山上滚下来"。孤身一人，埃涅阿斯"眼望着无尽的森林，黯然神伤"，然后踏上了寻找金枝与通往冥界之路："正如在冬天的森林中，槲寄生在异树上生长，想要同奇怪的树叶，与黄色的果实一道，紧紧攀在那树优美的枝干之上，像是朦胧的冬青树生出了金灿灿的叶。"埃涅阿斯立即"抓住它，用力折断这坚韧的枝，带着它"去到了西比尔的庙堂。[10]

图 8 威廉·奥特利，《阿里恰齐吉公园树木与岩石的研究》，18 世纪 90 年代，棕色钢笔画

作为一个文本，《埃涅阿斯纪》在中世纪具有极大的影响力，它将森林与狩猎、战斗、流放和死亡象征性地联系在了一起。例如当特洛伊人在利比亚登陆时，海港上朦胧地出现了"朝向天空的悬崖和一座双子峰"，

图9 《金枝》，1847，托马斯·阿贝尔·普赖尔临摹自威廉·透纳

它的背后则是"一片微微发亮的树林，灌木林悬伸而出，阴森可怖"。埃涅阿斯首先做的，是攀上一座山峰来寻找其他船只，但他只看见了"三只牡鹿"，和它们身后的一大群鹿。他立即抓起"他的弓和箭"，"射到了那几只昂着头、角似枝丫的头鹿，然后又射其他的鹿，令它们在茂密的丛林中四散溃逃。"[11] 在第九卷中，当欧律阿鲁斯和尼苏斯被追赶时，他们逃向"森林，在那里度夜"，但他们发觉"森林里充满了杂乱的灌木与无尽的冬青，稠密的荆棘到处都是"。而虽然"少许路径穿过隐藏的空地"，欧律阿鲁斯却"为错杂的枝蔓所阻"，尼苏斯奋力穿过树林，却惊呼："不幸的欧律阿鲁斯，我把你丢在什么地方了？我又该往哪儿走，才能再次摆脱这迷乱树丛的纠缠？"而经过了数次战斗，两位战士最后都死在了树林里。[12]

《埃涅阿斯纪》中的森林"往往作为含有暗示性的场景，与命运、预言和恶兆相关联"，这可以与维吉尔在《牧歌》中关于树木和谐的表现形成对照。[13]《牧歌》首篇以提泰罗斯开场，这个被认为可能是维吉尔自己化身的虚构人物，"在山毛榉的荫蔽之下怡然自得"。他告诉牧羊人梅里伯斯有关自己的罗马之旅，后者已将自己的羊群"驱赶到繁茂的榛木丛中"。而罗马，"如此出类拔萃，竟远远高于其他城邦，就仿佛那高大挺拔的柏

25

图 10 《狄多与埃涅阿斯》，1787，弗朗西斯科·巴尔托洛奇与威廉·透纳共同完成的蚀刻版画，
前者负责人物，后者负责风景；临摹自托马斯·琼斯与约翰·汉密尔顿·莫蒂默的创作

树，与近旁的弯曲柳树相比一样"。[14]在《牧歌》随后的篇章里，梅里伯斯
听闻"神圣的橡树"旁，"冬青树的低语"，人们在"蜜蜂嗡嗡鸣叫"之处
开始对歌。先是科瑞东"杜松和蓬松的栗子树，每棵树下散落着它们各式
各样的果实，整个世界都在此刻欢笑"，而后赛瑞斯应和"森林里最美的
是白蜡木，花园里最美的是青松，小河边最美的是白杨，山坡上最美的是
冷杉"。[15]

从宗教的观点来看，最具代表性的树木，无疑是《创世纪》里，在亚
当与夏娃生活的伊甸园里生长的那棵可使人分辨善恶的智慧之树（图 12）。
伊甸园更多时候被称为"乐园"（Paradise），这个词"可能来自于波斯语，
指皇家公园或游乐场所"。《天主教百科全书》（*Catholic Encyclopaedia*）中
记载这个词"在古典时期的拉丁语和色诺芬之前的希腊语里都没有出现
过"，而在《旧约》中，"被发现仅仅有希伯来语的形式（Pardês）"。关于
这个词起源的另一证据，则是在《尼希米记》里。身为波斯王阿尔塔薛西

斯一世手下的重要官员，希伯来人的领袖尼希米奉命在公元前445年回到耶路撒冷，修复这座城池：

我又对王说："王若喜欢，求王赐我诏书，通知大河西的省长准我经过，直到犹大；又赐诏书，通知管理皇家园林（happerdês）的亚萨，使他给我木料，作属殿营楼之门的横梁和城墙，与我自己房屋使用的。"（尼2：7—8）

这里"happerdês"一词，用来描述亚萨的职位，即波斯人统治下的皇家园林管理者。

图11　《欧律阿鲁斯之死》，1800年，蚀刻版画，弗朗西斯科·巴尔托洛奇临摹自弗朗西斯科·维埃拉·波恩图斯

在《创世纪》里，人类"被安排来照料伊甸园"，"可以吃这里的果实，除了智慧树上结的"。亚当与夏娃"天真无邪地生活着，直到夏娃受到蛇的诱惑，两人一起吃了禁果"。因此，他们知道了罪，"招致耶和华的不悦"，被逐出伊甸园。从此"他们的生活充满了痛苦和艰辛"，并且人类不得不"从土壤中获得食物……饱受不结实的困扰"。[16]树木在北欧神话里同样具有重要意义，在其有关人类的创造中有所体现。富有的冰岛地主、律师、诗人斯诺里·斯图鲁逊（1179—1241）搜集整理了一系列

口头故事和诗歌，编辑成了重要文集《散文埃达》（*Prose Edda*）。在关于人类起源的神话里，斯诺里写道：

图12 约翰·马丁，《人的堕落》，1831，蚀刻铜版画

布尔（Bor）的儿子们在海边散步，来到了两根原木前。他们捡起木头，把它们雕成人形。先给了它们呼吸与生命，再给它们理解与运动的能力，然后给了它们说话、聆听和观看的能力，最后给了衣服和名字。男人名为阿斯克（Ask，即白蜡树 ash tree），女人叫恩布拉（Embla，可能是榆树 elm，或葡萄藤 vine）。这便是人类的由来，他们被赐予了住所，名为米德加德（Midgard，即尘世）。[17]

当原木变成人类时，"阳光自南普照大地，大地新绿萌生。"[18]

然后，斯诺里又写道："世界之树（Yggdrasill），命运之树，位于似乎是这宇宙福祉所系之物的上面。那里有命运之泉（Urearbrunnr），还有化作女人形状的命运本体，把握着人们命运的历程。"[19]它通常被认为是白蜡木，但"即便是伟大的世界之树，也会遭到攻击"：

这世界树正经历困苦，

却无人知晓，

雄赤鹿啃咬树冠，使之腐朽，

恶龙撕扯它的根。

图 13　阿尼巴·卡拉契学院，
《伊甸园中的夏娃与蛇》，16 世纪
末期，墨水画

　　命运三女神试图通过"浇灌来自命运之泉的清水与泥浆"的方法来拯救世界树。"这神奇的混合物有助于遏制腐朽。到最后，世界树还是和神一起倒下了，他们恍若常人，终有一死。"[20]

　　树木也同样在其他几个北欧神话中出现。比如《哈瓦玛尔》（*Hávamál*）中，就有"奥丁①挂在一棵迎风而立的树上九个晚上"的故事：

我知道我挂在

一棵迎风而立的树上

整整九个晚上，

身体还为利矛所伤

我奥丁

告诉我自己：

在那树上

无人知晓

───────────

①奥丁（Ôeinn），北欧神话里的主神，诸神之父。——译者注

它的根，由何而生。

图14　阿尔布雷特·丢勒，《亚
当与夏娃：与蛇一起站在智慧树
两侧》，1504，版画

图15　大汉斯·韦尔涅，《智慧
树与蛇》，16 世纪 30—40 年代，
木版画

很多人把这棵树看作是耶稣被钉上十字架的一种异教表达，"这里的场景与骷髅地①的相似性是毫无疑问的"。甚至"它们是如此相像，以至于令大众都感到困惑"。但北欧神话里的许多元素，都可以看成是异教徒的传统。[21]根据 11 世纪的学者，不莱梅的亚当记载，"每过九年，乌普萨拉地区都会庆祝一个臭名昭著的节日。这个节日会持续九天，人们会在所有活物中，每个种类各取九颗头颅作为献祭。它们的尸体则会被挂在神庙周围。"这些挂起来的尸体很可能是"献给想象中站在乌普萨拉神庙里的奥丁，以及弗丽嘉和索尔②"。学者们还认为，那棵奥丁挂在上面的树，并不是普通的树。它极可能是另一棵世界树，"神圣世界树"（the holy Yggdrasill），以奥丁之马命名，即"奥丁"（Ygg，奥丁的别名）与"骥"（drasill，马的诗化用字）的叠加。[22]

另一个有些棘手的细节，是世界树往往被描述成是"常青"的，因而人们怀疑它实际上是紫杉，而非白蜡。"一个小疑问，那常青的紫杉为人们所敬仰，是否意味着世界树与神圣之树皆为紫杉。最好的弓也是由紫杉制成的。"此外，弓箭、狩猎之神乌勒尔"雪橇之技艺超群，因而无人能与其比肩"，住在紫杉谷，"紫杉林立之地"。公元 1070 年，不莱梅的亚当曾描述过一处神庙，当时它仍为人们所用，"就像是几个世纪以来异教徒的信仰与积习，在瑞典这潭死水中淤积"。而庙宇旁的树林：

> 一棵树木比其他更显神圣：它常青，如世界树一般。从某种程度上说，它像是一根圆柱，如撒克逊人所信仰的圣树伊尔明苏尔（Irminsul），支撑着整个宇宙。我们同样也可能想到格拉希尔（Glasir），这瓦尔哈拉（Valhöll）神殿门前生长的、长满金叶的树林，自然也少不了挂着奥丁，承受着他临死前痛苦摇荡的那棵，不知从何处生根的树。[23]

《圣经》及古典时期的众多有关狩猎与森林的观念，对中世纪的作家

---

① 骷髅地（Calvary），《圣经》中耶稣受难之地。——译者注
② 弗丽嘉（Fricco），奥丁之妻，婚姻与家庭之神；索尔（Thór），奥丁之子，雷神，又译作"托尔"。——译者注

图16　世界树，引自《冰岛埃达》，奥布龙嘉达手稿，1680

产生了很大影响。他们将荒漠、莽原以及迷乱的森林，与中世纪森林里的原始景观联系起来。隐居与非凡的神启，"被用作树木象征意义的一部分出现在罗曼史故事里"。而这类罗曼史故事也成为北欧宫廷贵族中最受欢迎的文学娱乐形式之一。荒原和森林都以其未开化的特征而为人们所认知。荒漠也多以岩石、洞穴，以及些许的绿植和甘泉构成。例如公元 360 年由圣安东尼写成的圣亚他那修的生平中，埃及的荒漠里便有一处洞穴，以及幼苗、树木及野兽。[24]而"寄情于景"出现在诺曼征服之前的英格兰：恩舍姆修道院的院长埃尔弗里克效仿施洗约翰来到荒野，"逃离人类恶习的影响"，在那里"他不喝葡萄酒、啤酒、麦酒，不喝人类的饮料，只吃水果和森林能找到的东西"。隐居的苦行者通过居住在洞穴或森林深处，来限制自己的生存。"森林与《圣经》中荒漠与莽原的联系，可以通过一些故事得到进一步的理解。譬如 1073 年时，沙特尔子爵埃夫拉尔·德·布勒特伊就曾为了成为隐士而抛弃自己的一切，模仿圣蒂博，做了一名烧炭工人。"[25]

在盎格鲁－撒克逊及诺曼征服时期，重罪犯乃"法外之徒"，他们被称作是"顶着狼的头颅"，应当被"以对待狼的方式对待"。14 世纪初，一首盎格鲁诺曼语诗歌描述了一个无辜却沦为重罪犯的人，只能逃到柏勒加德（Belregard）森林"美丽的树荫"里，"这里没有欺骗，也没有糟糕的律条……松鸡在此飞翔，夜莺不停吟唱。"[26] 在中世纪的浪漫风景里，树木与森林扮演了十分复杂而核心的角色。那些具有影响力的罗曼史文本，诸如 12 世纪作家克雷蒂安·德·特鲁瓦的作品——塑造了堪称"率先垂范"骑士精神典范的兰斯洛特爵士（Sir Lancelot）这一形象，离群的骑士在未知的森林里孤独求索，始终是一个重要的主题。

图 17　盖尔特根·托特·辛特·扬斯，《荒野里的施洗约翰》，1490—1495，木板油画

例如，在亚瑟王的宫殿中，乌文英骑士（the knight Yvain）因受到洛蒂涅夫人（Lady Laudine）的鄙夷，愤然出走。"他宁愿被独自流放在荒蛮之地，无人可寻找到他的踪迹，也没人知晓他的下落。"他"由众骑士之间起身"，"一场风暴在他的脑海里爆发，令他的感官失去控制；他剥去衣裳，撕扯自己的肉身，狂奔在草地与田野之上。"他遇见"一个少年在林地附近张弓搭箭，少年的五支箭上还装有尖锐而宽大的倒钩。"但此后，他却"对自己做了些什么完全失去了记忆。他在森林里设伏，击杀它们，并

且以生鹿肉为食，俨然成了森林里的疯子或是野蛮人。"[27] 森林很大程度上成为"罗曼史人物的特有领土"。在中世纪晚期，"通过大量主要是英格兰故事的文本来回顾他们，会发现森林漫无边际这一特征，是它可以满足罗曼史故事的原因"[28] 森林乃放逐之地，而一个人的决心、勇气与技能，又可以在这里得到充分的展现。这里同样是法外之地，可以任由人们游走在社会组织之外。

❀ 实践活动之所：中世纪皇家森林

当然，英格兰的森林在中世纪时并非是无边无际的。相反，由于它们的有界性，森林被定义为一种独特的法律概念。区域的划分，既包括浓密的林木地带，也包含开放的荒野、沼泽及草地。早在 7 世纪，法兰克王国的国王们就有意识地保护这一固定区域，而"英格兰则与法兰克王国保持了紧密的联系，并将这一习惯吸纳进自己的传统之中"。一些英格兰的地产公文，诸如公元 904 年，即诺曼征服前的英格兰比克利地区发现的一份文件里，便有"这一区域被特别标记，用于狩猎使用"的记录。景观历史学家德拉·胡克通过对盎格鲁－撒克逊公文的解读，确定了古英语词汇"haga"的意义是"树篱或者栅栏围成的木质堤岸拔尖的地方"，"因此，当 haga 出现在森林中时，似乎意味着人们有意将鹿作为一种现成的肉食来源圈养起来，同时保护它们不受狼和其他动物的侵袭。"[29]

但实际上，对狩猎具有巨大热忱的诺曼人的到来，才使得英格兰与威尔士人对于森林与狩猎拥有这样复杂的约束条件，诺曼人全新的律法系统，将与之相关的执拗理念植根于这里居民的心中。当诺曼底公爵威廉（1027—1087，一说他生于 1028 年）于 1066 年征服英格兰时，盎格鲁－撒克逊人原本就最为热衷的狩猎活动，被重申为一项极为重要的皇家竞技。几片大型的皇家森林就此诞生，其中就包括了新森林地区（the New Forest），后来威廉的儿子理查德在这里死于一场狩猎事故。威廉本人"仪表堂堂"、"异常雄壮。马姆斯伯里的威廉曾叙述道，当威廉在马背上疾驰时，他还可以拉开一张旁人平时都无法驾驭的硬弓"。狩猎是展示君王力量与权威的契机，同时也是为战争而进行的必要训练与实践。1069 年，一支丹麦军队在北方登陆，他们"加入了埃德加·艾德林①极其强大的流亡军队，这支混合部队于 9 月 20 日攻陷了约克"。据说，当约克沦陷的消息传来时，威廉正在迪恩森林里进行狩猎。[30]

图 18　《威廉·鲁弗斯之死》，1777，蚀刻版画，弗朗西斯·切舍姆临摹自约翰·詹姆斯·巴拉特

威廉二世（1060—1100），即威廉·鲁弗斯（"红脸威廉"），在 1087 年继承了威廉的王位。他是"一个吵闹而漫不经心的懒汉；一个缺乏天生的贵族气质，也没学会必要的社交礼仪，毫无教养可言的人"，但他却"卓有武德，功业显赫"，同时"在英格兰维持了良好的秩序与令人满意的正义，修复了直到诺曼底一带的和平"。他也十分热衷于打猎，因此他"扩大了皇家狩猎区的范围"，"通过一系列相关法令实现更加严苛的限制，以致招来怨恨"。他的最后一次狩猎是在 1100 年 8 月 2 日，星期二，目的地是新森林地区。有证据表明，"直到下午他还没有从森林里出来，这有违

---

①埃德加·艾德林（Edgar Atheling，1051—1126），后世多称之为"显贵者埃德加"，系"流亡者爱德华"之子。他的这次起义最终被威廉镇压。——译者注

他一直以来的习惯。这场皇家聚会中，他的弟弟亨利同样出席，皇家成员被分开在不同的小队里，居于队伍的末尾。"他们在某处下马，等待着"射击被弓箭手射中的、飞奔逃命的鹿"。但悲剧的是，那天被射中的不是鹿，而是国王本人，他被"一支箭射中胸膛，立即死去"。国王中箭的确切地点尚有争议，但可以确定，该地点比较接近于 1745 年树立的"鲁弗斯石碑"。这很可能是一起事故，威廉二世的哥哥理查德同样死于狩猎事故①，他的一个侄子亦是如此。但几位反诺曼作家则坚持认为，事件里弓箭手射出那致命一箭的那张弓，"显然是上帝为惩戒扩张新森林之人，为惩罚亵渎者而征用的道具"。³¹狩猎无疑是一项危险的竞技，而狩猎后的庆典同样如此。1135 年 11 月，威廉·鲁弗斯的弟弟、他的继任者亨利一世（1068—1135，一说他生于 1069 年）来到了他位于诺曼底的狩猎小屋"利翁拉福雷"，"沉浸在他酷爱的狩猎娱乐之中"，但却在狩猎结束后"忽染恶疾"，在"吃掉不少七鳃鳗——一种他的医生禁止他食用的美味鳗鱼"之后死去。³²

从 1066 年到 1135 年，英格兰的三代国王几乎都为狩猎而生，又几乎都是丧命于狩猎之时。到了亨利一世统治时期，森林被"充分发展的行政制度和已然约定俗成的日常习俗"所控制，"证据在于，这三位国王都在以充分自觉的政策方针，对森林进行控制管理，并从中获益"。此外，在随后的内战中②，交战的双方都以"补贴森林税"的方式笼络人心。战争之后，1154 年亨利二世（1133—1189）即位，"进一步扩张了森林，使之远远超出了其祖父先前确立的范围"。在他漫长的统治时期，森林也一直维持

---

①即贝尔奈公爵，他同样是在"新森林"狩猎时，被一头雄鹿撞死。由于"新森林"正是威廉一世刻意扩张，强征耕作、居住用地而来，因此这两起事故在英格兰民间传说里富有被诅咒的色彩。下文亦有提及。——译者注

②亨利一世死后，威廉一世的外孙斯蒂芬在贵族的拥护下即位，原本的法定继承人、亨利一世的次女玛蒂尔达为争夺王位，在 1141 年及 1153 年先后发起两次内战。最终两人达成协议，斯蒂芬死后由玛蒂尔达的儿子——安茹伯爵亨利即位，后者即亨利二世。由此诺曼王朝结束，金雀花王朝开始。——译者注

在前所未有的最大范围。[33]和他的先祖一样，亨利二世同样热衷于打猎。同时他还忙于"和一众文官或来访僧侣进行智力辩论"。但"当宫廷发生动乱时，他却默不作声地逃到了他深爱的森林中去，在林莽中寻找一处可以安身的宁静之所"。他改良了宫廷对森林的行政管理，"森林法条（1184）的颁布，对森林中的违法行为进行了界定，使得之前完全出于国王本人主观判断的种种争端得到了法律的规范。"[34]

但森林范围的不断扩张，最终还是招致了地主们的不满。于是1217年，为平复地主们的抗议之声，当时的国王约翰颁布了著名的《森林宪章》。这份文件解决了几个颇有争议的问题，同时也使得森林扩张的势头得以停歇，甚至有所倒退。理查一世与约翰以砍伐树木的方式重新确立森林的范围，使亨利二世时标记的边界被重新规划。非国王所有的树木遭到了砍伐，更具体地说，任何自由人都可以饲养他们的家畜，"在任意的森林里"，还可以赶着猪，"穿过皇家森林"，让猪去吃橡果。教会和其他贵族打猎的权力也再一次被申明，"每一位大主教、主教、伯爵、男爵可以在守林人的注视下，从森林里带走一两件猎物。如果守林人不在场，亦可吹号示意。"此外，"没有人应当因狩猎被判处死刑"，"自亨利二世到亨利三世第一次加冕礼期间"因森林争端获罪的人被全部赦免。虽然《森林宪章》削弱了国王的权力，但王室围绕森林及其周围土地的占用与使用问题，与当地地主及居民的争执，仍然持续了多个世纪。[35]

中世纪的皇家森林，是大片受制于森林法约束的土地。它的划分旨在为国王服务，尤其要满足其狩猎、获取材木以及其他权力。直到1598年，森林标准的法律定义才由律师、森林官员约翰·曼伍德在他的《一份关于森林法规的论述与评价》中明确："森林指包含林木及丰厚牧草、野兽栖居的确切领域，追逐和杂居都不被允许。国王可以在林中休憩，享有安全的保障，以满足其兴致与荣耀。"这里的关键点在于：没有人可以在林中猎杀野兽，除非得到国王的特许。另外梅花鹿、獐鹿、扁角鹿和野猪这四种动物还得到了特殊的保护。为了维持这四种动物的总体数量，森林周边相对荒凉的地区也得到了维护，而同时，这些土地同样不允许私人占有，"只有国王或持有特殊许可的人才能猎杀这四种动物，而周边土地与林地的使用同样受到限制。"[36]

皇家森林的范围始终是十分广大的。在 12 世纪初，英格兰大概有四分之一的土地都被看作是皇家森林，受制于森林法的管辖。在威尔士，皇家森林同样占据了很大一部分土地。但这些森林究竟是怎样被组织和管理，这样的行政区划对于生活在这里的人们的工作与生活又意味着什么呢？我们可以举一个不太知名的森林——伍斯特郡的费克纳姆森林来进行讨论。值得注意的是，森林的边界始终都是可以改变的。例如在 1086 年时，伍斯特郡的大片土地被划进皇家森林的范围之中，其范围甚至从西边的赫里福郡，横穿沃里克郡。但到了 13 世纪，由于 1217 年《森林宪章》的颁布，"两个重要区域遭到了砍伐"，莫尔文丘陵及其周边土地也在同一年成了无主或私人森林。1227 年，伍斯特南边和北边、昂伯斯利（Ombersley）及豪维尔（Horewell）周边的大片土地也受到了同样的处置。[37]

由于对森林边界频繁的"勘察"，通过对土地的测量和修复，相关部门确保了每个人都能了解到森林的确切范围。唯一一份保留下来的费克纳姆森林勘察记录，发生在 1300 年 5 月 30 日。此时爱德华一世已执政 28 个年头。这份记录的有趣之处，在于它描述了"缩小森林范围"这一提议如何基于一场交易，被国王"勉强接受"。这次交易天平的另一端则是"由国会通过的紧急税令"，价值达全国"十五分之一的动产"。[38] 换言之，国王以缩小皇家森林范围为筹码，换取了一项有用的税率提升令。剩余的森林范围仍有近 200 平方公里，包括费克纳姆的皇家庄园，以及伍斯特郡中部、东部的大片土地，一直延伸到伍斯特郡的城关。

13 世纪起，被猎杀的动物主要是两种较大规模的鹿种：一是原产于英国的红鹿，另一则是诺曼人引进的扁角鹿，它或许原本生活在意大利。[39] 较大的红鹿（图 68），往往适合在空旷的野外被捕杀，这对于拥有大块土地、树林点缀其间的皇家森林显然十分理想。较小的扁角鹿则被贵族们蓄养在鹿园之中。猎狗是它们的天敌，因此狩猎时贵族们往往可以坐享其成。人们也可以把它们成群赶到某个固定区域，那里有弓箭手在等待它们。[40]12 世纪时，野猪已经变得"比较罕见，只生活在英格兰小部分地区，在费克纳姆可能已经绝迹"。野猪在多数时候都不会为人们所驯化，因此比起鹿，它们是衡量一个地区原始性更好的参考。但另一方面，越发珍稀的野猪和放养在森林中的家猪的区别，又渐渐变得很难界定。[41]1260 年，亨利三世曾一次性要求从迪恩森林中猎捕 12 头野猪，而这几乎是人们最后一次在英格兰提及这一物种。但其实，在 1270 年，一份来自伍斯特郡法庭卷宗的文件，曾提到 1266 年 10 月 28 日，"一只野猪从森林出来，跟着一群母猪进到了劳斯－兰奇村"，两个村民"捕杀了它，分而取之"。[42]

　　森林里的"绿植"，包括树木、灌木以及草地形成的林地牧场，它们也成为鹿群理想的栖息之所。这里的草木受法律保护，生活在周边的人只能进行受限性的采伐。材木是可以被砍伐的，人们还享有在这里放牧牛羊的权利。这些权利被称为基本需求，同样受限且受到严格管理。拥有土地的当地人可以伐木以充当燃料、修筑栅栏或修缮房屋，但不可将木材贩卖给他人。他们也可以利用森林进行放牧，但牛羊群规模的大小则往往会引起他们与官员之间的纠纷。当母鹿怀孕的季节，草场就会封闭。这段时间主要集中在施洗约翰日①期间，为了保证鹿群的繁衍，放牧会被限制。最重要的一项限制，是人们不可在未经许可的情况下，通过砍伐树木来制造耕地和牧场。这种行为即通常意义上的开垦。13 世纪时，随着人口不断增长，农业用地的需求也不断增加，国王便可利用那些未经许可的开垦行为收取罚金和税金，从中获利。[43]

　　那么这些管理与控制又是怎样实现的呢？主要的森林法庭，被称为巡

---

① 施洗约翰日（Midsummer's Day），每年的 6 月 24 日，为庆祝《圣经》中施洗约翰生日而设。——译者注

39

回法院，常常会在村庄所属的城镇上开设。作为法官的森林官员们往往要来回奔波，他们的行程安排由不断发生的森林纠纷所决定。一个个体的巡回法庭会持续几天，当地人会被传唤到庭，其中包括所有世俗的和教会的土地持有者："贵族、骑士和自由民，森林官员四人以及当地森林附近村落的长官，一起出庭。"这是一个复杂的过程，传唤的人数可达数百。到13世纪末，巡回法庭的效率缺陷在费克纳姆越发显现，这一机制也被更灵活的"调查审理"取代。在1362年至1377年期间，围绕国有森林问题，共进行了8次调查审理。巡回法庭的案件和调查审理对象的类型主要包括三种：非法猎鹿事件、林间开垦的情况及合法性，以及关于树木损坏的报告。[44]

图19　乔治·斯塔布斯、弗里曼，《克拉伦登伯爵的猎场看守人、垂死的母鹿及猎犬》，1800，帆布油画

至于种种森林事务，会有一个复杂的官僚体系结构，通过种种文件和报告实现把控。每一处皇家森林都有一位看守人——在费克纳姆，看守人是直接委任的，而其他森林的这个职位则通常是世袭而来。看守人下面有五个职位同样世袭的护林员，以及一个世袭护园人。这些富有而有权力的

图 20　彼得·保罗·鲁本斯,《围猎野猪》, 17 世纪, 墨水画

图 21　南印度关于野猪狩猎的画作, 1775, 水粉画

人物会把日常工作委托给"低等护林员",而他们自己的职位又常常有利可图。护林员"有种种手段利用职位牟利",一些人会"收取赃物,纵容倒卖树木或开垦等违法行为",还会"充分利用职务之便,榨取他们理应保护的森林资源"。另一组森林官员,包括王室护林官、林务区长及牧业官则由当地贵族挂职。王室护林官需组织开庭,审判非法狩猎行为;林务区长负责确认森林边界,同时对森林的自然条件进行核查把控;牧业官的工作,则主要是控制森林里家猪的数量。[45]

在那些木材属于国王的地方,当地官员被委派实施监督林木销售周期记录,掌握木材的采伐销售情况。而多数木材实际上都被那些森林管理员信任的地主获得，他们需表明自己并不会主动开发木材，并且利用木材不会多于通常意义上的数量。在这种情况下，森林管理员"易受人嫉妒，因他同时受到两方面的尊重"，当他们"每日出入于森林"时，总难免"遇到种种诱惑"。此外，如果森林管理员没能为国王履行他的职责，林地"会被充公，需缴纳罚金才可赎回"。1280 年，奥尔斯特的威廉·德·贝洛·坎波的两位森林管理员因收取了过多的好处而造成了森林破坏："他们每天记录一车的木材取用，实际上会被运走的是两车木头。"同年，格拉夫顿·福莱福德牧师，与他的兄弟及其他人一起，"于夜间"进入哈佐尔的树林，"砍伐并运走了六棵橡树树苗"。[46]

但有时，人们也可以从屡次三番限制他们的种种禁令中解脱出来。在 1262 年伍斯特郡森林法庭的卷宗中，彼得·德·兰奇·兰多夫走到法官面前，辩称费克纳姆的护林人罗伯特·艾斯奇"妨碍了自己，使他无法开垦土地，在自己的花园旁边再开发一个小果园。他的花园及将要开发的果园为劳斯 – 兰奇村所包围，那里是所有护林人都不应干涉的地方，正如他们自己所言。"王室护林官和林务区长经过研究发现，彼得的小果园确实处于该村庄附属的土地范围内，"除了彼得外，不应有护林人或其他人进入。"法庭裁定今后不可再有人妨碍彼得，"他可以在任何时候开发他自己的小果园。"[47]

大多数犯罪者都被处以罚款或囚禁的判决。被囚禁的人只有缴清了罚款才会被释放。记录显示，森林犯罪者以偷猎者居多，而其中又以男性为众，只有鲜少几个女人。1264 年，玛杰里·德·坎塔卢波身在斯塔德利小修道院。时值施洗约翰日，正是人所共知的"油腻时节"，公鹿最为肥美，且易于猎捕，她的管家就和其他人一起"习惯性地进入了森林，侵占了国王的鹿肉。他们把鹿肉献给了玛杰里，后者在知情的情况下还收下了鹿肉。"同年晚些时候，考顿庄园康斯坦斯的儿子拉尔夫"毫无理由地在森林里捕杀了一头公鹿，把它带到了后者在考顿庄园的家宅里，后者同样在知情的情况下收下了这非法的礼物。"[48]

非法狩猎主要集中在奥尔斯特北部和斯塔德利东部这两个区域。其中一个具有代表性的惯犯，名叫拉尔夫·巴格特。他是莫顿·巴格特教堂的牧师，这座教堂坐落在沃里克郡奥尔斯特镇北一个很小的村子里。拉尔夫被描述成一个"常见的犯罪者"，于 1272 年时遭到了重罚及长期囚禁，但很快又被他那些有钱的朋友保释了出来。但这次经历并没有打消他对狩猎的热情：次年 9 月 9 日，他再一次因"携带弓箭与猎犬"进入森林，"蓄意夺取国王的鹿肉"而遭到指控。他们，"与他们所在的社群成员，都是普通的案犯"，"受到了一次又一次的审判"。[49]1277 年 12 月 30 日，一个犯罪团伙在森林里猎杀了两头公鹿，并用马车将它们运了出来。拉尔夫再一次被指控是该团伙的一员，继而被判处监禁，但他还是没有丧失太久自由。到了 1279 年 10 月 18 日，他再一次与他人一起潜进森林，这一次的同伴还包括了欧德拜娄（Oldberrow）地区的地主阿尔马利克·勒·德斯潘塞。他们借助掩护"射杀了两头公鹿，把鹿肉运到了他们希望送到的地方"。这位猎人牧师的所有行径都在 1280 年的一份法庭会议记录里被列举，几乎没有任何理由怀疑，他还会再一次向国王的鹿肉伸手。[50]

14 世纪，巡回法庭被调查审理取代，但罪犯的数量还在增加。1377 年 4 月 29 日的调查指出了种种罪犯，包括阿斯特伍德的威廉·拉·汉特，他在一个叫"阿莱"的地方杀死了一头公鹿；托马斯·杰吉斯和约翰·马杜伊特"在伍斯特主教的森林里"杀死了一头公鹿，还"把肉带走了"。而另外一些人，如汉伯里的亚当·赛斯伯格，则"负罪累累"。1370 年 4 月，他"猎杀了一头母鹿，辗转多次将它运出森林"；1371 年，他"在同一座森林又了死了一头母鹿，用网兜把肉带了出来"；1374 年 11 月 11 日，他又"在晚上猎杀了一头两岁的公鹿"，而且还"屡次在夜晚带着网兜和工具进入王室所有的费克纳姆森林，试图染指国王的鹿肉"。当时人们的观点是"亚当将在很长一段时间内，继续对国王的鹿肉造成威胁"。[51]

皇家森林的行政结构捍卫着国王的利益，使他可以通过出售清理林木以获得农业用地的权力，来获得收益。但以控制狩猎来维护国王的权力与权威的重要性同样不可轻视。此外，可以在自己领地内狩猎，乃是一项巨大而显耀的特权，足以让贵族彰显自己的身份。中世纪的英国国王"将自己的大部分宅邸建在乡下，临近皇家森林核心的森林及荒地"，主要还是出于狩猎的吸引力。[52]曾担任重要财政官员，后成为伦敦主教的理查德·菲茨·奈杰尔在1176—1177年间撰写了《税务署对话集》，其中称"森林乃'国王的寓所'，为他们的乐趣而营建。为了他们的到来，需时时保全他们珍视之物，以便他们可以充分享受打猎的乐趣，获得休憩与欢愉。"[53]

图22　莫顿·巴格特教堂，沃里克郡，13世纪末由拉尔夫·巴格特建成，拍摄于2014年

1302年，爱德华一世的几位被委托人在威尔士边境的西赫里福郡亨廷顿地区的城堡公园打猎，他们特意给国王写信，告知了此事。这似乎是一个"小心而周全的企图"，利用打猎作为一种"戏剧性的宣传媒介"。他们受国王之托"正式接管"了汉弗莱·德·博亨的庄园，他们需要"通过王室的首肯，获得当地居民的忠诚"。所以这是一次尝试，"狩猎区的利用，使国王在新控制范围内委派的伟大封臣的权力得以进一步强化。这一区域也因其特殊的位置，在国王远征威尔士之后具有了特殊的意义"——在这

十年间，爱德华一世一直试图强化自己对威尔士的威慑。① 一份来自皇家猎手写给国王的报告中称："由于这里有一片很好的园地，我们的狩猎可更好地向这里的原住民彰显和庆贺您的统治与占领。"很显然，在这里狩猎并非为了取乐，而是爱德华一世对于主权，向当地居民做出的一次宣告。54 贵族在自己的领地上建造鹿园并进行狩猎活动，彰显自己的能力，同样也是狩猎权重要性的一种体现。这些园地"占用了可做观测点的独特位置，为某一群体服务，引发了种种争议"。狩猎作为一种活动，"彰显了社会领导力与权威意志"，封闭式公园"在同时代人中间引发了格外的敏感"，因为它们"自命不凡地限定了谁可以身处其中，谁又被排除在外"。55

尽管不同季节会有不同的风格与项目，但狩猎本身却可以全年无休。在夏天，主要的鹿群尤其被钟爱，因为"它们正处于最肥美的时刻，同时也最易被猎捕。确切的日子是从施洗约翰日（6 月 24 日）至圣十字日（9月 14 日）② ——即所谓'油腻时节'，这一时间也是皇家狩猎最常举行的日子。"56 猎杀母鹿的时节，同时也是阉鹿及公鹿的禁猎期，大致时间从 9 月中旬到 2 月初。而另一些物种则应当在其他时间猎杀。例如约翰王和他的王后"在 1207 年 3 月及 4 月间周巡于英格兰中部及西南部的森林，紧随着王室首席森林官兼狩猎大师休·德·内维尔的脚步"。150 多年之后，在 1367 年，爱德华三世在冬季的行程，还部分取决于其狩猎安排。57

如我们在费克纳姆所见，"对狩猎的巨大热情，由狭小的王室圈子传播开来"，"显贵与绅士们也多是敏锐的猎手，尽管王室把控着在大多数

---

①1277 年 1 月，爱德华一世开始对威尔士征伐，至年中推进到威尔士中部，与威尔士统治者卢埃林签订《康伟条约》，卢埃林向爱德华一世臣服，承认被爱德华征服的领地为英格兰领土，归还所欠英王的债务；爱德华承认卢埃林为威尔士亲王，并允许他在北部地区继续实行威尔士的法律。1278 年，卢埃林在威斯敏斯特向爱德华一世行了效忠礼，威尔士被永久占领。此后对于威尔士，英方始终保留其一定的法律和习俗，同时也以种种方式强调自己的统治。——译者注

②圣十字日（Holyrood Day），天主教节日。614 年萨珊波斯攻占耶路撒冷，夺取圣物"圣十字架"（Holyrood）。后罗马国王希拉克略重挫波斯军队，并于 629 年 9 月 14 日举行盛大仪式，将圣十字架重新安放在耶路撒冷。故后世将此日定为"圣十字日"。——译者注

森林里狩猎的权力。"莫顿·巴格特的猎人牧师的行径，同时也受到颇伟大的教众，如达勒姆主教休·杜·皮塞（1153—1195）的青睐。这位"贪婪的"猎人为了获得方便，还与周边的居民签订了十分复杂的协议。来自中世纪的账簿还提供了关于狩猎装备的记录，例如弓、帐篷、猎号、猎犬、猎鹰，而相关的购置往往会被记作"礼品"。1304—1305年，"林肯伯爵亨利·德·莱西为他的狩猎之旅购进了一顶绿色的帐篷，还有一件猎衣。"到14世纪末，马奇伯爵罗杰·莫蒂默"给自己和他的兄弟，以及一群国王的私人骑士买了猎衣"，也买了"弓箭和弓弦，还为自己磨好的猎刀镀了金做装饰"。[58]

专门的狩猎装备与服饰，是人们狩猎热情的最好证据。这同时也可以被看成是一种蔚为壮观的炫耀性消费。这种热情由君主对狩猎的兴趣加大而不断增强，各贵族与骑士也由此提升了骑马及拉弓射箭的能力，这在很长一段时间内都是战争中的关键技能。这种热情也通过古代经典、《圣经》文本以及同时代的不断被重写进故事文本、民谣及诗歌的"骑士精神"得到强化。狩猎活动与军队的英勇及驾驭马匹的技术相关，而维护猎场则成了王室及贵族们彰显自身高贵气度与威仪的关键所在。历史学家克里斯·维克汉姆认为，在中世纪早期，"狩猎始终与皇室的号召力密不可分，并且是后者的清晰体现"，而森林与狩猎权在随后渐渐向教会及贵族转移，意味着"号召力与权威同样也在一般程度上进行转移与分散"。[59]狩猎在诺曼统治时期的英国与威尔士如此重要，以至于需要单独制定一整套法律，来规范它的发生，同时还界定出特定的场所——"森林"与"公园"，以实现其蓬勃发展。

第三章　树木的迁移

1675 年，在结束了短暂的军旅生涯后，有着"无根骑士"名号的亨利·康普顿（Henry Compton）开始担任伦敦主教，直至 1713 年谢世。至今他留给世人的最著名印记，莫过于在 1688 年光荣革命中扮演的角色。他公然反对詹姆斯二世在军队里任用天主教徒的政策，还联名致函奥兰治亲王威廉，邀请他来英国执政。同时，康普顿还帮助了安妮公主，即后来的安妮女王逃离伦敦。从 11 世纪开始，一直到 1973 年，富勒姆宫（Fulham Palace），包括一个宜人的花园和一片草地，始终都是伦敦主教的夏季居所。那些早期主教们，例如埃德曼·格林德尔（Edmund Grindal，1558—1570），已经开始在这里种植乔木和灌木，其中一棵被认为是由格林德尔本人种植的冬青树甚至活到了现在（图 23）。而有着"植物学天才"之称的康普顿已经满怀热情地开始在这里广泛收集树种，同时通过积极培育和移植新品种，提升了富勒姆花园的植物收藏水平。此外，他很乐意分享自己的知识，"对所有对这一类研究抱有好奇心的门外汉，他始终彬彬有礼，因而受到人们的尊敬"。1688 年，约翰·雷（John Ray）在他的《植物史》中列举了15 种稀有乔木及灌木，很多来自北美，但却生长在康普顿的富勒姆花园里。其中甚至有当归树和郁金香树。斯蒂芬·斯维策（Stephen Switzer）认为他是"第一批鼓励外来作物引进、培优、数量增加的人之一，这令他成为那个时代最让人好奇的人物"。许多年后，苏格兰植物学家、园艺设计师约翰·克劳迪乌斯·劳登（John Claudius Loudon，1783—1843）认为他是17 世纪"外国树木伟大的引进者"，同时还认定他是"这种田园建设改良方式的创始人"。[1]

图 23　富勒姆宫的冬青树，2014

　　但康普顿是如何收集并培育了这么多新型树种的呢？这在一定程度上要归因于他在担任伦敦主教的同时，还担任了北美殖民地的教会领袖。他尽心尽责地寻找并任命可在殖民地效力的神职人员，同时也不忘优先考虑那些热衷于植物学的传教士。斯维策认为，正是由于"来自海外的建议"，他才得以"有机会进行培优实验"。其中最有名的收集者当属约翰·巴尼斯特（John Banister，1650—1692），他来自格罗斯特郡的惠特沃斯，后来到牛津学习植物学，并充分利用了这里植物园的收藏。1678 年，他搬去了弗吉尼亚，并立即着手为亨利·康普顿寄送标本、图样和物种清单。其他热心的助手还包括约翰·雷，以及康普顿的园丁乔治·伦敦（George London），他后来也是"神殿咖啡屋植物学俱乐部"（Temple Coffee House Botany Club）的成员之一。1690 年，巴尼斯特在弗吉尼亚的查尔斯城得到了近1800 英亩的土地。他在威廉斯堡创建了威廉和玛丽学院。但不幸的是，1692 年 5 月，他到洛亚诺克河畔搜集植物，却意外被同伴射杀。来自北美，最终落户富勒姆宫的新物种包括北美枫香树、北美木兰和桦（音秦）叶槭（音器）。康普顿活了 80 多岁，而"在生命末期，他仍会在一年里的很长一段时间来到他的植物园里，亲自指导人们种植、照料他的树木和植物"。[2]

自 17 世纪开始，树种在全世界范围内传播的步伐不断加快，数以百计的树种主要从亚洲和美洲进入欧洲。树木开始成为重要的商品，而新树种则要等待人们的命名、分类、检验，通过进一步的培育，使之适应全新的生存环境。对新树种的热情，促使树木收藏这一领域创立。在 19 世纪初，它还有专门的场馆，名为"树木园"（arboreta）。其中很多，例如伊斯特诺城堡（Eastnor Castle）的萨莫司伯爵名下的树木园，因其"所有者之敏锐"得到了极大的发展；而像在德比郡等地，一些树木园则由植物社团或城市议会建立，至少可以在一定程度上对市民产生教育作用。

✿ 对异国风情的迷恋

自 17 世纪开始的树木迁移浪潮，使得各种各样的树木可以迅速占据花园、公园和植物园，这种变化是引人瞩目的。可以确定，有四种关键因素促使人们在 16 至 20 世纪间对园艺与营林进行了大量的创新尝试。首先是科技进步。有关种植的植物学知识通过经典和现代著作得以传播，树木培育、实验、植物园之中的工作、温室改进及华德箱原理①的进一步发展，大大提高了幼苗在经过漫长旅行后的存活率。其次，在对待植物，尤其是在作为一种时尚的树种及种植风格方面，人们的态度和审美取向也在发生变化。第三则是当时的经济进步，带动了基础设施的发展。伦敦建成了多个成功的植物培育室，其中包括麦尔安德的"戈登培育室"、哈默史密斯的"肯尼迪与李培育室"，树木苗圃也多在私人土地上建立，促使新物种可以迅速扩散。最后则是引进物种的数量突飞猛进。1550 年，有 36 种耐寒及木本植物在英格兰生长，"50 年后是 103 种，1700 年 239 种，1800 年 733

---

①1829 年，英国人华德发现了华德箱的原理（Wardian case），即"在密闭的玻璃容器里生长的植物可能长时间存活"。这个方法被广泛用于迁移"活"的植物。——译者注

种，到了 1900 年则达到 1911 种。"[3]支持这些因素得以发生的，是世界贸易的巨大增长、贸易站的进步，以及殖民地的发展。欧洲的物种迁移到非洲、美洲和亚洲，令移民和商人们感到了如同在家中一般的亲切。但更多的物种流向欧洲，它们被测验是否足够耐寒，并成为潜在的商业化装饰或建材树木。

图 24　约翰·克劳迪乌斯·劳登，"道格拉氏云杉"，引自《英国灌木植物园》或《英国乔木及灌木》

　　这些来自异国的树种，给英国作家和园艺师们带来了可观的收益和乐趣，令他们兴奋不已。亨利·康普顿的另一位助手马克·凯特斯比（Mark Catesby）在他的作品《英国与北美的园圃》（1763）里赞扬了北美树种的优点，它们可以"凭借自身有价值的木料与宜人的树荫，有效地用来丰富及装饰我们的林地，或以它们优雅的身姿、芬芳的气味，修饰渲染我们的园圃；无论在哪方面，它们都远胜过我们自己栽种的传统树种。"[4]约翰·克劳迪乌斯·劳登甚至认为："如果没有来自海外的树种，或者是经过培育的本土树种加以点缀，就没有任何一栋现代风格的住宅可以称得上是品味出色。"他总结了英伦三岛接纳各种各样外来树种的具体日期，在 1838 年的《英国灌木植物园》一书第一卷第二章里总结了当时主要的收藏树木。[5]这不

图25 约翰·克劳迪乌斯·劳登，"西方或北美梧桐"，引自《英国灌木植物园》

朽的工作最终构成了四卷密实的文本，以及四卷图集，阐明并保护了当时已在英国得到成功培育的树种的本来身份。它固化了人们当时对个体树木的认知，使它们在特定时间于全球范围内的迁移轨迹得以明晰，而作品本身，其实就是对收集和种植热情的进一步鼓励。

18世纪时，后来者对经典作家的广泛译介，同样在树木种植和培育的浪潮中起到了推波助澜的作用。由于1697年来自约翰·德莱顿（John Dry-den）的译本，维吉尔的《牧歌》开始大受欢迎，它"提供了来自实际发生的模式，同时鼓励了森林学与植物学两方面的尝试"。[6]约翰·伊夫林（John Evelyn）的《森林志》（Sylva）一书的价值也不该被低估，尽管后来的作家——例如劳登，认为它"更多的是希望推广本土树种，而较少涉及对外来树种介绍"。但事实上，该书在1664年、1670年、1679年、1706年先后再版，其中都对新树种进行了褒扬。伊夫林本人"对新物种怀有近乎贪婪的热情，首先就是树木。在他的个人图书馆中，所有有关新物种引入的内容都被做了标记或批注。"[7]

许多热情的植物学家，如塞缪尔·雷纳德森（从1678年开始就住在希

51

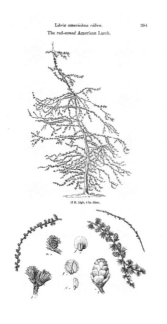

图 26　约翰·克劳迪乌斯·劳登，"北美红松"，引
自《英国灌木植物园》

图 27　《约翰·伊夫林和他的
〈森林志〉（1687）》，1818，版
画，托马斯·布拉格临摹自戈弗
雷·克内勒爵士

灵登的雪松屋，直到 1721 年去世）和恩菲尔德的罗伯特·乌维德尔博士
（Dr Robert Uvedale，1642—1722）收藏了许多外来树木。雷纳德森主要在
"罐子和桶里安置树木，冬天时把它们放进温室，从未试图使它们适应我们

的气候"。它们不会被安放在花园式或开放式的树木园中。[8]大家对树木的经验不断增长，体现在斯蒂芬·斯维策前后两部作品的对比上。1718年，他出版了作品《黄花烟草图鉴》，在作品里他提及的欧洲树木包括橡树、白蜡树、山毛榉、栗树、鹅耳枥、苏格兰松树、银云杉、榆树、椴树和杨树。到1733年，他坚持"任何将树木品种优化到几近完美的手段……不应仅仅满足于对本土树木进行处理，而应当竭尽所能，例如使引进树种适应相同气温条件下的气候环境，或者（如果可能），使来自稍冷地域的树木也可以适应我们的气候。"[9]

引进树种在数量上的突飞猛进，使得人们有必要对树木进行鉴定、分类、"贴上标签"，从而方便苗圃主人、园艺师和树木所有者可以在交易、讨论与展示树木时有的放矢。新树种首先从欧洲大陆和小亚细亚地区传入英国，17、18世纪则由北美东部被引进，而后则是从北美西部、中国、印度引进树木的浪潮，最后则是日本树木的引进。最初对树木进行分类和展示的工作，出现在商品名录、植物论著和手绘笔记中，通过复杂的纸上展示，表明植物的干叶、种子；利用植物学术语和图画，表现花朵、种子、叶子，直至描绘整棵树。创建了颇具创造力和影响力的植物"双名法"①命名系统的瑞典植物学家卡尔·林奈（Carl Linnaeus，1707—1778）是植物分类问题争论的中心人物。曾在1722年至1770年担任切尔西植物园园长的菲利普·米勒（Philip Miller，1691—1771），还编写了一部《园丁词典》，这部作品于1732年到1768年期间总共再版了8次。他在很长一段时间内都不愿意使用林奈的系统，因为在他看来，这一命名法会令园丁们感到困惑。但最终在第八版的《园丁词典》里，他还是选择使用了林奈的命名系统。这也是这部著作在他有生之年进行的最后一次再版。[10]

劳登认为，在17世纪，"对外国植物抱有兴趣的人只是少数，并且他

①又称二名法，依照生物学上对生物种类的命名规则，所给定的学名之形式，自林奈《植物种志》（1753年，Species Plantarum）后，成为种的学名形式。正如"双名"字面的意涵，每个物种的学名由两个部分构成：属名和种加词（种小名）。——译者注

们并非社会里最有钱的那些人，而是一些医务人员、牧师、小公务员或者商人"。然而在随后一个世纪，"这种兴趣在巨富拥有者之间不断扩张"，直接的影响因素来自继承了自己故去丈夫封位的威尔士王妃，她在裘园①进行了相关的种植，引得其他几位贵族竞相效仿。[11] 18 世纪时，最具影响力，同时也是种植及展示外来植物狂热爱好者之一的，是米德尔赛克斯的豪恩斯洛区荒野惠顿的艾莱伯爵（后来成为第三位阿盖尔公爵）。这位公爵最出名的事迹，是"在英伦三岛联合之后的最初半个世纪里，成为苏格兰贵族的代表"，但他同时也以一个敏锐的古典学者身份闻名。他"拥有西欧最大的私人图书馆之一"，被一些人看成是苏格兰启蒙运动的先驱。[12] 林奈的一个学生佩尔·卡姆（Pehr Kalm）指出，公爵大人尤其对"Dendrologie"（法语，树木学）感兴趣，并于 1747 年造访惠顿："这里有各种各样的树木，它们生长在世界各地，却可以忍受英国的气候，伫立在户外，无论冬夏。"他还指出，公爵"亲手种植了很多棵树"，"很多都是黎巴嫩香柏"，还有"来自北美的松树、冷杉、柏树和金钟柏"，丰富且繁荣。[13]

其他重要的树木爱好者还包括在埃克赛斯的松洞拥有房产的彼得第九勋爵，他是诺丁汉郡沃克索普庄园诺福克公爵的一名顾问；苏赛克斯的里士满公爵，他拥有古德伍德公园；格罗斯特郡的巴瑟斯特勋爵，坐拥塞伦赛斯特公园；以及拥有奥特兰兹的萨里郡林肯第九伯爵。最后这位，曾在 1747 年一封里士满公爵所写的信里，被写成"为了种树几乎发狂"。[14] 1757 年 4 月 29 日造访林肯伯爵的奥特兰兹的理查德·勃寇克，对植物标签的早期形式进行了描述。游客们"走过一条蜿蜒小径"，穿过灌木林，来到"像极了优雅花圃"的苗圃。在这附近"新建的围栏围住了各种各样的外来植物，使它们可以繁荣生长，木板插在周围，镂空成它们名字的形状。"[15]一些植物被种植在非常广阔的范围内。一封 1741 年 9 月 1 日英国植

---

①世界上最大的植物和真菌收集机构之一，英国皇家植物园，成立于 1759 年。——译者注

图28 米德尔赛克斯—惠顿公园，罗伯特·葛德比，《英国全新美丽的展示》或《一份帝国中最优雅或宏伟的描述》，1773，版画

物学家、园丁彼得·柯林森（Peter Collinson，1694—1768）写给他的美国同行，同时也是探险家的约翰·巴特拉姆（John Bartram，1699—1777）的信里指出，"乔木和灌木往往种下第一批种子就可生长，并生长到十分可观的规模。彼得勋爵曾种植了1000株北美树种，加上2000棵欧洲树种，配上一些亚洲树木，形成了十分美丽的景观。"此外"伟大的艺术与技巧"，"在每个人的种植技术，以及他对各种绿植的组合与协调中展现无遗。"[16]松洞的温室"是全国范围内最广阔的"。1742年，当彼得勋爵在29岁的年纪就英年早逝时，他植物园的树木按照目录，被卖给了其他爱好者——里士满公爵、林肯勋爵，以及休·史密斯爵士。这位史密斯爵士到后来成为诺森伯兰第一公爵。[17]从17世纪晚期开始，私人庄园中知名的植物收藏，得到了广泛的关注和参观，但随着19世纪树木的广泛种植，为适应高速发展的树木品种水平，方便科学化、艺术化的有效展示，具有规划性、标签化和地标性的树木园开始成为必需。

🌺 树木园

正式文件中第一次使用"树木园"这个词来描述一个树木聚落，可追溯到1796年都柏林协会（Dublin Society）一份关于一个植物园的初始计划中。这座坐落在格拉斯奈文的植物园，后来成了英国皇家植物园。最早的树木园由开业医师沃尔特·韦德（Walter Wade）建立。他在1794年划定了一组都柏林的植物群，还明确了由此处的园丁詹姆斯·安德伍德（James Underwood）担任管理者。这处林园的设计兼具教学性与实用性。其中一个区域被划定为"牛园"，所有地区都有明确的标识，用来说明这里的草对于绵羊、山羊、长角牛、马、猪究竟"有害"还是"有益"。比如"林奈园"（Hortus Linnaeus）拥有严格的教育功能，主要分成三个部分：植物标本、灌木林群和树木园。树木园建在高地地带，在植物园的西南边缘形成一条漫长的林木带。它们由更外层的"屏障"，一组种植在更边缘的树木保护着。这里的第一份目录列出了200多种落叶乔木，以及300多种针叶树。[18]

树木种植和排序的规定十分严格。每棵树的种植都必须按照"等级、次序、属和种"来执行。此外每棵树"都必须有漆涂标志"，表明它在植物名录里的编号。"次序和等级"、"属名和种名，都用黑字写在白板上，英文名用红字写出"。人们格外仔细，以便准确而清楚地区分植物的拉丁名和英文名。树木园对于帮助人们观察个体的树木颇具作用。"一条宽阔的砾石路穿过树木园的中心"，草地则经过用心打理，"保持得像草地保龄球场一样好"。标本树木则"每棵树之间有20到30英尺的间隔，每种树木的种植和选择总是很微妙的，要同时种植两棵，以保证有一棵可以存活"。新引进树木对自然条件难以确定的选择，以及它们受到的特殊照顾，体现在种植模式的选择上。标本树木的"空隙"，被种上了"冷杉、落叶松、月桂、榆树等树木"作为防护。但这些树"如果妨碍到标本树的生长，或无法提供有效的保护，就会被砍掉"。当韦德无意间移除掉了林园中最好的树木时，他的经验为种植实践管理及可能的危险提供了明确的证据，说明他后来制定的规定，"保护树对于它所保护的标准树，必须有明确的关联性提示，表明它的保护会起到作用，例如落叶木对于常青树，反之亦然。"因此这里，通过它的名字，我们可以看到，所谓树木园，实际上起始于综合性的植物园，其中有各式各样的树木，甚至还包括植物的聚落。树木园作为一个教育项目，竞争性地把数以百计的来自世界各地的树木展示出来，这些通过积累而集中展示的树木，体现了彼此间的次序性与结构性。它们的教育作用又常常体现在印刷物上，诸如导游书和植物名录，使潜在的对新物种抱有兴趣的游客或商业企业可以得到更进一步的了解。[19]

从 19 世纪 30 年代起，树木园作为一种在私人土地、园林以及公共花园、植物园中种植树木的方式，开始变得相当流行。约翰·克劳迪乌斯·劳登与这种观念的联系相当紧密，但其他园丁和造园师直到这个世纪头十年结束，才逐渐扭转自己的观念。贝德福德郡沃本修道院公爵的首席园丁乔治·辛克莱（George Sinclair），在有用知识扩散协会（the Society of the Diffusion of Useful Knowledge）的帮助下，热情地推荐这种广泛引进的机制。对于辛克莱而言，"在本国风光中引入外国树木，逐渐增长的兴趣"，"并不只限于它们独特的形象"。引进树木会提醒人们"它们原本生活环境的气候状况"，以及它们"所代表的异国风光"。在探索一个"精选植物园"时，他可以感觉到"喜马拉雅永恒的雪、密苏里州的大草原、巴塔哥尼亚杳无人迹的森林，以及黎巴嫩的山谷风光。这些都是经过这些树木时带给我们的感受：我们仿佛漫步在异国之中，与另一个国度在交谈。"[20]

树木园被誉为"活的博物馆"，同时也是不断尝试种植新物种，通过实验了解它们最适宜的生长条件的场所。树木园的工作人员有时要尝试复制原始的自然条件，因而这里又常常以植物分类、气候、地域和地理条件进行划分。然而，与实验室、博物馆和温室相比，树木园更容易受到气候和季节条件的限制，同时随着维多利亚时代工业化的飞速进展，空气污染

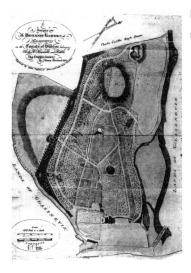

图29　托马斯・谢拉德，《都柏林格拉斯奈文郡的一项植物园研究》，1800，引自《都柏林社团事务汇编》，1801

的可怕影响也会对这里构成威胁。英国皇家植物园的园长乔治・尼克尔森，在19世纪80年代编撰了一份名录，对不同乔木及灌木可种植的地质条件进行了归纳，其中的条件包括白垩土、黏土、沙质土壤、泥炭土、沼泽地以及沼泽化土地和水边湿地。树木若种植在城市，会产生相应的问题，而他所选择的乔木和灌木则在工业城市中"可预期最大限度地承受大气中的烟尘和化学杂质"。尼克尔森希望可以进一步区分这些树木，讨论它们分别在北部、中部和南部工业区的生长状况。而在广阔的美国和加拿大地区，这种变化则更加明显。查尔斯・萨特金将北美大陆从北极圈外围直到墨西哥边境的地区，分成9个"森林带"，通过"树木园中的植被类型"来定义它们。[21]

　　随着19世纪的进步，树木的迁移在全世界范围内广泛增加，欧洲和北美的收藏家们也纷纷获得大量的"新发现"。在20世纪初，裘园皇家植物园园长威廉・杰克逊・比恩在撰写英国的耐寒性植物综述时阐明，"从劳登时代开始，经过多位收集者的活动，诸如在智利和加利福尼亚的威廉・劳布（William Lobb，1809—1864）、在日本和中国的罗伯特・福琼（Robert Fortune，1812—1880），证明了大量新物种可以在英国本土被大规模种植"。对于来自中国的品种的把握通常很困难，其中有很多仍未得到分类和署名，而"耐寒"这一特性又很难普遍适用,因为它取决于园艺的品位、经济价值和种植经验。没有一种命名系统是绝对可靠的。到 20 世纪初,尤其是在欧洲,试图对植物的种、属、自然次序进行重新划分的企图变得十分强烈。这引起了比恩的担忧,因为它会使"命名法出现混乱,需要重新被适应,对于种植者而言",因而在英国极不可能实现。[22]命名上的分歧尤为明显,以政治人物、民族、帝国名称进行的命名往往无法受到普遍欢迎。"大量而复杂"的不同,出现在英国与美国官方对松柏科植物的表述上。[23]名称与分类上的变化,再加上已知物种数量不断增加,令树木园在区分物种、分类、种植树木方面的功能愈加重要,同时难度也大大提升。

树木园有许多种形式。其中一些,像赫里福郡的伊斯特诺城堡、德比郡的艾尔瓦斯顿城堡、格罗斯特郡的维斯波特,它们乃是连续世代的地主、园丁和其他人财富、热情和艰苦劳作浇灌而得的产物。有时人们会有明确而仔细的计划,但它们更多还是以非常规的方式生长,占满了广阔的土地,形成一块块香柏、美国或日本灌木以及作为林荫树的外国松树。以伊斯特诺城堡为例,大量新乔木与灌木进入并生长在英国树木园(图 30),到 19世纪 50 年代,树木园几乎被北美和南美的树种所占据,尤其是加利福尼亚和新墨西哥地区的树种。这些树木通过了寒冬和培育可能失败的考验。例如 1860—1861 年的寒冬,就造成了 150 棵松树和 130 棵柏树的损失,在被霜冻袭击之前,它们都已经长到了 8—40 英尺。人们不久还发现,那些脆弱的,未能挺过霜冻的树木,却在伊斯特诺更高海拔的地区幸存。在这个可怕的冬天之后,更多脆弱的树种被替换成约翰·古尔德·维奇和罗伯特·福琼从日本采集回来的树种。它们似乎更能应付酷寒的冬天以及春冻。根据威廉·科尔曼的记录,伊斯特诺似乎格外容易招致这样的灾害。到 19世纪晚期,树木园成为英国知名的松柏私人种植区域。1888 年,一位游客写道,公园景观"无比美妙而壮丽","这里松柏类植物作为一种财富,无论是个体还是成组的种植,在这个国家都是无可取代的。"财富拥有者萨莫司伯爵特别热衷于香柏树,拥有最好的日本柳杉,"繁茂美丽的黎巴嫩雪

59

松"、50 英尺高的"出色的北非山雪松"，"到这里的人们总不会错过"，它的种子是伯爵在 1859 年前后亲自从阿特拉斯山带回的。[24]

另一类的树木园，由园艺或植物方面的社会团体建成，他们继承的是自 1796 年以来都柏林社团的传统。地方或国家的园艺、科学和植物社团，如格拉斯哥、爱丁堡、科克郡、赫尔城、利物浦、曼彻斯特和伯明翰等地的团体，通过建立树木园，提供给研究成员及公众种种有利条件，提升了植物研究的水准。然后，尽管这些树木园原本是为科学研究而建立，但围绕它，人们却时常会展开美学与植物学之间的争论。这往往是由认购金额上的需求所引起的。1826 年，英国的第一个树木园，由园艺团体在伦敦的特南格连花园建立。它的影响力，来自于每年数以千计的"树木认购者"和他们的宾客，同时这里还是培训园丁和园艺工作者的重要中心。该树木园由威廉·阿特金森管理，他曾协助沃尔特·斯科特爵士完成他在苏格兰边境阿博茨福德市的园艺景观。尽管这一修建计划由国家科学协会重要的苗圃专家乔治·罗迪吉斯主持，但园艺协会树木园的主要设计灵感还是来

自美学，而非生物分类学。[25]

园艺协会往往依靠认购成员以及赞助人的捐款维持运营，因此在决策上也需要考虑到他们的诉求。树木被安排成"适应不规则草皮的块状"，还要与草皮上其他观赏植物共处。草皮中央有一条水渠，连通水井，水渠里生长着水生植物。这种安排被承认是"缺乏系统性"的，尽管同一属的生物都安排得"尽可能紧密相连"，以应付"比较性审查"。整个东边，每一侧都由成组的橡树和榆树组成，它们位于一条植物带前方，植物带中仍然包含橡树和榆树。它们包围着小路，而小路并未穿越整个树木园。[26]因为对美学的强调，而放弃对植物学原则的尊重，引发了约翰·克劳迪乌斯·劳登的批评。他认为尽管这种树木园在英国尚属首创，但人们应感到"遗憾"，因为那里"乔木和灌木都挤在一起"，困居在大规模的、直线围成的块状中，"日后根本无法自如地伸展生长"，并非环绕既定的标志物长大。这样的结果，使得"不同种的植物根本无法平等展现自己，生长到自己应有的规模，实现自身特质，以满足树木园原本的需求"。[27]

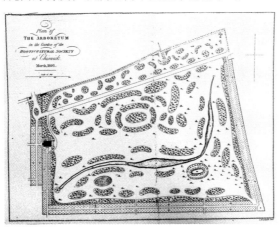

图31　威廉·阿特金森，《奇斯维克园艺社团园林中树木园的修建计划（1826年3月）》，1826

在劳登看来，园艺协会园林"大部分缺陷在它的总体布局上"，提出了一个"过于壮丽的想象与整体性效应，需要在便捷性和部分的联系上有所改进"。[28]他最初感觉这个布局"过于糟糕"，无从改善，应当被"全然否

61

定"。但这里的树木在 1833 年时生长得十分"繁荣","达到了可观的规模",尽管这一成功又在全体树木中引发了其他问题,即在它们的现实状况下,这些树木有些过于硕大。对此,劳登指出,"当树木的种植过于拥挤,它们自身的特性就会消失"。他认为,如果树木的种植可以更加稀疏,拉开距离,公众就会获得有用的知识。关于不同树木的"形状、颜色,以及它们在整体景观中的影响力",他的批判是全知性的:"没有考虑到园艺师的实际情况",他们无从预见不久之后"树木园几乎变成无用之物,无法满足园艺艺术家的任何目的"。[29]

劳登后来有机会将自己的想法付诸实践。1840 年,由他设计的德比郡树木园正式开张。它是维多利亚时代第一批经由特殊设计的树木园之一。它背后的金主是约瑟夫·斯特拉特(Joseph Strutt),他来自该地最富有的非圣公会基督教家庭,在政治意义上可以看成是附近的查斯特沃斯庄园和艾尔瓦斯顿的对应物。与他们不同,德比郡树木园每周有两天向公众免费开放,为鼓励其他公园和植物园的基础设施建设,他们还特别为维多利亚时代的城市公园提供设计上的支持,尽管它们只能在开放模式上做到半公开。在 1840 年 9 月举行的开园仪式上,约瑟夫·斯特拉特表示政治性、理性和娱乐性是他的树木园所追求的目标。树木园是为了教学性、优化环境以及与德比郡甚至是其他地方居民共享"荣耀"而建,其中显然蕴含着功利性上的风险。在设计方面,劳登认为不同树木品种之间的间隔应当足够大,而一旦有一棵树长得过大而影响到其他树木,它就应当被移除。树木获得了清楚的标记,它们被种植在长而低矮的土丘上,为的是创造规模上的幻觉,模糊站在不同位置观察树木的游客的距离感,同时还可以掩盖不同品种之间的边界。然而,由于土丘不够高,它们的功用变成了展示品种,以及树木的根系。

当地人对德比郡树木园价值的看法,主要由一神论派牧师诺阿·琼斯(Noah Jones)明确,他在 1844 年约瑟夫·斯特拉特的葬礼上向众人致辞。他表示树木园乃是一份"高贵的礼物",它可以提升"人类理性社会的荣

图32　明信片上的诺丁汉树木园，19世纪，它于1852年起向公众开放。

耀"，尤其对于"憔悴的工匠"而言，可以鼓励他们更加奋进。[30]1845年，卫生长官意识到这座公园"在提升工人阶级的面貌和举止方面产生了可见的影响，此外还毫无疑问地为每个人的健康提供了平等的帮助"。这种对于工人阶级生活"最粗浅"的理解将说服每一个人"关于在道德和身体上给人的巨大促进，必须归因于在居民身边建成的公园……以及园林，就像在德比郡出现的那样"。[31]1851年，《德比水星报》上的一篇社论指出，"如此大的一片领域，供人们呼吸新鲜空气和锻炼，对于如此稠密的人群而言，它的好处不可能再被夸大。"[32]

　　来自国外的游客同样对这第一座公共树木园留下了深刻印象。在美国马萨诸塞州的剑桥拥有一座温室，还在当地主持编辑了一份园艺学杂志的查尔斯·梅森·霍维（Charles Mason Hovey），于1844年秋天造访了这座树木园，并认为这是他在游历过法国、英格兰和苏格兰之后，去过的最好的地方。他看到这里没有杂草，花朵盛放，树木则按照标签排列，井然有序地生长。他认为劳登和斯特拉特的案例应该得到效仿，因为"和通过公共植物园提供给城市或村镇居民们的知识相比，为此所付出的财富根本不值得一提"。[33]颇有影响力的英国景观园艺家安德鲁·杰克逊·唐宁则认为它是一笔"高贵的遗产"，以其"美丽的秩序"，"显然为人喜爱"。所覆盖的民众既有当地人，也包括来自各处的游客。他曾遇见"许多年轻人一起在这里散步，享受着这里的风光"，护工则带着孩子，从新鲜空气中汲取成长的力量，业余的植物学家则仔细阅读着不同于乔木与灌木的标签，同时认真地在备忘录上做着笔记。因此，在唐宁看来，"最幸运的菜鸟"可以在树木园里漫步，在极短的时间里获得"相当可观的树木栽培知识，至于鉴赏和分类的问题，也可以通过观察生长中的树木来解决。"在他返回美国不久，1850 年，他着手在华盛顿设计一个广大的植物园，来实践自己在英国获得和产生的种种灵感。他的植物园里有专门的美国树木区域，还有一个活着的"博物馆"，用来展示常青树。他还敦促人们在纽约建立一个更大的公园。唐宁认为德比树木园"是世界上最有用且有利于公益的公共园林之一"。[34]

在英国、欧洲大陆与北美的树木收藏与树木园之间，树木、专业技能与植物学学说及经验的迁移是情况复杂但互惠互利的。北美大陆提供了大部分异国树种的资源，令它们可以生长在大西洋两岸。当地的植物学家则依靠他们对这里自然历史的了解，一手打造了英国的植物学。他们还时常在两个国家之间穿梭，维持着科学团体之间的联系。美国的一些园林墓地，例如芒特奥本（Mount Auburn）开始在英国闻名，而美国的园林设计师，例如唐宁和弗里德里克·劳·奥姆斯特德则前往欧洲，对英国的相关机构、园艺学基础以及公园进行了特殊的调研。英国模式的公园和树木园也开始被接纳，从而促进了崛起中的美利坚帝国对其本土的空间与自然资源进行更有效的开发与利用。快速增长的美国经济、不断提升的政治与综合国力，以及不断增多的城市居民对休闲和教养的需求，也鼓励了诸多国家与城市公园的兴起。这里面的结果之一，是令 20 世纪初树木园的数量达到了前所未有的高度，其中许多与科学研究及教育机构相关联，一个典型的例子是马萨诸塞州波士顿市的阿诺德树木园。通过对比可以得出，在英国，同时期关于树木园的想法已经变得过时，在 1961 年，伊夫林·沃将它看成人类的自负之物：

　　透过半英亩的草坪，他面对着的，是从前的所有者称之为"树木园"

64

的景物。而卢多维奇仅仅把它们看成是"一些树"。其中一部分是落叶木，它们已经被海上吹来的东风吹得剥落了树皮。只有圣栎树、紫杉，以及一些松柏类的树木仍处于精心的人工模式之下，而那绿树所呈的绿灰与金黄是如此之深，倘若到了不出太阳的日子，树木几乎呈黑色……[35]

图 33　托马斯·钱伯斯，《芒特奥本树木园》，马萨诸塞州，19 世纪中期，帆布油画

❧ 日本落叶松在英国

18、19 世纪，世界贸易进入全面开放时代。获取新树种的范围也随着英国贸易的发展而不断扩大。英国的地主与护林官开始期盼并索求更多外来树种，使之可以种在自己的土地上，从而补充自己的树木收藏。我们可以通过日本落叶松的故事，来考察"文化挪用"这一现象。在 19 世纪末，种植日本植物开始在欧洲和美国流行，这也成为一个重大的文化性特定时刻的一部分，其中包括一系列时尚设计、艺术与工艺品，它们统称为"日本风"（Japonisme）。[36]而日本作为英国在全球范围内的伙伴，也愈发得到认同，他们拥有相似的帝国历史，并且同样热衷于园艺。日本园艺作品参与了许多国际性质的展览，也得到了广泛的关注和报道，提供报道的媒体中就包括一些有图的园艺学刊物。这使得成熟的日本树木、鳞茎和石头景观得到了广泛的出口。一些专为出口而建立的植物园圃也应运而生，例如L·博摩尔园圃和横滨种植园公司。英国公司对于日本植物和装饰物的投资也

同样与日俱增，例如居于艺术与设计业内领先地位的店铺"自由伦敦"，也曾对日本的石灯笼进行过宣传。[37]

在 1858 年日本向西方开放三座贸易港口之前，从 17 世纪起，这里几乎完全与世界相隔绝，除了可以通过长崎的出岛①与中国和荷兰保持联系。欧洲人对日本植物的引入和了解，往往要通过荷兰人的贸易业务来实现。恩格尔伯特·肯普费（1712，1727）、卡尔·彼得·桑伯格（1784）、菲利普·弗朗茨·冯·西尔博德（1850）的记录与描述，成为人们对这些新物种抱有极高期望的重要原因，它们随着贸易活动的愈加规律而不断被发现。[38]欧洲的收藏者们继而通过他们的收藏、与当地专家一同进行的实地调查，以及查阅文本、图绘以及标本，获取了更多知识。[39]维多利亚早期，出现了许多关于日本多样的植物群落诱人的知识，也有相当多的早期引进案例表明，日本的植物在英国的园林或公园内生长可能具有一定的潜力。然而，只有在 1858 年向英国开放了三座港口之后，英国的收藏家和园艺商才有机会获得第一手信息，充分开发这里的乔木与灌木的商业价值。

西文名称被用在那些已经有了日文名的植物身上，尽管它们的日文名仍会被植物园用来强调这些新引进物种的异国情调。Larix leptolepis（日本落叶松）的日文名字，通常会被写作"karamatsu"[40]，在日本重要的植物百科全书《花汇》②（1763）里，这种植物有三种不同的名字：Kin sen shou（金钱松）、Fuji matsu（富士松）以及 Nikko matsu（日光松③）。其中第一个名字取自它秋天时叶子的金黄，而"Fuji"与"Nikko"代表它生长的区域，"matsu"意为"松树"。它被记载当秋天霜冻后，叶子褪色，呈现金黄，这种颜色尤其

①日本江户时代幕府执行的锁国政策所建造的人工岛。1641 年到 1859 年，出岛是荷兰人居留日本的地方。在锁国期间，出岛最初计划是收留葡萄牙人居住，但后来改为让荷兰人居住，岛的建造费用由町众支付。荷兰人每年向町众支付租金。出岛在 1904 年因政府改善海湾而被填平，成为现今长崎市的一部分，原有出岛的范围已被道路所划分。——译者注
②日本学者岛田充房、小野兰山合著。《花汇》一书系植物百科全书，共八卷，其中草之卷一、二问世于 1759 年，三、四及木之卷四卷同时在 1763 年问世。——译者注
③日光为地名，位于日本本州岛中部。——译者注

会得到赞扬（图34）。[41]这种树木的生长范围是受到限制的，大致是在海拔1000—1400米之间，尤喜干燥土壤及火山土。日本的本州拥有这种树木最广泛的自然生长带，尤其是在山梨县，包括富士山的山坡上。落叶松长时间被种植在本州北部，而在对北海道进行殖民之后，日本人又在北海道南部和中部建立了更多种植园。[42]尽管18世纪的肯普费、桑伯格均已有所了解，兰伯特还曾有所提及，但日本松直到1833年才被林德利正式描述。在随后的《日本植物志》（1843）中，祖卡里尼和西尔博德将它收录进来，配以放射状生长的嫩枝和针叶，还在针叶和种子的细节图中绘出了圆锥细胞的形状。但直到19世纪60年代，它才开始在英国被种植。[43]

图34 《金钱松》，1763，引自岛田充房、小野兰山合著《花汇》一书的插图，1759—1763

约翰·古尔德·维奇（John Gould Veitch，1839—1870），英国植物收藏领域的代表人物，在1860年时抵达日本。他为他在埃克赛特和切尔西拥有的皇家与进口植物温室的家族企业工作。1860年12月15日的《花匠编年史》报道了日本是一个"极杰出"的地方，这里"植物生机勃勃，而且鲜为人知"。这里的气候"与英国相近，植物谱系一半属于西伯利亚与喜马拉雅，一半则属于中国"，"对于欧洲人前去调查它的物产提供了极大的诱惑。"[44]1860年9月，维奇发现了一种被他称为"日本冷杉"（Abies leptolepis）的树种，以及其他三种松柏类植物。而他的登山伙伴，外交官卢瑟福·阿尔科克则称它"主要生长在富士山海拔 8000—8500 英尺的地方"。在他看来，这种树木"长在富士山的最高处，是有些不寻常的"。他们发现了一些 40 英尺高的树木，但"随着海拔的上升"，树木"逐渐变矮，最后只剩有三英尺高的灌木"[45]。他记下这种树木的日文名字是"富士松"[46]。一开始人们有一个困惑，即维奇亲自发现的这种"日本冷杉"，与先前的植物学家们曾描述过的日本落叶松究竟是不是同一物种。1861 年的《花匠编年史》上，刊载了祖卡里尼和西尔博德对圆锥细胞的描述，认为落叶松的细胞，"比维奇寄回来的样本细胞要大上四倍"，而"他的植物标本是否典型尚且存疑"。埃尔维斯和亨利则阐明，"约翰·古尔德·维奇所采集到的，是一株生长在海拔过高的地区，成长受到限制的矮小落叶松，它被A·默里看成是一个新物种，还得到了萨金特先生的确认。"[47]他们为这种日本落叶松准备了 8 个名字，最终定名为 "L. leptolepis"，因为 "这是它更广为人知的名字"。他们对 "L. kaempferi" 的使用有些怀疑，正如萨金特曾表示，"这会造成极大的困惑，因为这个名字已经被用在中国特产的金钱松（Pseudo-larix Kaempferi），一种金黄色的落叶松身上。"[48]

命名上的种种困难，并没有阻碍林务人员和土地拥有者对这种新引进树木的鉴赏热情。尽管 1861 年由维奇带回来的种子，并没有对新树木的种植带来太多帮助，但通过其他种子，令"这些树木普遍长得都很好，分布得到处都是，而一些更早移植过来的树，已经持续了十年甚至更久，来提供高品质的种子。"埃尔维斯热衷于评估这种树木在日本的种植条件以及生长情况，以及这里作为该树木种植园的适宜程度。1904 年，他发现这里的树木普遍生长在火山质土壤中，并且认为它们"生长条件很类似于阿尔卑斯山的落叶松群，并且枝干分权并没有过度发展"。他表示木材的用途大多是"大小船只建造"，或充当"铁路枕木或电线杆"。日本的种植园同样与现代化发展紧密相连。埃尔维斯发现许多新建的种植园"与英国的落叶松种植园在培育方式和管理习惯上都很相似。我发现他们会在北海道地区进行实验性种植，主要在铁道

68

两旁，就像他们在日本本土珍贵的黑土地上种植树木一样"。[49]

日本落叶松在英国大受欢迎，并且被"林务人员认为是极有希望取代普通落叶木的树种"。而前期引进的针柏类"在近十年里和日本落叶松一样，也吸引了很多林务人员的关注，被园丁们广泛播种培育"。1890年，埃尔维斯成功地播种了来自英国三个不同地区的种子，6年后它们都长到了4—8英尺的高度。在他看来，日本落叶松主要有三个优势。首先，它可以在苏格兰海拔1250英尺的高度建立种植园，"生机勃勃"地与道格拉斯冷杉（即花旗松）一起生存，显示了它的坚韧；其次，它还对欧洲落叶松普遍不耐的韦氏盘菌（Peziza willkommii）有抵抗能力，这种菌类极易引发树木溃疡，1904年亨利通过对"来自6个种植园的5到16年树龄的日本落叶松进行盘菌实验并观测，发现它们无一受到影响"，从而证明了这一点；最后，这是一种生命力旺盛的树木，很适合经济种植园，而在树龄的头20年，生长速率也要优于欧洲落叶松，尽管它越发会有"分权增多的趋势"。[50]到20世纪中期，日本落叶松开始成为"英国最重要的引进树种之一"，每年有1400万的种植面积，仅仅少于阿拉斯加云杉和欧洲赤松。[51]

日本落叶松向英国的迁移，主要说明了一个新树种在被接受和文化传递上，当它被命名、采集、运输、适应环境以及本土化时，经历了怎样的几个阶段。首先，当一个新树种仍处于被当作"异国树种"的阶段时，它会被自觉归入到文化适应的进程中去。第二阶段则是这一树种被"文化吸收"。这一阶段中，树木本身并没有在外形上被改变或改良，但它们经历了足够长的时间，以证明它们可以在全新的自然条件下生存，并且有足够的繁衍能力，使自身可以在英国成为一种普遍的树木。在允许一种树木被"文化吸收"的过程中，一个关键性的事实，是它的坚韧程度。生命力顽强的树木可以充分以装饰和商务用途，种植在已有的园林、公园或树林之中；它们可以在英国的自然景观中出现，于是逐渐可以摆脱"异国"的标签。而在一些案例中，树木的引进需要经历第三个阶段，即树木杂交。将本土树木与引进树木进行杂交，是产生新品种的一种方法；有时，杂交也

69

会自然发生。日本落叶松以其经济价值，被英国所接纳，并最终在苏格兰的邓凯尔德与欧洲落叶松杂交，产生了二者的杂交落叶松（L. eurolepis），同样也成了一种重要的商业树木。

2003 年，《全国林地与树木名录》（the National Inventory of Woodland and Trees）显示，三种落叶松占据了英国全国 10% 的松柏林地，以及全部林地的 5%。同一年，林业委员会公布了一份方案，关于如何提升落叶林的基因品质，同时表明欧洲落叶松与日本落叶松"在林务人员眼中大受欢迎"，获得了"'硬木林护士'的称号；它们可以保留充足的树荫，让低矮草木得以生长；而且极为耐火，便捷度也极高"。这种树木"在耐久性上有极高的价值"，"在加工户外家具、桥梁、围栏以及造船方面也颇有价值"。报告还指出"日本品种往往生长得比欧洲品种更快，但枝干可能不及后者粗壮，茎部也偶尔会产生溃疡，会对欧洲落叶松造成一定的影响"。

然而，日本落叶松这一富于希望的地位，则会发生改变。2002 年 2 月，西苏赛克斯一个园艺中心的一株灌木蒂氏荚蒾"无价之夜"——这种植物位列五种最知名盆栽之一，被农业部植物健康和种子检验部人员检测出患有"严重的枯梢病，枝干几乎全部变色，根的局部也几乎枯烂"。一株患病的植物立即被送去做进一步分析，并很快发现致病原乃是一种类似于真菌的病原体"栎树猝死病菌"（phytophthora ramorum），此前在英国从未被发现。人们无法确定病原体的来源，仅仅有一些证据表明它可能来自于亚洲。而当它被人们发现时，已经感染了许多异国灌木和其他植物，致病范围十分广大，甚至包括杜鹃、山茶花以及荚蒾。在 2008 年，人们发现本土植物欧洲越橘也遭到了感染，这种植物对于欧洲的荒原和沼泽地具有相当大的保护和特色价值。直到 2009 年，被感染的树木虽然很少，且主要是园林或树林里生长在黑海杜鹃周围的装饰用松柏树，而黑海杜鹃种植在林地中，主要是方便过去人们狩猎时记必要的边界，但从 2009 年 8 月开始，在英格兰西南数以千计的日本落叶松陆续被发现感染了这种疾病。林业委员会记录"这是全球范围内第一次发现商业用的松柏树种受到了致命的感染（由于枝干溃疡）"。在稍后的

2011 年 3 月，康沃尔地区发现欧洲落叶松同样也受到了感染，而年幼的道格拉斯云杉（5—10 年树龄）同样也难以幸免。[52]

突然间，日本落叶松，这种已经被发展成受欢迎且可靠的英国额外的木材来源，其未来受到人们的质疑。"猝死病菌"（Phytophthora）一词来源于希腊语，意为"植物破坏者"（plant destroyer），它也是最具破坏性的植物病原体之一。人们很快发现，"在春季的快速成长期，日本落叶松会产生大量携带病菌的孢子，其规模要比杜鹃大得多"。栎树猝死病菌可以在远距离快速传播，英国西部多雨潮湿的气候条件同样会推波助澜。林业委员会认为这种病菌可以"通过动物，当然也可能通过鸟类，以及人们的鞋子、车轮、森林中使用的各种机器设备进行传播"。除了会感染针叶，它也会感染到树皮，造成枯梢，最终使树木死去。这一切所需的时间很短，人们发现"从染病到一切结束，只需要一个生长期"。这种疾病的征兆是树木的嫩枝出现凋落，变黑的针叶过早脱落，顶层树干和枝条出现渗出式溃疡。由于尚未找到治疗的方法，对于森林所有者而言，唯一的办法就只有尽可能快地砍掉患病的树木。数千英亩的落叶松因此而被伐倒。[53]

世界范围内的树木迁移带来了巨大的益处。园林与公园里的树木越发多种多样，我们可以触摸、嗅探、研究并享受来自全世界各地的树木。商业用树木的种类也达到了空前的提高。尽管如此，一些消极甚至危险的影响仍有发生。对于异国树木的"乍见之欢"，也会很快变得有些审美疲劳。在欧洲受到欢迎的园林树木，例如刺槐（Robinia pseudoacacia）就会入侵乡野，对保护区的树木造成破坏，其影响被证明是不可挽回的。对引进来的桉树与云杉进行大量单一培育，也可能对野生动植物的栖息地造成不可逆转的影响。也许最危险的，就是世界范围内移动温室的植物培育。过去异国树种的迁移必须要通过采集而来的种子或切株，而现在人们可以把它们作为"盆栽"，单个地从一个地方带到另一个地方进行培育。这就使得像"栎树猝死病菌"，或者"白蜡树横节霉菌"（Chalara fraxinea，一种会造成白蜡树枯梢的病菌）可以快速传播，并造成灾难性的影响。

71

第四章　树的美学

18世纪时，越来越多富有冒险精神的英国旅行者来到意大利，游览西西里岛。第一份同时也是最具影响力的"旅游指南"，是1773年出版的《帕特里克·布莱登的西西里之旅》（*Patrick Brydone's tour of Sicily*）。它基于作者帕特里克·布莱登1770年的一次旅行，出版后还激起了一场论辩。论辩的起因是布莱登在书里描述意大利当地的神父、杰出的自然学家朱塞佩·雷库佩罗（Giuseppe Recupero）在观察过火山层后，认为最底层的形成至少是在14000年前，这个时间要比当时人们所接受的地球的年龄还要古老。对此约翰逊博士表示，"如果布莱登可以更加留心阅读他的《圣经》，他其实可以成为一个更靠谱的旅行家。"布莱登同时也是一个社会观察家及评论家，在自然史方面也有所造诣。游记里写，当他们在皮埃蒙特吃过早餐，前去攀登埃特纳火山时，一行人骑着驴，穿过"一些软木树和常绿橡树，它们伸展出火山岩之外，土壤填满这种可渗透物质的裂缝"。他们最后遇见"一片很好的栗树林"，其中许多树"规模巨大，但'百骑大栗树'（Castagno de Cento Cavalli）① 无疑是其中最大的"。布莱登发现它"在西西里一张近百年前的旧地图里被标记出来；在埃特纳火山，以及它的周围，这棵树占据了一个很显眼的标记。"但他有点失望，"一点也不为见到它而感到震撼，因为它不太像一棵树，更像一把用五棵树捆成的刷子。"

布莱登向他的向导抱怨，这并不是真正意义上的"一棵"栗树，但他们"全体一致地令我们相信，甚至是依循普遍的传统和整个国家的证词，

---

①相传古代的阿拉伯国王的王后亚妮，有一次带领百骑人马到埃特纳火山游玩，忽然天降大雨，百骑人马连忙跑到这棵大栗树下避雨。巨大浓密的树冠如天然华盖，给百骑人马遮住了大雨。因此，皇后高兴地称它为"百骑大栗树"。——译者注

确保它们紧密联系在同一根树干上。"英国游客随后"投入了更多注意力来检查这棵树",发现"它确实就像是五棵树,但是生长在同一根主干上"。因为"里面看似单独的树桩,其实并没有外在的树皮",测量后他们得知,它的树干有"204英尺的周长",而在作者看来,如果它"确实是由一棵树干联系在一起",它一定是"自然界中十分独特的景观"。此外,他被此地"匠心独运的神父"朱塞佩·雷库佩罗告知"所有可能的枝干至少是长在同一根系之上"。后者为此还雇用了"一些农民在大树周围挖土"。布莱登还记录了旁边几棵巨大的栗树,它们由于这里"土壤深厚而肥沃",同时由于"火山喷发及其烟雾","富含硝酸钾",而长成了这样的规模。这"创造了一种令这种盐成为始终如一需求的因素,并非是没有理由的,而是由于这种植物生长所需决定的"。这栗树还曾是重要的栗子供应者,证据是"树的里面还有一座屋子的遗迹,建造它正是为了保存果实",我们的游客还在里面"饱餐了一顿"。[1]

在布莱登的旅行七年之后,年轻且富有的鉴赏家、树木爱好者理查德·佩恩·奈特(Richard Payne Knight,1751—1824)离开罗马,远赴西西里。与他同行的还有德国风景画师雅各布·菲利普·哈克特(Jakob Philipp Hackert),以及富有的业余画家查尔斯·高尔(Charles Gore)——他后来搬去了魏玛,还跟歌德成了挚友。[2]当他位于唐顿、毗邻拉德洛的独特新哥特式城堡正在修建时,他开始了自己的第二次意大利之行。这次与他同行的是风景画家约翰·罗伯特·科泽斯(John Robert Cozens)。此行的目的是记录并实地测量希腊神庙群,他们也爬上了埃特纳火山口。奈特有意发表自己的游记,并配以插图,但最后却没能成行。直到1980年克劳迪亚·斯腾普夫(Claudia Stumpf)才在魏玛重新发现了这份英文原稿。1777年6月1日,奈特一行人走了几英里路,然后发现"那棵令我们失望的著名栗树"。这棵树实际上"并非一棵,而是一组。它剩下的部分十分巨大,但由于经过头木作业而显得低矮,有些残缺不全。"奈特心有不悦地写道,"在西西里,人们把这看成是奇迹,成为这些没见过比矮橄榄(Dwarf Ol-

73

ive）更大的树木的居民眼中的奇景。"但对于像他这样"曾见过英格兰的贵族橡树（noble Oaks）的人，这实在是十分拙劣的东西"。[3]

不幸的是，奈特在有两位画家同行的情况下，却没能留下关于这棵树的任何绘画。但几乎在同时，让－皮埃尔·霍尔（Jean－Pierre Houël）留下了一幅展示栗树内部作为仓库的草图。[4]两位英国游客对于同样一棵"杰出的"，拥有一根如此巨大的树干和相当高高度的树的美学观点是很清楚的。当他从朋友雷库佩罗派遣挖土的农民那里得到证据后，布莱登便欣然接受了这棵树只有一个根系的事实，但最初对于它是由五棵树捆在一起组成的这一观感，所导致的热情丧失，仍然在旅途感受中占据了主导地位。此外，这一事件还表明，一棵完美的树木不应在人类的干扰下生长，不应因"头木作业"或"剪枝"等手法被"破坏"。这些被处理过的树木不应被称作"奇观"，而只是"拙劣的东西"。

但这种对于破坏性头木作业的轻蔑，是如何与人们的热情相协调呢？要知道，在17、18世纪，人们对这种技术的热衷，可以轻易在雅各布·凡·路易斯戴尔（Jacob van Ruisdael）和托马斯·庚斯博罗（Thomas Gainsborough）等画家的作品里找到证据。想要了解这样表面上的异常现象，我们需要考虑艺术与树木，以及特定艺术家对于树木美学的诠释之间的联系。这种联系也方便我们理解人们在18世纪所欢迎的"如画美学"（Picturesque）① 的来龙去脉。威廉·吉尔平（William Gilpin）和尤维达尔·普莱斯（Uvedale Price）等作家鼓励人们在林地牧场的剩余地区欣赏那些古老的、畸形的树木，以及那些常见的、早早就接受了头木作业的河畔柳树。普莱斯尤其在鼓励人们接纳那些古老的、粗糙的，甚至是腐烂的树木方面颇具影响力。他认为那些新种植的植物和树木，包括引进物种，应当尽可能适应已有的景观。他的观点也被后来的威廉·华兹华斯、沃尔特·司各

---

①Picturesque，18世纪英国园林化的过程中的一个流行词汇，指如果某地风景宛如当时知名画家或17世纪荷兰风景画家的画作，人们便称此地风景"如画"（Picturesque），后发展成一个专门的美学概念。——译者注

特等 19 世纪具有重要影响的名家所继承。

🌸 绘画中的树

　　早期人们对树木的表现往往是普遍性的，仅仅呈现出少许对树木品种的关心。然而树木的形式往往是带有象征意味的，而通过画作来分辨树木是否经过了头木作业可能也并不困难。一份关于威尔士法律的拉丁文文本，成为早期记录修剪树木的文献之一，它同时记录了树木的修叶和剪枝过程。[5] 为吉恩·贝里公爵所作的手绘画本《特雷斯描金日课经》（*Très Riches Heures*）完成于 1411 年至 1416 年之间，其中一些相当逼真的风景画也展示了树木的形象。大多数树木，无论是长在河畔或池塘边经过头木作业的，还是树林里即将被采伐、紧挨着伐木人扎好的柴捆的，还是被清理出来用于狩猎的四周稠密的树林，都显示出了管理举措的用心。然而，在大多数情况下，树木的种类却无法得到确认，比如水边经过头木作业的树木很像是柳树，而狩猎场景里灰色树皮、拥有稠密褐色树叶的树木很容易让人想起山毛榉。其中一幅绝妙的画面，描述了一头猪在稠密树木边缘啃食橡果，似乎说明这必定是一片橡树林。但它们也无法就此确定身份，因为"橡果"也没有得到充分的描绘。[6]

　　尽管树木在诸多文艺复兴时期的素描和油画作品都是重要的主题元素，但其中大多数树木的"身份"仍然无法得到辨认。阿尔布雷特·丢勒（Albrecht Dürer，1471—1528）是最早画出能让人们辨清树木品种的画家之一。他曾以自己位于纽伦堡的家宅附近自然环境中的树木为对象，创作过数幅作品。1497 年，他完成了自己毕生最好的水彩画之一，一幅关于一棵云杉的作品（《挪威云杉》），它被认为是创作于画家在 15 世纪 90 年代从意大利北部回家后的作品。在意大利，他的画风深受蒙塔纳和贝里尼等人的影响（图 69）。那棵树被单独画在画面里，并没有背景对其进行衬托，画家极其出色地捕捉到了云杉的色彩及其姿态。这是他关于自然诸多画作的一

图35　林伯格兄弟，《十二月》，引自杜贝里公爵手绘画本《特雷斯描金日课经》，1411—1416

图36　阿尔布雷特·丢勒，《松树》，1497，水彩和不透明水彩

个例子，而这些画作也帮助他可以更好地在各种油画及木版画中设计风景背景。他另一幅画于相似日期完成的水彩画，则是一次关于纽伦堡的水、天空、松树这些景物有些莫名其妙的组合尝试。他在一次画作中展现了一个特定的树种，即松树（欧洲赤松），它有着深蓝绿色的叶子，以及微红的树皮。但与之前相比，这次松树是成群出现的，并且出现在沙地和池塘的环境组合之中。这幅画似乎并没有完成，画面里一旁被切去顶端的奇怪

树林作为画面中营造氛围的背景部分，更增添了荒凉之感。这里似乎体现了丢勒对德国版画复制师、画家阿尔布雷希特·阿尔特多费（Albrecht Altdorfer，1482—1538，一说他生于 1485 年）的影响，后者也曾在 1520 - 1521 年间画过一些奇特的、带有实验性质的风景版画，里面同样也出现了品种明确的树木。人们似乎只是对他“版画作品中空想的气氛表现力完全与丢勒的作品没有相似之处”有些怀疑，但他对于树木的表现显然是缺乏自信的。在他的《云杉与两棵柳树的风景画》中，树木的种类可以清楚地通过树干和它们的叶子加以判断：两棵柳树都刚刚经过了头木作业，并已经重新开始生长。而它们通过人工手段达成的枝叶繁茂，恰恰与画面中央云杉的树干形成对比。[7] 林地内部最具代表性的场景之一，是老彼得·勃鲁盖尔（Pieter Bruegel the Elder）在 16 世纪中期完成的（1540—1569）。那幅画展示了七只熊和它们依附在大树根部的巢穴。整个林地则包含了各式各样的树，中景还出现了几棵经过剪枝的树木。树木的种种姿态都得到了极具天赋的表现，譬如从生长到腐烂，树木枝干呈现的不同细节状态，以及左侧的空心树；但树木的品种并没有被具体表现。

在艺术史家看来，17 世纪的荷兰画家最伟大的功绩之一，就是让风景画成为一项严肃艺术，为投资人、收藏家和艺术专家所接受。虽然伦勃朗并不以他的风景画闻名，但他的一些油画和版画中，还是包含了有关树木令人印象深刻的表达。他的作品《被剪枝的柳树旁的圣杰罗姆》（*St Jerome beside a Pollard Willow*）完成于 1648 年，并在 1932 年时得到了一份生动的评价：这是一次“关于树木的表现，还免费奉送了一位圣杰罗姆①”。画中的树木小心翼翼地取材于自然之中，经过认真的观察，树皮盖过被损坏的枝干、嫩枝从断枝中再度抽芽都得以表现。马尔金·史切帕胡曼（Marijn Schapelhouman）质疑人们“无法排除伦勃朗只是出于自己的想

---

①圣杰罗姆（347？— 419，一说 420 年），早期的拉丁教父之一，他最大的成就在于他研究和翻译了基督教的经文，他从希伯来语和希腊语原本译出了拉丁文的《圣经》，至今仍被作为拉丁文《圣经》的标准定本，被称为“武加大《圣经》”（Vulgate Bible）。——译者注

图 37 阿尔布雷特·阿尔特多费，《云杉与两棵柳树的风景画》，1520—1521，版画

图 38 老彼得·勃鲁盖尔，《林地景观与熊》，1540—1569，棕色钢笔、黑色粉笔

法，'装扮'了这样一棵被剪枝的柳树的可能"，他同时也强调圣杰罗姆是怎样"成为清晰的三角构图的一部分"，尽管"树后面正注视着前者的忧

78

伤狮子是一个稍微有点让人困惑的表达",在整个画面里显得并不协调。枯死或濒死的树可以用来表现生命之短暂,对于基督徒而言,或许可解释成伊甸园中的"树之生"(the Tree of Life),在堕落之后(after the Fall)就迎来了树之凋亡(the Tree of Death)。而正是圣杰罗姆,记下了主的十字架是由这棵树制成的,它意味着信仰得救。此外,从被剪枝的柳树上萌发的新芽新叶——它逃脱了死亡,也可以看成是"耶稣复生"的象征。[8]

图39 伦勃朗,《被剪枝的柳树旁的圣杰罗姆》,1648,蚀刻铜版画

关于树,伦勃朗最出名的作品也许是1643年的《三棵树》。这幅画描绘了一幅周密的风景,有定居在某处的农场工人及旅行者,而远处的镇子则正处于暴风雨肆虐的天空之下。在植物丛中三棵树下寻求隐藏庇护的是两位恋人;树木则始终屹立,与电闪雷鸣的天空相抗衡。这三棵树是很难被分辨的:不同的植物学家分别把它们看成柳树、榆树、桦树、橡树和山毛榉。人们往往将它们和受难基督的三座十字架①联系起来。辛西娅·施

---

①《圣经》记载:"又有两个犯人,和耶稣一同带来处死。到了一个地方,名叫髑髅地,就在那里把耶稣钉在十字架上,又钉了两个犯人,一个在左边,一个在右边。"(路加福音23:32—33),故有"三座十字架"一说。而后文又写道三人在十字架上受刑的种种情形,衍生出"中间是救恩十字架(Cross of Redemption),一边是拒绝十字架(Cross of Rejection),另一边是接受十字架(Cross of Reception)"的说法。——译者注

图40　伦勃朗，《三棵树》，1643，蚀刻铜版画，雕刻风格

耐德（Cynthia Schneider）认为这幅版画影响了 1645 年扬·利文斯的作品《三棵树之景》（*Landscape with Three Trees*）。这个说法可能为真，但利文斯的三棵黑暗而粗糙的树，与伦勃朗的树并不相同；它们是多年未经修剪的、过分生长的古老橡树，可以给在下面休憩的人提供足够的荫蔽。[9]

　　雅各布·凡·雷斯达尔（Jacob van Ruisdael，1628—1682）被人们称为"树木插图之父"。尽管许多在他的画作里充当背景的树木，品种无法得到确认，但那些位于前景中的单独树木或成组的树木，却很清楚地体现出它们的"身份"。其中有橡树、榆树、山毛榉和柳树。哈佛大学一个由植物学家和艺术史学家组成的团队考察了许多荷兰画派[①]的作品，却"无果于寻找到一位在雷斯达尔之前，可以将树木的形象以符合植物学判断的方式加以描绘的大师"。雷斯达尔出生于哈勒姆，并且一直在这里住到了 1656

------

　　①指 17 世纪的尼德兰革命后，在荷兰联省共和国出现的画派。它继承了 15、16 世纪尼德兰民族艺术传统，以写实、纯朴为其特点，很少受到当时流行于欧洲的巴洛克风格的影响。代表画家包括哈尔斯、伦勃朗、维米尔等。——译者注

年，后来搬去了阿姆斯特丹。他可以详细描绘树木特征的一个重要条件，是他的大部分画作都是在自家附近完成，那里的沙质土壤仅仅可以满足相当有限的一部分树木生长。此外，当时人们还没有大规模从国外引进树木，因而大多数画作里的树木都是该地区的传统树木。从雷斯达尔的全部作品来看，其中有超过150件都将树木作为核心主题。而在他其他主题的作品里，树木和树林同样是必不可少的元素，例如磨坊、麦田和瀑布。他的早期创作聚焦于哈勒姆的乡村风光，这里有"稠密的树木，沙地小路穿梭其间，杂乱的树木错综复杂"。而他再晚一些的画作里，森林则要更加开阔，具有干净、开放和颇有距离感的视野。他的几幅作品里都出现了有裂痕的古老树干、腐烂的枝条，它们往往是脆弱与堕落的象征，尽管艺术史家西摩尔·斯利弗质疑雷斯达尔是否"有意将自伊甸园时期就已产生的树木的生命与经验的多重意义，赋予这些树木"。[10]

图 41　扬·利文斯，《三棵树之景》，1645，版面油画

他最早期的画作之一《小屋与树木的风景画》是在 1646 年完成的，那时他只有 18 岁。这幅画右侧前景的位置有一大片稠密的树林，使得小屋都因此变得模糊。另外两棵树占据了画面中央：池塘旁有一棵老而颓圮、被截去头枝的柳树，另外还有一棵橡树。老柳树被准确地描绘出来，被截去

81

图42　雅各布·凡·雷斯达尔，《小屋与树木的风景画》，1646，镶板油画

枝条的残余部分都得到了表现；橡树叶子的种种特征同样被捕捉下来，树干处还被画上了富有特色、橙白相间的地衣。画面里的小屋左边则是两棵新生、健康、富于生命力的柳树。几年后雷斯达尔完成了几幅版画，其中《三棵橡树》（1649，图43）这幅作品充分表现了他在捕捉橡树树干、枝条和叶子种种特征与姿态方面令人惊奇的能力。相似的一组橡树出现在他的油画作品《池塘旁的树林风光》，它取材自前文提到的狂热风景爱好者理查德·佩恩·奈特在赫里福郡的唐顿城堡中的"如画风景"。另外一幅版画《林沼与岸上的游客》的创作时间可能是在1650—1655年间，其中有一棵引人瞩目的橡树，只有几根光秃的枝条。它准确地表现出水位上涨对一棵坚定而古老的橡树有怎样的影响。这幅版画对一些后来成功的画家带来了不小的影响：雷斯达尔的学生梅因德尔特·霍贝玛在1662年临摹完成了这幅画的另一个版本，100年后，年轻的约翰·康斯太勃尔（John Constable）写信给他的导师约翰·托马斯·"老古董"史密斯①（John Thomas 'Antiquity' Smith）："临摹雷斯达尔的一幅版画令我心情很好，我曾在你家

――――――――――

①约翰·托马斯·史密斯（1766—1833）又被称为"老古董"史密斯（Antiquity Smith），因为除了身为画家和雕刻家以外，他还是位古文物研究者。――译者注

附近见过同样的两棵树，它们泡在水里。"[11]

图43　雅各布・凡・雷斯达尔，《三棵橡树》，1649，版画

　　托马斯・庚斯博罗热衷于画树以及远古时的风光。他曾回想：在他的童年时代，他还没有确定自己要当一个画家，美丽的树丛和迷人的单棵树木尚且未成为"如画风景"……在他出生地的附近。而这些想象，在他的心中也还并不完美，但他知道自己需要一支铅笔，便可以完成完美的勾勒。

　　他回想起自己的第一幅画，画的就是一组树木，而在他的一封信里，他甚至争论、取笑那位收信人——按照艺术史学家的推测，后者的风景画显示出其作者"观察的眼睛理应更加疲惫憔悴，才能归还给树木它们应有的欢欣"。树木不仅仅在庚斯博罗的风景画里成为主角，在他的肖像画和农民画中同样扮演了重要的角色。在生命的尽头，他感到"十分喜欢自己对荷兰山水局部的复刻"，而他用粉笔在1747年完成的对雷斯达尔的作品《森林志》或《小屋与树木的风景画》的临摹，甚至还保存了下来。历史上并没有关于雷斯达尔作品印刷品的记录，因此庚斯博罗临摹的很可能是原作。[12]

　　庚斯博罗的树木画作对于"如画美学"的发展产生了极大的影响。尤维达尔·普莱斯的曾祖父尤维达尔·汤姆金斯·普莱斯正是庚斯博罗在巴斯时的赞助人之一。他们的友谊大概是在1758年时建立，那时老普莱斯已年近七旬，而庚斯博罗则只有31岁。[13]大概在1761年到1763年间，庚斯博罗为老普莱斯画了一幅肖像，肖像里老普莱斯坐在他的绘画收藏旁边，左手拿着一幅画着剪枝树的画作，右手拿着一只笔筒。1760年庚斯博罗造访了老普莱斯在赫里福郡的福克斯利别墅（Foxley），而他的作品《福克斯利的山毛榉》也正是在这一年完成。画作中两棵山毛榉清楚地长在小山丘或山岗上，一条弯曲的小路指向远处的高塔。在左边是一棵被截去头枝的树，右边则是一段"粗犷"的栅栏。"伸向远方的小路和快要散架的栅栏仿佛受控于庄严的老树，看起来是先于小普莱斯日后在如画美学上的表达。"而左边刚刚被截去头枝的树木，则刚好与小山岗上的两棵树木构成了形式上的对照。[14]

图44　雅各布·凡·雷斯达尔，《林沼与岸上的游客》，1650—1655，版画

84

图 45　托马斯·庚斯博罗，《福克斯利的山毛榉》，1760，铅笔、粉笔、水彩画

在庚斯博罗的晚期画作中，被截去头枝的树木大量出现。这种现象可以归因于以下几个现实因素。首先，这显示了雷斯达尔等荷兰风景画家对庚斯博罗的重要影响，而这种影响在他早期的画作中同样是决定性的。其次，这些画作体现了当时英国路旁以及灌木篱墙的普遍样貌。大多数毗邻田地的树木都会被截去头枝，因而从这一层意义上说，庚斯博罗在画面里呈现的树木，实际上是对真实景观的表现。另一个关键的因素，是这种树木本身乃是庚斯博罗这一时期风景画作里构成框架的重要部分。例如在1760 年的《日落：役马在溪畔饮水》中，截去头枝的树为整个画面勾勒出了一个圆形框架，使得人们的视野可以一直延展至远方。而在肖像画，诸如《威廉·波因茨》（1762）等作品里，主人公懒洋洋地靠在被截枝树木的树干上，以此显示他们与农村生活的紧密联系。此外，它们还可以成为肖像画或风景画框架里体现黑暗的参照物。《威廉·波因茨》就在中景位置重点表现了一棵枝叶遭到大量削减的年轻树木上重新长出的新叶。[15]

其他两位在"如画美学"方面产生重要影响的画家是意大利人萨尔瓦多·罗萨（Salvator Rosa，1615—1673）和克洛德·洛兰（Claude Lorrain，1604—1682），后者虽生于法国的洛林，但生命中大多数时光却是在意大利的罗马度过。这两位画家在 18 世纪英国收藏家眼中颇有声望，并对后来的英国画家如透纳、康斯太勃尔都产生了极大的影响。树木在两人构建光影色差、完成形象与结构，以及营造不同氛围的过程中起到了决定性的作用。但他们二人都没能把树木的品种清楚地表现出来。例如罗萨的作品《墨丘利与不诚实的樵夫》（1663，图70），以《伊索寓言》里关于诚实重要性的一篇作品为基础。画面中央的大树提供了一个神秘阴郁的背景，而其余参差不齐、遭到破坏的树木则共同构成了画面，令整个风景拥有了"十分出色的层次"。看不出是什么品种的树木，也没有证据表明题目中的"樵夫"是否一如往常，一直在挥舞他的斧头，因为树木看起来更像是毁于一场暴

图 46　托马斯·庚斯博罗，《米德哈姆的威廉·波因茨与他的狗琥珀》，1762，帆布油画

风骤雨。尤维达尔·普莱斯曾在 1768 年一口气买下了萨尔瓦多·罗萨 6 幅画作，因为在他看来罗萨乃是"下笔无比轻盈而自由的、令人钦佩的典范"。当时他正在佩鲁贾进行他的游学旅行。[1] 这 6 幅画里包括《树木草

---

[1]游学旅行（grand tour），16、17 世纪，为学习外国语言，观察外国的文化、礼仪和社会，英国人纷纷涌向海外，前往欧洲大陆学习、游历，这一实践活动到 17 世纪后期和 18 世纪达到巅峰。参与者多为青年学生，也涉及商人或政客等。游览路线较为固定，最流行的游学路线是法国（巴黎）到意大利（热那亚、米兰、佛罗伦萨、罗马、威尼斯等），再到德国和其他低地国家。——译者注

稿》《古树树桩草稿》《一份高贵的树木草稿》《坐在树下的四个僧侣》。《树木草稿》展示了一棵有着异常破碎、扭曲树干的树木。它毁于一场冰雹，这种风景画后来也被普莱斯归纳成为如画美学中一个专门的类型。[16]

图47　萨尔瓦多·罗萨，《树木草稿》，17世纪40年代，墨水画

🌿 如画美学与树木

从18世纪起，"如画美学"成为对风景与树木进行阐释和理解的最有效、最具影响力的方式。历史学家大卫·沃特金（David Watkin）认为，"对如画美学的构建和相关实践，成为英国对欧洲美学的主要贡献"。而在1730年至1830年间，"如画美学成为受教育阶层眼中普遍的视觉模式"。[17]但这个术语的起源及其各式各样的意义向来是难以描述的。18世纪50年代的两份出版物，尽管并未出现"如画美学"这个术语，却引起了关于这一概念的激烈争辩。威廉·荷加斯（William Hogarth）的《美的分析》（1753）认为，比起富于对称美的事物，人类的眼睛更偏爱多样而错杂的图像，"那些自己拥有足够多变化线条的事物，显然拥有足够创造美的条

件"。他的"线条之美"不仅仅指曲线，还是一条"精确蜿蜒的线"，不"胀大也不细小"。[18]几年后，埃德蒙·伯克（Edmund Burke）对后世产生巨大影响的作品《论崇高与美丽概念起源的哲学探究》（1757），也继承了这一观点。

当霍勒斯·沃波尔（Horace Walpole）以1780年出版的《园艺现代品味的历史》作为他的巨著《英国绘画轶事》的最后一卷时，他实际上已经直言不讳地指出了绘画与风景之间的联系。将园艺审美的新进展与绘画联系起来，沃波尔意在鼓励其他英国画家，为此他曾问询道："如果我们中有克劳德或加斯帕尔的胚子，他们必然会涌现出来；如果树木、水流、树林、水域、林间空地可以激发诗人的灵感或画家的灵感，那是否意味着他们是由这个国家和时代所孕育的?"[19]沃波尔从"首倡""矮墙"之"资本历程"的查尔斯·布里奇曼开始，直到将"透视与光影"视为"伟大原则"的威廉·肯特，追溯了现代园艺发展的历程。肯特认为"成组的树木破坏了过于均匀或过于广泛分布的草坪，常绿林和其他树林则会遮蔽原野本身的光彩"。而通过"拣选自己喜爱的对象，用绿色植物遮蔽不好看的部分"，他能够理解"大师们如何创作绘画作品"。沃波尔就此指出，一些新建立的花园或公园可以直接媲美最伟大的艺术创作，以哈利法克斯的斯坦德特德伯爵为例，他所津津乐道的"伟大之路"横穿"绵延两英里的古老森林"，周边还有"十分广阔的草坪，为庄严的山毛榉所环绕，大小山毛榉交替排列，形成了十分开阔的空间"。他还特别提到，从"庙宇前的柱廊"看开来，"风景宛如废弃的河流，汇入破碎之海，使人回想起克劳德·罗兰精确的画作，很难想象他不是按照这里的风光来完成他的画作。"他赞同兰斯洛特·"万能"布朗①对风景的布局，还指出"肯特已经成为一位很有能力的大师"，尽管他还不能在他的作品里记述他，因为他"尚且在世"，还不能

---

①兰斯洛特·布朗（Lancelot Brown，1716—1783），英国园林设计师。他总是大谈园址的"潜质"，因而有"万能"（Capability）的绰号。——译者注

出现在"历史"之中。他担心"追求多样"会对现代园艺风格产生影响，但他强调，"此时此刻，我们这个国家拥有多么丰饶，多么欢乐，多么如画一般的面貌啊！"现代园林风格的进步，令一切都焕然一新，"每次旅行，都以为这可以得到一系列成功的风景图片。"[20]

威廉·吉尔平（1724—1804）是18世纪后半叶在传播如画美学理念方面最具影响力的作家。他主要通过自己的作品《版画论》（*Essay on Prints*，1768），以及他随后充满"风景之美"观察记录的旅行杂记来完成这一诉求。曾先后担任过教师、牧师、慈善家、学者和艺术家的吉尔平，在他的早期文章《关于正直而令人尊敬的科巴姆子爵所拥有之斯托花园的对话》里首次提出了关于如画美学的观点，其特征为"一种独特美的定义，这种美如果出现在画作里是令人愉快的"。[21]在1792年的文章《论如画之美》里，吉尔平认为自然中存在一些必然的品质——粗糙与狂野、多样与肆意，以及明暗对照——都可以混合成"如画美学"的形式。吉尔平承认自己对这个短语仍然"知之甚少"，但他确信这是一种"透过画作可以完美呈现的美"。[22]吉尔平对如画美学最完整的阐释出现在他的各类旅行杂记里：《怀河之上》（1770，1782年出版）、《湖区》（1772，1786年出版）、《北威尔士》（1773，1809年出版）以及《苏格兰》（1776，1789年出版）。吉尔平的抱负，是通过这些旅行"以如画美学的规则，检验国家的面貌：通过比较，分享那些可以激发灵感的自然资源"。[23]吉尔平这些旅行杂记的手抄本迅速在小圈子内流传起来，大多是朋友或相熟的人，包括托马斯·格雷、威廉·曼森、波特兰公爵夫人德莱尼，还有夏洛特公主——吉尔平在1786年出版的《湖区》，正是专门献给她的。

关于如画美学出色的阐释出现在18世纪末，来自于尤维达尔·普莱斯1794年的作品《论如画美》。这篇文章致力于"指出……'如画'并非一种割裂的、刻意彰显独特的风格，它无关崇高和美丽，也并不单指绘画艺术"。[24]对于普莱斯而言，对自然风光的研习和伟大的艺术家——如风景画家克劳德、萨尔瓦多·罗萨、尼古拉斯·普桑，以及那些荷兰、佛兰德斯画家如雷斯达尔——在理解如何设计、安置庭院及地产方面显然是必修课。他强调二者之间的联系，以及对本土知识的了解，毫无疑问会增强地主（就像普莱斯自己）见识方面的权威性，他们可以通过实现最好的布局优化来改变景观。"在我看来，他在优化风景上显示了最艺术的动向，他舍弃（一个重要的点）或创造了最伟大的那类景观。"他介绍了三种"如画性"的标准，即原始性、多样性及鲜明的个性。按照他的说法，"如画性补充了美与崇高之间的空白，并阐明我们从许多相关客体中获得的愉悦，并不同于'美与崇高'的理由。"这还使他要为那些出于狂热的改良而被清除的自然景物，如那些古老、被忽略、空洞化的道路，破败、布满苔藓、粗糙，与现代景物相形见绌的公园，乡下不宜居的小屋，磨坊与村舍等进行辩护。他尤其钟爱古老的、被截去头枝的树木，因为它遭到了"农人们不加选择的劈砍"，"就好像是他匆忙间想要一根柱子或木桩。"他还在被截去头枝的老树"伸展开、横穿废弃道路、指向野性和不知名方向的粗枝"中发现了"生命力之魂魄"，并且认为它们在许多方面，都要比那些更加健康、充满活力、"虽然美丽的完整树木"更具吸引力。[25]

❀ 森林风景

威廉·吉尔平在奇姆（Cheam）做校长的几年是很成功的。他的一个学生威廉·米特福德在汉普郡的埃克斯伯里拥有自己的地产，并且从1778年起担任"新森林"的皇家护林官，后来还完成了一部重要的《希腊史》。这鼓励吉尔平自己在1777年去新森林地区的博尔德尔做了一名教区牧师，在那里他一年可以有600镑的收入。1791年，吉尔平专注于完成他为米特福德所作的、冗长的《森林风景综述》。他对新森林地区的原始森林非常着迷，正如他在第一次抵达这里后对诗人威廉·曼森所说的：

好一个树妖！它们向彼此伸出自己逐渐变细的胳膊，时而平白无故陡生优雅与曲折，时而独自成立、时而又交叠在一起！我如何才能在纸上，追索它们全部的曼妙身影！啊！我的技艺令我挫败，我只会画草图，而草图只能说明个大概，只能说——"注意了，这里有棵树。"[26]

罗伯特·梅休（Robert Mayhew）认为，许多批评家低估了吉尔平的如画美学在道德上的严肃性，以及他在神学方面作为一个低教会派自由主义者（a Low Church Latitudinarian）的立场上的强调。吉尔平曾认为"自然世界作为一种证据，符合其自身对于神与基督无可置辩的需求"，这也是他的如画美学极其关键的观点之一。[27]其他的自由主义者如威廉·佩里（William Paley），在他1803年首次出版的、受欢迎的巨著《自然神学》中再次强调了自然的形势与结构乃是造物者之存在的有力证明这一古老论题。树木和树林则被当成了有力的论据。植物学家、神学家约翰·雷在1670年完成了一部关于英国植物的论著《英格兰植物名录》，强调了不同植物的出现来自于神之意志的表达。他又在随后的《上帝在创造中显示的智慧》一书里强调土地是怎样"奇异地被饰以令人欣悦的、繁茂的草木，以及威武庄重的大树。树木又缘何或分散孤单，或聚集在一起，形成树林或森林。"[28]

吉尔平倒是很少在游记里透露他的神学思想，不过在1791年的《森林风景综述》里，他创作了一篇以生长在汉普郡博尔德尔庄园里一棵金合欢树为主角的寓言。"我百无聊赖地坐在窗前，眼睛不经意地望向长在我面前的大金合欢，我想象它或许可以刚好被分割成几个省份、几个城镇、几户人家。"所谓省，是那较长的树枝，小一些的则是镇，至于"叶子的联合体"则是由家庭组成的个体单位。时值秋日，"我静静坐着，看着许多黄叶跌落，掩进母亲的身躯"，这便是"自然凋落"的象征。微风拂过，树叶飘零，"它们本可活得更久，病害却驱使它们早早夭亡"。当"瘟疫撼动大地"，"突然一阵""如雨般的树叶落下，覆盖地面"。暴雨后残留的孤独树叶，为一场浩劫留下"标记"。吉尔平最后强调，"自然乃上帝之书"，"异教的演说家"知晓，"人如树木，乃必死之物"，"同一个神操持着自然与道德两个世界"，"那使树木起死回生的神力，也可作用于你。"[29]

在他看来，"把树木看成大地最伟大、最美丽的作品，是毫不夸张的赞美"。尽管一些花朵和灌木同样很美,但它们无法匹敌树木的"如画之美",比如"形态、枝叶"带来的"风景构图上的贡献",及其所获得的"光影上的影响"。此外,尽管他不愿"把树木与我们大体上总有偏爱的动物作对比",他还是指出,动物"仅仅以些微的颜色、性情和体态上的变化区别于它的同类",而在大的方面,如周身和四肢,通常都很相似。然而树木"恰恰相反",在小的部分如树叶、花朵和种子方面几乎都相同,而"大的部分,真正决定美丽的因素上,却几乎各不一样"。但他也把树木的种种不同赋予人的品格,一些树木很"优雅",因为它各个部分十分和谐、轻逸而自由;其他的树木"枝干生得笨拙,并不对称;整个树木看起来都很讨厌。"[30]

吉尔平尤其关注的景观,首先基于林地往往"以伤口示人",不同于那些依赖"岩石、山峦、湖泊、溪流"的风光。问题在于,任何一只"粗俗"之手,都可以伐倒一棵树,显然,对于树木而言,"作为木材的价值"正是厄运的开端。他指出,当木材符合特定的目的和用途时,"任何一个木材种植国,都把林地看成是棉花田,砍掉它,再让它尽快成熟"。"但我们可以哀悼,却不应为此抱怨。"例如在新森林,"每年都有大量树木被砍伐,用于海军建设"。这意味着吉尔平的叙述"无关 20 世纪,也并非在谈论接下来的世纪"的实现。另一方面,树木如果被过早地砍伐,应该受到道德上的指责,就像是"把婚姻当作钱包,或者把它们当成是竞赛场、游戏房"。在这种情况下,吉尔平认为那些挥霍无度的土地拥有者应当"像疯子或白痴一样得到安置,处于严密的监控之下,以预防这种破坏性的、无理的浪费行为"。他认为,"毁坏树木总要比修复它们容易",但人们却希望"虽然小树会变老,但大自然总能为它的某片风光开辟出新的前景"。[31]

如画美学与定期砍伐树木之间存在内在的冲突。吉尔平曾感叹"如画美之莫测",其中诸多特性"来源于受伤的树木,或疾病对它的作用"。他通过引用一位"昔日的自然主义者",约克郡奥姆斯比村的郊区居住者威廉·劳森（William Lawson，1553—1635，一说生于 1554 年）的看法，来阐明人们在树木审美方面看法的变化。劳森"在英格兰北部完成了第一份关于园林工作的出版物……还完成了第一本专为女性写作的园艺读物"。吉尔平引用了劳森对树木缺陷的列举：

> 多少森林、树木，他说，为我们所拥有，其中人将得到，一棵生机勃勃、健康繁茂的树，但却会随之同时获得 4 棵，有时是 24 棵，非正常繁茂、枯败、垂死的树：那枯败！那空洞！那垂死之枝干！枯萎的树冠！被截掉的树枝！攀附在上的苔藓！无力的枝条、濒死的枝丫，随处可见。

不过在吉尔平看来，"所有这些令我们多愁善感的自然主义者为之哀恸的弊病"，现在却同时被"原生自然景观"与"人造景观"视为"符合如画美的十分重要的资源"。[32]

他列举了关于枯萎的树冠、截断的枝干的使用和审美的例子，"我们只需要看一看萨尔瓦多·罗萨的作品"，他常常用"这样的树干作为画面的前景"，而完好的树木则"以其充盈的富丽堂皇，成为一种累赘"。吉尔平认为"毁坏"对于"高贵的树"是"衰败的伟大及壮观的剩余部分"，"诉说着正值壮年的雄辩者无从参透的想象之境"。那伟大的年代令它们铭记"一些风暴的历史记忆、一些闪电的耀眼之光，或者其他的伟大事件，将其宏大的情感迁移至景观之中"。此外也在"表现客体对实现崇高的外部帮助"。吉尔平感到，枯萎的树木，在一些自然或人造的景观之中，"几乎是必需的"。因此当"阴寂的荒野在人眼前展开时，野性与荒蛮之感同样也是需要表现的"。他追问："怎样的伴随之物，会比枯萎、参差不齐、伤痕累累、枝叶稀疏的橡树更加适合；去展现它被剥皮、苍白的枝条横穿斑驳的园林，恰恰是不断延展的风暴之黑暗。"[33]

吉尔平的如画美学，往往聚焦在"自然的细节"，即那些"感知起来未必出众、显眼、有影响力"，但在"颜色景观"上却具有"美妙的拟态"的部分之上，如树木上生长的苔藓。在他于新森林的徒步之旅中，他"常常怀着赞美之情，驻足于古老橡树之前，仔细检查它身躯之上的使树干的

图48　威廉·吉尔平，《一棵斜跨小路的不平衡的树》，水墨画。这幅画作为《森林风景综述》的插图，由塞缪尔·阿尔肯制成版画，1791。

种种沟壑更加丰富的染色痕迹"。在树根附近，他发现"绿色、丝绒般的苔藓，在普遍情况下会大面积地占据山毛榉的树干"。在树干更高的位置"你会看到呈斑点补丁状的硫黄色块"，一种光滑，其他的"琐碎成节，好似毛边"。此外，"你常常可以发现一种完美的白"，也"会有红色，偶尔，但很稀有会看到明黄，就像是闪耀的日光"。吉尔平提到了所有这些比如苔藓的"赘生物"，但他也承认"那些紧紧附着于树干，令后者像得了麻风病、结痂的物质，我相信植物学家会将它们归类为藓，而其他的则是苔"。但无论它们叫什么，吉尔平都认为它们"丰富了树木本体"，承认它们"也在如画美的范畴之中"，尤其当"护林人……尝试把它们去除"之时。尤维达尔·普莱斯也同意他的观点，并将它们加入到自己圈定的古树特点的列表之中："深深的树洞里，苔藓附着在树皮上，其中有丰富的黄色火绒，也有更加腐朽的、阴郁的物质。"它们令如画美"色泽如此丰富多样，富于明亮与柔和，深邃而独特的阴影则斑驳其间"。[34]

　　基于"如画美"的林地管理，一个关键主题是通过树木本身，进行林地和结构的搭建，形成开放的视野，就像克劳德的画作那样。而树木本身，并不是作为景观展现的焦点本身。例如尤维达尔·普莱斯就注意安排他的灌木林和种植园，以保证观察周围乡野时可以获得最好的视野。他通过在自家地产附近的观测，有效确保了视野范围，并搭建了在他看来可以入画的风景走廊。他也曾尽心为自己的树林和灌木林进行搭配，并为之作画。1796 年，他告诉自己的朋友罗德·阿伯康，他怎样"自己清理灌木林、制造林间空地、开放一个小型入口"。[35]20 余年后，即 1818 年，他仍在努力提升景观的视野，还以"每块大理石中都孕育着完美雕像"作为类比，认为只有通过画笔才能在自然中得到完美的风光。他告诉罗德·阿伯康，福克斯利这块"大理石"，有三处无益于"珍贵的美感"的灌木林及树林，其中包含一些"极好的木材"，以及一些"古老的紫杉、荆棘、坚果、冬青树和枫树"。[36]

普莱斯在他新建的小路和车道上"直线种植"稀疏的、经过修剪的树木，"混合以恰如其分的谨慎与大胆"，强调那"至少是必要的种植"。为了完成这项工作，他训练自己的一名工人"可以在高处修剪树枝（可能并非来自我的训练），完美理解并实现我的意图"。这种谨慎作业的结果，是"单独、成组"的树木取代了"一致的厚重与繁茂"，实现了"进一步的多样、明亮和轻快"。以这种方式，他尝试以"适应自然"作为艺术的原则，并成为这方面的行家。而这种修剪与尽可能的稀疏，则成为他"在当时及未来，一种乐趣的来源、消遣的方式"。[37]

非自然实践

在吉尔平看来，所有树木非自然的状态"都令人不悦"。他发现树木会被修剪成"可能的极端，就像你在萨里会看到的那样'可辨识'"。被修剪的树木或以树木制成的陈设如紫杉、椴树树篱、截头树是令人不悦的，因为这些树木不够自然，树枝与树干并不相称，组合起来就显得很笨拙。一棵长得过快的截头树可能有时"产生好的影响，当它的自然形态被压抑了几年之后，又会以新的形式再生"。但当树木因草料的需求而被反复剪

95

枝，它就只可能越发丑陋。例如新森林地区的**桦树**，拥有"叶子与外皮"，对于鹿群而言是极富营养的。这"令人遗憾的境遇"意味着它会在夏天遭到严重的破坏，变得"错位且变形"。偶尔，一棵树可能会因为截去头枝而获得奇异而短暂的美貌。吉尔平回想起曾经"在秋天我看见了一个美丽的对照，一棵完全被截去头枝的橡树，它自身只是保留着棕色的枯叶和树枝，上面却附着着密实的常青藤"。[38]

关于令人不悦的"非自然"，一个典型的例子，是从被截去头枝的树木上"一些单独的枝干被留下来，再度抽芽"。吉尔平就对此抱怨："树枝在不同情形下生长，这造成了极不相称的状况，它会和树干一起显得很笨拙。"（图49）他表示对可怕的非自然头木作业与截枝（指单侧树枝被剪掉的作业）的关注，已经上升到"大声谴责"的程度。当时的农业部秘书阿瑟·杨（Arthur Young，1741—1820）是这些行径最重要的反对者之一，他认为头木作业和野蛮截枝，以及那些毁坏树木的卑鄙实践对英国东南部的自然景观造成了破坏："这个国家全部的美丽，都被那要剥光所有树木的可恶习惯而伤害；经过了这样的摧残，它们统统变得像啤酒花支杆。"那些剪枝频率极高的地区都遭到了他的"点名"，他没有在诺福克、萨福克和埃克赛斯的部分地区发现这"可憎的行径"。这"野蛮的实践"把好好的"完整树木变成了截头木"，受到了他严苛的责难。许多米德尔赛克斯郡的树篱由于截头木"变得很丑"，日趋腐朽，而被截枝的树木"单侧树枝被连皮剥去，显得像一根五朔节花柱①"。随着如画美运动的发展，规律性的树木修枝变成了一种过时的农业辅助手段，而那些古老的、长得过快的截头木却成了景致。尤维达尔·普莱斯曾在1792年告诉风景改进师汉弗莱·雷普顿："如果充分利用他的权威和口才，劝说皮特先生放弃可怕的'把橡树剥皮'的行为，他就有充足的理由获得一尊纪念雕像。"他认为这种

---

①为庆祝英国节日"五朔节"而特制的"花柱"，往往由光秃的桦树干制成，上面缠绕以绿叶花藤。——译者注

实践的结束"将会为英国带来更多前所未有的美丽风貌，或者更加明显的进步"。[39]

图49　威廉·吉尔平，《一棵截头木上重新生长的残余树枝》，淡水彩画。这幅画作为《森林风景综述》的插图，由塞缪尔·阿尔肯制成版画，1791。

　　直到19世纪，头木作业与截枝因其所造成的丑陋和错误的姿态持续遭到批评，同时人们开始讨论一棵被截去头枝的树木究竟是否可以重新恢复原有的美丽。1811年，萨福克的地主托马斯·格雷·卡勒姆爵士认为"英格兰许多地区的树木"，"就像卷成卷心菜般的五朔节花柱，或者是留下长长的枝干，像耙子上的齿"。亨利·斯图尔特爵士则在1828年发现一棵遭到人为修剪的树木"不可能恢复到它自然及自由的构造"。艺术家雅各布·斯特拉特则在《森林百科全书》（1830）中指出柳树"讨厌画家的眼睛"，尤其是当它们被截去头枝，当"被砍头的树干呈现出难看的样子，即便是再度抽芽生长也不会有什么改观"。1839年，詹姆斯·梅因认定"肢解"无异于"破坏"、"变形"、"坏品位"，而只有"自然的修枝，通过风或时间的流逝"，所塑造出的自然形状才是值得人欣赏的。[40]

　　对古老截头木的喜爱和对新近剪枝树木的憎恶之间的紧张关系在19世纪中叶达到了令人侧目的程度。当这种技艺越发不常见，被遗弃和过分生

图 50　保罗·桑德比，《惠特曼先生的造纸厂》，1794，铅笔画。桑德比精心绘制了一排树木，它们可能是榆树，新长出的叶子已经被裁剪。

长的截头木的价值开始因其"如画美"而有所提升。例如在 1821 年，威廉·克雷格（William Craig）发现，"被剪枝和截头，同样会对树木造成极好的改变，有时会激发它们极高的如画美价值，有时也令它们更加显眼；但这总是会令它们与原本的自然特性不相称"。《林地拾零》（1865）的作者发现，"截头木表达的非自然形式是令人不快的，但偶尔它也会造成好的影响，其自然属性在经历压抑后数年，又会重新回到它的身上"。到 19 世纪中期，作家们常常会提及一些地方与古老截头木的历史联系，如伯纳姆的山毛榉林或舍伍德森林。《自然史拾零》的作者描述温莎森林的截头木，可以以它们的"生命经验"，"在不经意间带人们回味那昔日曾发生过的历史趣忆"："我可以想象，我们的爱德华国王们和亨利国王们可能会骑在它们的树枝上。"从美学观点上看，定期修剪树木会造成不美观的景象，同时也是带有剥削性的。这种观点在 19 世纪晚期的英国依旧根深蒂固。如画美的感知，最终导致截头木成为森林被过度开采的一种有效标志，相关的人类实践也被认为背弃了早期人们关于保护自然的种种观点。[41]

第五章　截头木

当下，许多花园、路旁、果园里的树木都会被定期修剪、截去头枝、重新塑形。而那些长在乡间的树木则通常不会被触碰。这与过去是十分不同的，那时在欧洲及世界其他地方，处在灌木篱墙中或者其他普通土地上的树木，都会被定期修剪，以收获树的枝叶充当饲料或柴薪。毫无疑问，头木作业和剪枝作业都是极为古老的实践，欧洲史前的榆树和白蜡树遗迹上常常有头木作业的痕迹，它们经历这种实践的一个重要意义，就是供给圈养的动物以养料。尤其现实的一点在于，在当地或当时，以牧草和甘草形式出现的草料是极其有限的：例如在冬季或干旱时期。许多树木因此遭到砍伐，成为饲料或燃料的供给者。榆树、椴树、白蜡树、橡树、桤树、花楸树、榛树、山楂树和一些针叶树，如希腊北部亚平宁山脉的银枞树，都被砍伐作为饲料的来源。这是一段在很大程度上被遗忘的历史：森林历史学家直到最近仍往往会忽略这一实践活动，因为它看起来并不属于森林的历史。相反，农业史学家也不认为它是农业实践的一部分。因而头木作业无法引起这两方面研究者的兴趣。正是这种兴趣的缺失，导致这种农业及牧区重要的树木管理手段常常为人们所忽视。

头木作业所带来生活资料的价值，是通过不同树木生长地区法律与权力的混合，以及裁剪权和产物所有权的种种争端来展现的。例如在今天的克里特岛，对于某些特定橡树上生的橡果的所有权，仍要由几家农户来瓜分。在英国，法律上的一项区分，是材木往往归土地拥有者所有，而其他树木的头木作业，则完全由佃户来完成。这可以鼓励土地拥有者减少截头木的持有数量，也迎合了200多年以来农学家和森林管理人员反对头木作业的呼吁。但随着大多数西方国家的头木作业几乎为人们所遗忘，截头木开始成为一种价值有所提升的文化景观主题，并被纳入相关保护范畴，人们对于头木作业和古老截头木的兴趣也开始复苏。本章将通过来自希腊和英国的例子，来阐释这一传统管理形式的衰退历程。[1]

🌿 树叶饲料

事实上，许多动物进化到食用乔木和灌木的叶子，并与其形成复杂的生态关系，用了几个世纪的时间。在人类开始驯养动物之前，地球上许多地方的植物都因为不同生物的食用而改变了自身的种种状态。[2] 人们驯化了山羊、绵羊和牛等动物，庞大、不断移动的畜牧群随之产生，开始对植物的生长产生十分巨大的影响。随着现代农业技术的发展，动植物之间的相互关系越来越缺乏系统性。但数千年来，自然景观的形态，往往由牧民及他们所驯养、管理的动物及植物的相互关系而决定。乔木和灌木作为树叶饲料的供应者，在动物与人类的经营中扮演了至关重要的角色。而不同的剪枝、保存树叶的技术，也塑造了它们不同的形态，同时也改变着我们的观念。

最为常见且持续时间最久的管理手段，是在树木位于人头部的高度处将树枝剪下。这样做主要有三点好处：首先，只要树木枝条的高度还在牛羊舌头能及的高度之上，树木就能够重新抽芽生长，以便在未来的某个时间再被人们剪下来；其次，定期而频繁的修剪，必然会使树木的枝条变得相对较细，这样更加方便用铁钩截断；最后，在头部的高度截断，所获得的枝叶可以直接在地面上捡拾，而不必爬高作业。这样，头木作业也就变成一种十分简单且可持续的获取树叶的方式。截断树枝并没有通用的方法。将一根粗枝上的全部枝叶一同截断叫"剪枝作业"（shredding），但有时也会留下一些，方便日后取用。树木通常每过几年就要经历这样的作业，以方便取得规律而健康的树叶。此外，被砍下的枝条也有多种用途，尤其是用作柴薪，制成火把。鉴于树木的不同种类，如果一根枝条被允许生长数个年头，它也可能被用于建造建筑物，制作工具、栅栏或储备为干柴。

头木作业是一种很普遍的实践，广泛应用于世界各地，包括欧洲、日本和热带地区。在英国，直到18世纪，这一手段仍然保持其重要地位，但到19世纪中叶变得十分稀有，20世纪时就已经几乎销声匿迹。在现代欧洲，希腊人仍然会在山区进行头木作业，以保证畜群的饲料供给；西班牙和保加利亚亦保有这一习惯；在意大利北部的一些地区，白蜡树、桤树、杨树和山毛榉仍然会被视为饲料来源，消耗量巨大并常常囤积于牲口棚中（图71）。树干则被用于做柴火或筑围栏。我至今仍记得，在1985年，我看见一个"自行车骑士"自信但并不安全地携带着他刚刚砍下的几根树干，骑行在维琴察（意大利地名）欧加内丘陵险峻的山路之上。刚被截去头枝的树木仍然成行生长在意大利高速公路的两旁，一直延伸到波河河谷。在挪威，过去人们常常会在杨树、白蜡树、榆树、松树、黄花柳和花楸树身上进行头木作业，把截下的枝叶晾干并储存起来。而直到今天，挪威西部的一些农民仍然会这样去做，因为他们认为这样得来的草料对于他们饲养的动物的健康有好处。芬兰植物学家卡尔·亚当·海格斯特罗姆曾描述截头木"草场"为波罗的海沿岸的芬兰西南地区及奥兰群岛的人们提供了"草料"和树枝以利用。截头木也被当作柴火、木炭以及建筑材料的来源。在法国，对柴火的需求鼓励人们进行头木作业，但比起古老的实践做法，现在人们裁剪树木的时间间隔更长，为的则是获得足够长度的原木材料。[3]

近期的研究结果，强调了头木作业对于热带地区农业人口生活所产生的巨大作用。一项由法国地理学家桑德丽娜·佩蒂特（Sandrine Petit）及其他人共同完成的重要研究表明，树木作为草料来源，对于如萨赫勒（突尼斯地名）这样的干旱地区的大面积畜养起到了关键性的作用。树叶作为饲料的营养价值也被联合国粮食农业组织所认识。这一资源的重要性，也显示在当地对相关交易及头木作业的管控之中。例如在马里，刺猬紫檀的树叶在首都巴马科有着专门的快速交易市场。在1989至1990年间，巴马科这种新鲜饲料的交易量达到了1400吨。[4] 在亚洲，头木作业是十分常见的林业实践，印度、尼泊尔、斯里兰卡的农民还会专门栽培提供草料的树木。

在拉贾斯坦（印度邦名），树木常常会因为草料采集而被人们"顺手牵羊"，"剥削"一棵树的权力则要通过谈判和交易进行让渡。在尼泊尔，人们拥有十分丰富的、关于不同树叶作为饲料的营养价值的知识。首都加德满都与日俱增的人口数量，促使人们更加积极地在房屋周围种植树木，通过剪枝获取树叶来得到饲料，处理垃圾并累积肥料。头木作业在林农复合系统里也十分常见，例如洪都拉斯传统的奎祖瓜尔（Quezungual）系统，就是令自然再生的树木保持生长，而截头木会被定期清理，以保证农业种植的空间。这个例子并不十分恰当，但揭示了头木作业在农业地区的生产系统中的重要性。除了作为饲料，树叶也可以作为化肥，而经过了头木作业的树木，其树枝会被用作燃料、制作工具或充当建筑材料。[5]

希腊的树叶饲料

在希腊的山区，畜牧业依旧是当地经济的重要组成部分，植物会被山羊和绵羊大量食用。所有的乔木和灌木上都有放牧过的痕迹，它们紧密相连，形成一片丛林。即便树木只有几英尺高，可其中的一些"成员"却已经相当古老了。例如 2007 年在希腊北部的卡斯特内里，我看到角树和柏树挨得很近，都遭到了啃咬，仿佛形成了一张绿色的、经过修枝的"地毯"，由那些被严重"剥削"的树木组成，仅仅偶尔能长到动物们可以触及的高度之上。这些"食用线"以上的树叶往往是因为价值太高，不能充当饲料而被留下，尽管它们也已经被当成饲料使用了几个世纪。想要理解头木作业的实践过程和技艺本身，一个方法是去采访那些至今仍在使用，或是那些在小时候曾使用过这一方法的人。希腊森林史学家埃拉尼·萨拉提斯曾在离阿尔巴尼亚边境不远的品都斯山脉、希腊西北部的扎戈里地区进行过一项重要的研究。她采访了许多当地年长的居民，试图了解他们在过去是如何利用树木资源的。而现在，经历了自二战起农业人口的不断减少，这一区域许多原本被用于放牧和垦种的森林都已经自然再生。这片森林已经被视为熊和狼的栖息地，因而传统的管理方式已经不再适用。然而在战争之前，这里的森林主要有三种用途：作为柴火、作为动物的饲料，以及作为建筑材料。山羊被允许在一些区域放牧，这些地方的林地被专门贡献出来用于喂养它们。树叶饲料往往由那些单独生长在农田边缘的树木提供。关于树叶饲料收集重要性的一个证据，来源于法律文件、仍存活树木的形态以及那些曾从事过相关劳作的人们的说辞。[6]

作为地中海沿岸的山区，扎戈里的高地山坡往往会有游牧性、季节性的牧群造访，而低地斜坡则会被改造成梯田用于耕种。走在周边的一些村庄，如现在已经主营绿色旅游的小帕皮戈村，仍然可能会看到一些截头木或剪枝木生长在田地周边。它们大部分现在已经被遗弃，或生长在林地的狭长条带中，当地人称之为"克拉德拉"（kladera），仍然会被当作冬季牧草的主要来源。当地小规模的林地和田地的形式，一部分程度上是由地形所决定的。田地的开垦和耕种往往是在山坡相对平缓的区域，而坡度最大且多岩石的地区则往往留给树林。林地对于村民而言是获取饲料至关重要的资源，这些村民不同于游牧民，可以四处周游，寻找到合适的冬季牧草。

目前在"克拉德拉"中，最常见的树木是橡树；埃拉尼在扎戈里地区总共找到了 8 种橡树，它们统统用一种或多种方式实现对动物们的供养。"美味橡树"一个格外有用的特性，是当它们在夏天被砍伐时，树枝要连同树叶一起被保存并晾干，这样更利于储存起来。不同种类橡树的特性也为喂养动物的人们所熟知。一位 70 岁的老者说："我们这里有'泽罗'（Tzreo，即土耳其橡树），有'德里奥斯'（Drios，即匈牙利橡树），有'多斯克'（Douskou，即英国橡树），有'格兰尼提撒'（Granitsa，即无梗花橡树）……我们很少把'泽罗'切得太碎，因为它本身就很容易碎到饲料的程度，也稍微有点锋利。"而一位 90 多岁的女士则回忆说，常青的多刺橡树使用方法有些不同："我们不会把它储存在室内，即便是雪天……我们也会带一根枝条给羊来吃。"至于山羊更加偏爱的其他树种，例如田地间的枫树、北美铁树和角树，一旦被剪枝，它们的树叶无法被保存，因而

103

只有在春天作为新鲜饲料来使用。年幼山羊最爱的椴树的开花枝，当地人称之为"里番西亚"（lipanthia），一个来自小帕皮戈的男人曾记录道："我们过去经常砍伐它们，但现在我们要去哪里找到它们呢？"选择正确的树木作为截头木或剪枝木，需要全面而复杂的知识储备。

对于常常剪枝的个体树木，人们也会配以不同的策略。在某些情况下，一棵树木可能每年都会被剪枝，而其他树木则可能有 3 到 4 年的生长周期。一个 69 岁的男人曾记下一些关于截头木的事情：

> 你今年剪了它，它下一年会长得更大，所以你要再一次去剪它……哦，你该看见它们有多美丽。因为每一年的修剪，它们变得更加茂盛，同样的事一次次发生……人们过去也剪它的头枝，修剪它们当然是因为它们长得很高……它们变得圆润起来，你能想象它们有多美吗？我裁剪它们，哦哦哦哦哦~负担太太太太太重了。

在一些地方，人们会记得每隔一年来修剪树木，或者每年修剪某棵树的一半树枝，下一年再来修剪另外一半。一位先生回忆起"人们爬上树，剪掉所有树枝，只留下枝干和树顶的一两根幼苗，其余部分都被修剪……每 3 到 4 年修剪一次，它还会再次生长"。很显然，由于树木种类和用途的不同，村落之间的具体做法也各不相同。[7]

克里特岛森林管理人员潘泰利斯·阿尔瓦尼蒂斯（Pantelis Arvanitis）最近进行的关于克里特岛中部普西罗芮特山林地管理方式历史演变的详细研究，显示了不同树木种类对于采集树叶作为饲料的牧羊人的重要作用。克里特岛普西罗芮特山区的人们用"卡拉蒂佐"（kladizo）这个专门的词语，来描述人们收集树叶、喂养山羊和绵羊的整个过程，这个词意味着"收集枝条"（branching）。最重要的树叶饲料来源是枫树和胭脂栎，它们也是普西罗芮特山区最常见的树木。其他常见的树木，如冬青树、总序桂，因为牧羊人觉得羊群并不喜欢食用它们的叶子而被"弃用"。修剪树枝被看成是对树木有益的。一位牧羊人记得："多数时候，当一个人拥有几只羊、100 只动物的时候，他最好在夏末和秋天时去裁剪胭脂栎的树叶，因为那是对树木而言最好的时机。"一位当地的官员也强调，剪枝并没有损坏树木。牧羊人并没有"去砍伐胭脂栎，去破坏它。他会去剪断一些特定的树枝、修剪它，而它会再度抽出新芽。这会再次赋予树木以生命力，是十分重要的。"他还记得人们会说"我要去为羊群'卡拉蒂佐'，当谈到'卡拉蒂佐'时，他们会带着锯子爬到树上，一次只剪下三四根树枝，不会从同一棵树上裁剪下更多"。树枝落到地面上，动物们就会奔过来，吃这些新鲜的枝叶。一些牧羊人则称，他们的动物更偏爱这种葱翠的食物。因此每当动物们听见锯子或斧头的声音，它们就会尽可能快地从四面八方赶过来，争食这美味的食材。[8]

图51　放牧林地，克里特岛扎罗斯，2010

　　由于确保规律性饲料供给的目的，当地灌木般的枫树和胭脂栎确实很可能在几个世纪间受到牧羊人的精心呵护。另一方面，在附近的扎罗斯村，一些古老而巨大的圣栎得以幸存，则主要归因于当地一个牧羊人十分不喜欢这种树木叶子的气味。"山羊不喜欢吃它们，而喜欢吃胭脂栎的叶子。尽管有刺，但山羊还是更喜欢吃胭脂栎的叶子。它更甜，尽管吃起来有刺。"总序桂和圣栎"没有刺，但羊群却不吃，会避开它们。我觉得它们应该都是苦的，这就是为什么圣栎幸存的原因。它在扎罗斯村子一边的山上，非常巨大。"另一些人认为，冬青树的嫩叶是很可口的，只有那些生长在峭壁悬崖上的冬青树才能存活下来，因为山羊和绵羊都吃不到它们。

牧羊人们一致认定，最好的饲料来源是枫树。它深受家畜们喜爱，而且还没有刺。当牛群和羊群聚集在山上时，整个夏天都是剪枝的季节。然而，做这件事最好的时节却是在 7 月，那时枫树的种子已经成熟，而叶片也长到了最佳的长度。一位 78 岁的牧羊人则指出，剪枝最好的时节，也与家畜们的生命周期相吻合。"当树木的叶子和果实都已长成时，我们剪下树枝来喂养小羊……当某些羊计划被杀掉时，我们也要喂养它们，那时树木的果实也成熟了。"从 8 月起，当草变得稀少的时候，人们开始给胭脂栎剪枝，到 9 月和 10 月前几天达到高潮，那时橡果和叶子一样，十分丰富。随后，橡果会被人们从树上敲打下来，用以喂养山羊，10 月和 11 月它们就会自己从树枝上脱落，尤其是在某场大雨之后。给橡树剪枝并不一定是件简单的工作，牧羊人需要尽可能灵巧地爬到树上，钻进树里，而多刺的橡树叶则意味着人们的衣服往往会被弄坏：牧羊人常常自嘲，每次收集完树叶饲料，就意味着要去搞一件新的衬衣。树叶饲料同样也会成为一种约束手段，潘泰利斯·阿尔瓦尼蒂斯发现，每当畜群增加新成员时，牧羊人就会给它们喂树叶饲料，以保证新成员时时不离开牧羊人小屋的周围，直到它们适应自己的新家。9

但人们并不需要总是给羊群提供树枝。有时山羊会自己爬上树，啃食它们喜爱的新鲜树叶。2010 年 7 月，我们就在扎戈里的森林中清楚地发现了相关的证据。许多树木的树干上都留下了来自羊蹄的清晰印记，证明这里的羊会规律性地爬进底层树荫，而那些被山羊啃食过的树枝，都会在被啃食过的区域留下平坦的特定形状。几个牧羊人也曾描述过这一点，记下山羊曾爬进过树里，但并不是每一棵树山羊都会爬，它们需要那些树干形状"正确"的树木。而一旦一只山羊确定了一条攀爬路线，其他山羊就会跟上来，而所有它们能够到的树叶，即使长在最边缘，也会被它们吃掉。在克里特岛东部，牧羊人们曾在树上劈出台阶的形状，铺上石头来缓解山羊"上树之路"的坡度。但这在普西罗芮特山区并不常见。一个牧羊人宣称他们曾"铺上石头以方便它们够到树顶，来把橡果敲打下来"，然后还

106

要把石头搬开。他坚持不想让羊上树啃树叶，因为那样太危险，羊会有死掉的可能。当山羊去够树叶的时候，它们很可能脚下打滑，角挂到树枝上，导致它们被吊死。这种情形最可能发生在羊群远离牧羊人的时候。在过去，当牧羊人更关注牛群时，这样的"树上放牧"更为常见。当然，山羊的爬树以及它们可以自己取树叶来吃的能力可以减少剪枝的需求；然而，这两种方式极可能是并行的。这要取决于周边是否有合适的树，以及牧羊人和他的羊群中羊的数量。

克里特岛人对树叶饲料的利用，和其他地中海沿岸周边地区一样，是对草料供应极重要的补充。它同时也为牧群提供了很重要的营养补充，尤其是在岛上炎热而漫长的夏季末尾。而上文提到的两项近期有关希腊的研究，一个针对这个国家的西北地区，另一个则深入南方，强调了树叶喂养羊群的广泛自然分布，遍及了整个现代希腊。尽管这种实践作业正在趋于消亡，但来自退休牧羊人和农夫的言论，还是提供了关于用这项专门知识和技艺来利用树叶充当草料的有趣见解。此外，现代的森林工作者也开始意识到这些古老而确切的管理手段可能会在保护老树和相关栖息地的管理策略发展上，起到至关重要的作用。这不仅适用于希腊，同样也适用于地中海沿岸的其他国家。

图52 被啃食过的树，克里特岛扎罗斯

图53 羊群长期攀爬树木的树干，克里特岛扎罗斯

107

🌸 英国头木作业的消亡

在英国的很多地区，截头木仍然存在于田间、公用土地、公园和灌木篱墙中。它们是这种古老而重要的实践的直接证据。在树篱中发现它们，可以进一步提早圈地运动发生的时间，同时也是古老乡下特有的高密度树篱、独棵树木，以及许多小树林的典型代表。许多树木生长在英国，包括白蜡树、榆树、山毛榉、橡树、柳树、桤树、鹅耳枥、山楂树、枫树、黑刺李树、冬青树、甜栗树，都经历了头木作业（图72）。直到今天仍会被截去头枝的主要截头木是柳树，岸边的截头柳树是十分常见的景象。对于过去这种实践作业的重要性和频繁程度，我们可以通过至今仍存活的截头木、留存下来的风景画、地图以及书面文件来探究。由古树形态所提供的实地证据是很重要的线索。鲁斯·提特恩索（Ruth Tittensor）在她关于苏赛克斯林区的有趣研究中，指出尽管山毛榉截头木十分普遍，但这种实践却鲜少在文件中被提及。头木作业的频率取决于对产物的需要程度：作为饲料，树木的枝叶常常每年被修剪一次；作为柴火或木杆，这个周期就是可变的，需要取决于树木的品种。奥利弗·拉克姆（Oliver Rackham）曾用树木年轮作为证据，阐明在埃平森林，修剪树木的周期是13年，哈特菲尔德森林是12到36年，而艾诺奥特则是18到25年。[10]

为了获得关于头木作业在英国人心目中态度转变的更全面信息，桑德丽娜·佩蒂特和我一起考察了大约200份出自林务人员、农学家和园艺专家的出版作品，最早的可追溯至1600年。通常，在头木作业的早期阶段，尽管并不显眼，但这一实践在多数文本里还是会被提及并讨论。然而到了19世纪晚期，它却在很大程度上被人们忽视。这一技术的普遍重要性体现在它的多种同义词及相关词汇上，如"dodderel"、"dodder - tree"、"doddle"、"polly"、"pollenger"、"pollinger"、"stockel"和"stoggle"等。"Shredding"（剪枝）和"shrouding"相关，都表示剪除旁枝，但这两种技术可以于不同的时间在同一棵树上进行。根据树木被剪枝的程度，可分为"may-pole"、"hop-pole"和"dottard"。一些相关词语含有消极并拟人化的"言下之意"，如"截肢"或"砍头"。在北部当地，头木作业被称为"greenhews"（绿色征伐），在文斯利代尔则被称为"deer fall"（鹿儿倒下）。拉德诺郡的人们会用词语"rundle"，它等同于"runnel"，都是表示头木作业，但前者往往指的是对空心树的作业。[11]

在 17 世纪时，树叶仍然是英国冬季饲料的重要来源。榆树尤其具有价值：约翰·沃利治在 1669 年写道，榆树的树枝和树叶对牛而言十分有益，在冬天牛饲料的选择当中，榆树叶应该比燕麦更易被选中。他注意到，人们很容易就可以让树木改变成自己满意的形状，对此他强调放牧的区域应该与截头木的生长相适应，因为它们不能被牛群直接啃食。头木作业因树木的种类不同，而往往有不同的变化。许多作者谴责人们对橡树的头木作业，因为它往往被人们赋予特殊的地位。1676 年，伦敦一位园丁兼园艺师曾给埃塞克斯伯爵，同时在当时颇有影响力的作家摩西·库克（Moses Cook）写信："我们的自耕农和农夫糟蹋了那些本该成为珍品的橡树，他们把这些橡树的树冠截去，让它们成了截头木。"他认为应该有一套严明的律法，"惩罚那些擅自截去橡树——树木之王——树冠的人，即便他们是在自己的土地上。"他还认为那些生为树篱的橡树应当像榆树一样被剪枝，因为这样它们才有机会成为材木。作为对比，另一位有影响力的作家巴蒂·兰利（Batty Langley，1696—1751）认为对橡树进行头木作业是有利的，"橡树被截去头冠，成为截头木，在一些国家是非常有益并持续了几个世纪的。""水上"截头木，如柳树和杨树常常会得到鼓励，尽管 1669 年约翰·沃利治（John Worlidge）曾写道，如果让它们不"去顶"，并不会获得经济上的"好处"，但会获得更多观赏方面的好处。[12]

在木柴作为人们烧火做饭及取暖的主要能源的时期，头木作业的重要意义不言而喻。农业作家阿瑟·斯坦迪什认为这项实践是有利可图的：一位地主曾告诉他，"如果他每年都截 5 到 50 棵已经生长了 10 年的树木，那么平均下来他每年都会有 40 先令的收入"，而正常情况下，他只能得到 26 先令。沃利治则鼓励人们把树木种植在灌木篱墙中："对于白蜡树、榆树、截头树、柳树这样可以快速生长的树木，可以获得可观的利润，尤其在富威尔尚且缺乏这种树木的情况下。把它们种在篱墙之中，或者其他多余的空地，每 5、6、8 或 10 年剪枝一次。"很大的优势在于"这样可以避免牛群啃咬它们，而且还省了再筑栅栏"。特殊的技术用来保障树木的健康和"生产力"。在埃克赛斯，一位拥有地产的商人约翰·莫蒂默，在 1707 年建议人们应该从底部向上给榆树截枝，充分保护树冠，使之不被剪到。通过这样的方法，两旁的树枝可以源源不断地提供给人们柴火，树木的主干"日后还可以成为材木"。如果树木要接受头木作业，他认为理想的周期是 10 年一次。[13]

大多数 17 世纪的作家都不反对头木作业，但他们担心这样做会对海军所需木材的供应产生影响。在约翰·伊夫林影响深远的著作《森林志》于 1664 年出版的第一版中，他认为头木作业"并不友好"，因为"这项技术造成了太多'吊死鬼'和'矮子'，其中许多树木本该成为极好的材木。"然而，他接受截头木自有其用途的说法，建议人们应当每 10 到 12 年剪一次枝，"在春天刚开始，或秋天将结束的时候"。在后来版本的《森林志》中，伊夫林对他最初的文本进行修订，加入了对许多同时代作家观点的阐释。在 1670 年，他增加了"橡树将会遭受成为截头木的命运，它的头颅将会被完全砍去"的观点，而在 1706 年他又说"如果修剪得不太频繁，这会成就很好的桅杆，尽管它不再可能成为材木"。对《森林志》不同版本的分析证明，伊夫林对头木作业的看法，前后观点上是复杂且有细微变化的。当头木作业破坏了一棵树成为高品质材木的潜力时，他的观点是最为强烈的；但他也能看到，这样做可以延长树木的寿命，他认为这解释了为何许多在墓地中生长的古老树木都是截头树。他痛恨角树会被频繁地剪去头枝，使它们变丑且空心化，只为了获得木柴这样的事实，但也意识到这并没有阻碍树木变得枝繁叶茂。他记录了被截枝的橡树和白蜡树会长成圆形，但却是中空的，意大利常常被剪枝的黑杨则会成为葡萄藤生长的场所。至于榆树，他认为它们不应遭受"灭顶之灾"。[14]

比起约翰·伊夫林，摩西·库克对待头木作业的态度要更加积极。17世纪末，他在自己的著作中表示这项技术是得到广泛应用且很有价值的。他几次使用短语"优秀的截头木"（good pollard）来称呼被截去头枝的白蜡树和榆树，还表示柳树和杨树"天生就是为头木作业而生"的。他还建议被截去头枝的杨树、柳树、白蜡树、榆树和桤树，未被截枝的部分不应当留得过长。库克把截头木看成一种有益的资源，还列举了汉普顿庄园的角树，因为头木作业收获柴薪而得到可观收益的例子；还主张建立"水边杨树林"截头木群，以实现更好的木材产出。甚至直到18世纪晚期，头木作业仍然被当时一位颇有影响力的农业作家认定成一种积极的生产手段。来自赫特福德郡小加德斯登村的农民威廉·艾利斯，同时也是一位作品得到广泛阅读的农业作家，在他的作品《材木的改良》里，专门有一章讲述"截头白蜡树"，另一章则关于"标准白蜡树"。艾利斯认为，头木作业会对橡树造成伤害，但对于其他树，诸如白蜡树、桤树、柳树、榆树和枫树，他支持它们应当接受头木作业，还认定"截头"应当与"标准"和"只留树干"一起，成为树木的三种形态类别。他认为"柳树的头木作业是一项伟大技艺，只需要过3到4年，树木便可以重新长出树冠"。[15]

但到了18世纪后半叶，大多数评论者开始把头木作业看成一种"反进步"的落后技艺，会对树木的潜力造成极大危害。拥有巨大影响力的阿瑟·杨就反对把树叶当成饲料。他记录了法国人把杨树和榆树的叶子当作饲料喂给绵羊，还觉得常春藤会增加母羊的产奶量。他还记述了在意大利和法国，人们收获榆树、杨树、白蜡树、角树、白山楂树和山毛榉的新枝是很普遍的，还把橡树和栗树的叶子混同其他种类的叶子一起当成饲料，并认为这种饲料是极其出色的。但杨还是反对这种实践，宣称用榆树叶喂羊是过时的事情。1796年，威廉·马歇尔断言，"我们要对截头木宣战"，以此作为对1664年伊夫林宣言的回应。马歇尔不喜欢农田四周环绕的木制

111

篱墙，并且谴责截头木的存在，尤其是相对低矮的、出现在灌木篱墙中的那些，认为它们是"玉米地的祸根"。他觉得低矮的截头木阻碍了空气，影响了作物的生长。他同样也谴责了那些不够聪明的篱墙剪枝，不过也意识到篱墙中的截头木在燃料及农民个人收入方面很有价值，同时在林地或矮林稀缺的情况下也是很必需的。[16]

1793 至 1813 年间，农业局委托《一般观点》（*General Views*）提供一组覆盖全国的农业状况的图片。在提交上来的 120 份报告里，有 40 份提及了头木作业、剪枝和削顶；大多数持高度批评的态度，用了很多消极的词语来形容这些"低劣的"、"造成伤害的"、"不堪入目的"行径。约翰·米德尔顿赞扬了米德尔赛克斯郡，并且拿"篱墙里几乎都充满了截头木，至少持续了 200 年"的萨福克与它相比。萨福克的截头木"对于佃户而言毫无价值，对于地主而言也不过只是完好树木的 1/20，甚至 1/30 的收益，完好树木还可以避免农人无情的斧头的伤害"。他认为，"补救这种罪恶，最好的办法就是砍伐某个地主地产上的所有截头木"，而"截头木生长的时间越长，它们就会越发贬值"。虽然《一般观点》中的作家纷纷反对头木作业，但仍有一些证据支持这种做法，认为该做法对林地产出有所提升。1794 年，W·T·波莫罗伊写道，在伍斯特郡"树篱处处挤满了榆树，虽然现在剪枝和去顶的习惯必然会损害它们的生长，但它们仍可以在相当多的规模下提供木材"。这样的木材可以用于烧火、修复大门和建筑物、制作农业和其他方面的工具。头木作业和剪枝可以控制树篱、树木阴影对作物生长的影响。约翰·克拉克曾写道，在赫里福郡，篱墙树木去顶对于作物而言是必要的做法："对篱墙木材去顶，尽管这种暴力行径会对自然之美造成损害，但对于那些生长在树旁的蔬菜而言，好处却是立竿见影。"此外，当树枝必须"在篱墙中得到修整，取消这项实践作业其实是不可能的事情"。[17]

《一般观点》的作者实际上是在一致指责佃户而非地主，为了他们进行的"令人讨厌的"头木作业。佃户更喜欢"让每棵树都被截去头枝"，在错误的观念指导下，把地主的树"剪枝甚至是去顶，来提高他们自己的收益"。头木作业实际上是佃户们定期收获木材的一种方式，同样也是佃户们证明自己的权力凌驾于这些树木之上的手段。在贝德福德郡，头木作业被农户们看成是一种对于树木的"合理支出"："这令人生厌的实践，通常起始于篱墙中的某个疏漏，一旦一棵树木因腐朽而倒下，就必须要有新的树木补充进来"，为此农户们"就会爬到邻居家的树上，去裁剪下他们所需要的材料"。此外，为了确保"树篱材料持续不断的供应，他还会砍下前头的树枝，然后宣称成功栽种的树木是属于自己的"。在拉德诺郡，一些"聪明绝顶的佃户"便会通过头木作业，把树木据为己有。在某些情况下，"佃户自己或者他前任的疏忽所带来的树木财富，可能会在树木成熟的时候……被地主重新夺取"。而为了再把财富夺回来，"一些低处的粗枝被砍下来并且烧光"。到第 2 年"再多几棵树也会面临相同的命运；第 3 年树顶则被砍掉，这之后树木就会变成佃户的永久财产"。按照当地的习惯，佃户随后"有资格随意爬到树顶之上，进而可以按照自己的梯度来开发这棵树木"。[18]

　　到 19 世纪早期，大部分评论者都认为，头木作业应当是一项该被停止下来的实践活动，一些人还严厉指责，这实际上是一种盗窃行为。它被认定成是早期农业系统的残余。很少有评论者还在探讨用树叶做饲料。不过还是有像詹姆斯·安德森（James Anderson）这样的作家，在 1782 年提到用苏格兰冷杉的嫩枝来喂养牛羊，以对抗那个反常寒冷的春天。不过他已经把这种方式当成一种非常规的做法。[19]17 和 18 世纪的农业变化，使得树叶做饲料在农业改良人士眼中成了一种多余。干草、苜蓿、芜菁成为人们在冬天喂养畜群的更好选择。此外，19 世纪中期农村煤炭消费量的上涨，意味着头木作业和剪枝作为柴火来源的意义不及往常那般重大。但人们如何停下头木作业呢？一个方案是地主们应当运用他们的权力，通过在契约中增加新条款来阻止佃户们对树木进行剪枝和去顶。

　　这很接近 1786 年尤维达尔·普莱斯在《关于对树木剪枝和剥皮的糟糕

影响》中提出的建议。这篇文章刊登在《农业编年史》里，这是 1784 年由阿瑟·杨创办的一份商业期刊，主要刊登指导性的农业观点。普莱斯以对农场上的木材管理经常被交给佃户这一现象作为文章的开篇，"是谁如此聪明，以至于认为佃户们只是希望得到一点燃料，一片篱墙，最终让他们可以砍掉树枝，随意取用木材？"他还给头木作业和剥皮之间做了很明白的区分，前者意味着"砍掉树木的头部，让树木顶端和旁边的枝条都可以变得生机勃勃"；如果这种树木可以继续生长，它可以变得"十分庞大"，"外表十分庄重高贵"，甚至"产生除长度要求外可以满足各种需求的木材"。头木作业可以"尽可能少地破坏自然风貌"，尽管"在某方面"，它比剥皮"危害更大"。那是指它在一般情况下对"最有价值的木材"橡树的影响。1784 年—1786 年，托马斯·赫恩（Thomas Hearne）画下了这样一棵生长在赫里福郡北部唐顿庄园里的、长得过快的截头橡树。这幅画也是为普莱斯的朋友理查德·佩恩·奈特所作（图 73）。

在普莱斯看来，"从树木顶部开始剥皮（像人们对榆树熟练操作的那样）"是"最致命，也是最丑化树木面貌的方式"。一旦被剥了皮，"低处的树枝就会变得很粗壮"，但"顶部的树枝几乎无法再度抽出"；而如果树木被反复剥皮，它"到最后就会腐烂"。他通过一位"非常留心于木材的商人"的报告，进一步论证自己的观点。这位商人告诉他，被剥了皮的榆树"千疮百孔"，十分不适合"生活在伦敦周边，那些孔洞就像管道，水会从那里灌进树节之中，除非给孔洞中灌上铅来加以保护"。他继续坚持自己的观点，虽然"在大多数人看来，给榆树剥皮，会让它们长得更快"，但这是一个全然的误解，是由"剥皮之后第一年树枝可以变得更长也更新鲜衍生而来的"。而总体上看，这样的树木的成长会由于失去枝条而受阻，因为它失去了树叶的帮助。

为了让观点更具说服力，他还提交了一个实例。一个"在赫里福郡莱德伯里拥有大宗财富的绅士相信，给榆树剥皮确实会对这种树木造成十分巨大的影响"。这个人希望一棵榆树能得到砍伐，它在一定的年份里已经被两次剥皮了，而它被剥皮的当年尤其令人记忆犹新。众所周知，通过年轮可以显示出树木的年龄，而树木如果长大，它的年轮也会随之变大，反之则会变小；当这棵榆树倒下时，人们发现在剥皮之后，榆树的年轮明显收缩，到了第2年就会变宽一点，年轮会随着枝条数量的增加而变大，直到再一次被剥皮，年轮又会以相同的方式收缩。

普莱斯认为，"在这个实例里，这位绅士因真相而感到震惊，从那时起他再也不允许佃户触摸自己的任何一棵树"。而"莱德伯里地区的榆树的规模与美丽"也就成了一份"长期有效的证明"，来说明"这个实例所揭示的问题对周边地区的影响"。[20]

普莱斯指责地主们纵容自己的佃户侵犯成材木，令它们变成了截头木，并因此使得"每座农场通过树木得到的利润，以这样的方式，从地主转移到佃户们身上"。他承认佃户作为客体，"如果不允许他们从树木上有所收获，他们可能既得不到燃料，也没有篱墙木，篱墙也会因那些高度超过他们的树木而受损。"此外，他被农夫们告知，一些工人以"爬得尽可能高为荣，并且鄙视那些在树顶留下许多枝条的人"。普莱斯因此寻找到一种妥协的可能，"让佃户可以砍伐一些低处的树枝，剪枝的高度要有所要求，可以是整棵树木的1/4、1/3，至多1/2。"普莱斯认为这样可以在租赁关系中实现一种缓和。然而此外，他还认为地主应该在林木管理中采取足够多的行动，管理每一棵树，无论是在篱墙中还是在田地里，都该被登记。

他的建议是，"记录下每个农场、每块土地上树木的具体数量，并登记造册，划分种类，标记出橡树、榆树、白蜡树以及那些曾受到裁剪的，从开阔地到篱墙中的树木。"他认为这会"非常有效地掌握每棵树木的大小，粗略估计出它们的价值"，在"规模与价格上，都会对树木有所帮助"，只要采取行动便可以看到效果。这种层面的管理，另外的一个好处是"只要人还在农场，佃户们就要格外小心他们对树木进行的剪枝、剥皮甚至是砍伐，因为那时他们必然会被发现"。[21]这一系列建议在几年后被普莱斯的朋友、莱德伯里公园的拥有者、银行家约翰·比达尔夫采纳。在1817年7月的《木材日志》里，他对自己"生长在莱德伯里教区及唐宁顿几处地产上的所有成材木及幼木进行了勘查并估价"。[22]农场上的每一棵树都"被记录并用白油漆标上了记号"，汇总列表最终包括"处女橡树"：493；"截头橡树"：320；"榆树"：181；"杨树"：31；以及 1 棵"沼泽榆树"。截头橡树和榆树的数量十分引人瞩目。在这本日志里还记录了从 19 世纪 20 年代起到 1829 年树木的销售记录。

普莱斯建议地主们通过文件记录和监督来实现对林木的实时控制。《一般观点》也提供了相似的方案，把反头木作业加入到租赁合同中的提法也得到人们强烈的支持。在白金汉郡"切斯特菲尔德勋爵地产上的去顶实践为肯特先生所禁止，这种作业在他所管理的地产上已经销声匿迹"。纳撒尼尔·肯特是一位受到尤维达尔·普莱斯强烈影响的土地中间人。约翰·米德尔顿则建议，"协议应当基于禁止任何佃户染指任何树的顶部……违者每人处以 5 镑的罚款。"他还认为，"任何最近经历过头木作业的树木，都应当被当作证据；任何犯下罪行的人总应当付出代价。"但其他人觉得这种条约是收效甚微的："的确，在所有的协议里都应当有这么个条款——任何佃户都不应该破坏、削顶任何树木"，"这在理论上看起来很恰当，但总要用实践来说话。"[23]

古老的头木作业和剪枝作业实践，其重要性在 17 至 20 世纪这三个世纪间不断下降。许多论据都被用来反对头木作业。首先，在 17 世纪晚期，头木作业被认为是一种古老的时尚行为，用以产生木材或喂养动物。在广泛圈地以及现代化土地管理的背景下，热心于打理农场和专注于管理林地的人的区别开始越发凸显，头木作业及剪枝作业开始变得边缘化。它们被看成一种既不能创造高品质木材，也无法产出高品质饲料的实践活动。其次，头木作业被看成一种极少有益于提升农户及土地所有者生活品质的活动，它被一些农户和公有土地使用者败坏，成为对地主们极其有害的行为。积极的头木作业曾是绅士们对小农们的实践要求，就此却成为他们眼里一种十分短暂回忆的见证，证据也散落在篱墙和田地之中。最后，截头木成为自然景观里不够自然的元素，只有自觉被"改造"，才能重新自然化，

116

进入到风景之中。这三组消极的证据把头木作业从 17 世纪时一种相对良性、带有田园风情的活动，转变成 18 世纪末期一种落后的、野蛮的，甚至是邪恶的行为。

对头木作业的批判，伴随着人们对土地所有权的进一步专注而甚嚣尘上。树叶饲料重要性的持续下降，煤炭使用率提升并逐渐在农村取代木柴的利用也同样是重要原因。而一般来说，作家们大多对头木作业和剪枝作业持批判态度，同样也是最具影响力的因素。少数作家提供了有关这种实践的实际观点，并在某些情况下对头木作业进行支持和赞美。当然，到了 19 世纪，头木作业通常被视为一种过时的、带有剥削性质的实践活动，对重要资源造成了破坏。但对树木削顶的权力，在某些特定的地区仍然被小心翼翼地保留了下来，直到世纪末。最著名的例子要属这一权力在埃平森林的争夺战。

到 19 世纪中期，人们对埃平森林的管理仍然是很混乱的，而随着伦敦经济的增长和地产价值攀升，修建新房屋的压力空前巨大。到 1857 年，这里的领主是臭名昭著、十分奢侈的莫宁顿勋爵，他是惠灵顿公爵的侄子，莫宁顿勋爵在《晨报纪事》的讣告宣称"他从未以单一的美德实现救赎，也不曾以单独的恩泽得到夸饰"。莫宁顿勋爵把他的森林部分围起来，并通过出售地产获利。当地的地主，通常是地方治安官，散布了穷人们进行头木作业、剪枝以获得柴火的行为是无效的这一决定。尽管少数地主在通过他们自己的地产收获利益的同时，也对开放森林提供了保护，但多数人还是把这种持续的权力看成是鼓励"浪费"、"道德败坏"，受到特权庇护的圈地以及被取消的森林权力，成为一种"以无理取闹的手段实现的；基于原始社会规则与束缚实现的早期地产及利益关系"。

三个劳顿人，塞缪尔·威灵盖尔、阿尔弗雷德·威灵盖尔和威廉·希金斯以头木作业和贩卖柴火为生，却在一次进行了剪枝作业后被判定有罪。他们选择在 1866 年去伊尔福德监狱服刑，而不是缴纳赔款和罚金，为的是坚持他们所持有的古老权力。从 1865 年起，"大众保护协会"（Commons

117

Preservation Society）通过支持公众关注的方式，对这些纠纷造成了影响。人们针对纠纷复杂的法律性、地役权以及共同用益权展开了辩论。最终，在 1878 年《埃平森林法》颁布后，余留下的荒地"被保护给公众使用"。1882 年 5 月，维多利亚女王开放了这片森林，在她的日志中记下这"伟大的热情"，并把"东端作为一种消遣场所，给予穷人使用"。[24] 根据该条款，被提供用以清理的树木，应当在埃平森林中保持其"自然状态"，新委员会的成立会进一步阻止剪枝作业，以保证"装饰用树木"的生长。相应地，劳顿地区的村民会得到补偿，而一笔 6000 镑的捐赠将作为"劳平基金"（Lopping Endowment，lopping 即"剪枝"），在 1884 年为当地工作的男子建立一座娱乐中心。自落成的那一天起，"劳平大厅"（Lopping Hall）就被看成是对头木作业这一古老实践的纪念。工艺美术设计师、社会活动家威廉·莫里斯为角树在剪枝作业停止后的形态而欢呼，宣称"我会把它们留给自然"，而不是村人们的斧子。但许多剩余的未被砍伐的截头树则在 19 世纪 90 年代起带来了一系列管理难题，并继续延伸有关头木作业这一非自然实践未来的辩论。这场辩论最终由中产阶级获胜，他们获得"美学趣味和科学原则的支持，它们关乎国家甚至是国际性原则，远胜于当地人的立场"。但在短短 80 年后便逆转了战局，让土地管理者在历史生态学者的研究背景下再一次引进了头木作业。[25]

总体而言，到 20 世纪 50 年代，头木作业处于濒临消失的状态，在英国几乎被完全遗忘。人们只是在近 20 年才重新对它产生了兴趣。这本身就是一件很有趣的事情，其原因很大程度上是如画美学的遗风、随之产生了保护现有的古老截头木的热情，以及人们发现它作为珍稀甲虫、蜘蛛和真菌栖息地的自然价值。这种对头木作业的保护尚处于萌芽阶段，但现在已经燃起了可观的热情，激励了如"古树论坛"（the Ancient Tree Forum）这样的组织，进一步对整个英国幸存的古老截头树进行记录与测绘，他们的足迹甚至遍布整个欧洲。人们也对发展有效且安全的管理、保护大型而生长速度过快的截头木、生产新截头木的方式给予了极大的关注。然而，许多处于这一实践过程

118

图 54　劳平大厅的正门，埃克赛斯，劳顿，1884；由爱德蒙·伊根设计建造

不同阶段的本土知识——截断树枝、晾干枝叶、枝叶的储存方法、不同树木枝叶的营养价值及它们对动物健康的影响——在今天却已经遗失了。

第六章　舍伍德森林

即便是同一棵树木或一片树林，在不同的人眼里，或是在不同的时代，都会产生十分不同的观感。而正是这些不尽相同的意义与价值，丰富了人与树木和森林之间的联系，以及人对树木和森林的理解。我们可以通过考察人们对舍伍德森林不断变化的理解来认识这一点。从 18 世纪到现在，林务人员、地主、历史学家、考古学家、作家和观光客，都对舍伍德森林里那些古老的橡树产生了相互矛盾甚至是完全对立的观点。在 12 世纪时，皇家森林在此建立，到 13 世纪，这片区域扩大成一片长 20 英里、宽 8 英里的巨大砂岩荒地，占据了诺丁汉郡相当大的面积。在那时，森林以"移动马赛克"一般自由生长的橡树和桦树林为特点，荒野上许多临时圈起来用于耕作的土地被称为"布雷克斯"（brecks）。一些活到现在的橡树，大概有 500 岁了。这些橡树作为一个群落，每个个体曾活在不同的时代，偶尔也有"同龄人"。它们为海军供应木材；与德鲁伊教①仪式相关；成为"如画美"的必要元素；标榜贵族权力；和"罗宾汉"的故事密不可分；是许多珍稀昆虫的栖息地；并且还生长遗留"土著"橡树林——以上皆为它们的价值所在。

罗曼史

1820 年，沃尔特·司各特爵士（1771—1832）几乎凭一己之力，缔造

---

①德鲁伊教（Druid），英国本土乃至西方世界最古老的信仰之一，每年于夏至、冬至、春分和秋分在巨石阵举行节气祭典，庆祝四季更迭。——译者注

了世界上最著名的虚构历史森林。他能做到这一点，完全是依靠在作品《艾凡赫》（*Ivanhoe*），"安排"理查一世和罗宾汉进行了一次十分关键的会面，而地点正是舍伍德森林[1]。这部作品很快风靡了整个英国、美国，乃至世界各地，并且在19世纪衍生出许多其他版本。司各特也以此在复兴人们对中世纪兴趣的历程中扮演了重要角色，他还在自己的家乡，位于苏格兰边界的阿博茨福德建立了一栋哥特式建筑，四周环绕以面积广大的树林，并且充满热情地贯彻了如画美的原则。[2] 由于成功地重建了关于修士、少女以及与国王对抗的中世纪世界，他也在不经意间触发了人们对探访舍伍德森林的渴望。

在小说里，舍伍德森林只是阿什比德拉祖什和约克之间的一片松散地带，但这里的优质树木却得到了精确的刻画。一位"神秘的向导"将主角引到了"森林中的一片小开阔地，那里的正中央生长着一棵大橡树，树枝伸向四面八方。树下有四五个农民躺在地上，其他人则作为哨兵，在月光的阴影中来回踱步巡视。"至于罗宾汉与"出众但在骑士罗曼史里毫无用处的"狮心王理查的会面，则发生在"大橡树之下"。"为英格兰之王在树下匆匆布设的宴席，由诸位莽汉环绕四周，他们于他的治下乃亡命之徒，此刻却建筑起他的宫廷，成为他的护卫。随着大酒壶在众人之间传递，这些林莽汉子很快便丧失了对王权的敬畏之心。"在这场集会上"理查展现了他想象中最伟大的优势：他是个快乐、具有幽默感，并且热爱任何阶级中富于男子气概之人"，而且还很乐于称呼"舍伍德的罗宾汉"为"法外者之王、好汉们的王子"！[3]

不过在《艾凡赫》之前，舍伍德森林也不乏与文学世界之间的联系。威廉·薛尔特（William Shield）的喜剧歌剧《罗宾汉，或舍伍德森林》（*Robin Hood, or Sherwood Forest*），1784年在考文特花园（*Covent Garden*）开始上演，一直演到了世纪末。伊丽莎白·萨拉·维拉-里尔·古奇夫人（Mrs Elizabeth Sarah Villa-Real Gooch）的《舍伍德森林或北方冒险》（*Sherwood Forest or Northern Adventures*）在1804年出版，不过这是一部不够知名的小说。但《艾凡赫》的惊艳登场，令舍伍德森林在 19 世纪早期于全世界范围内成为"全民幻想"的圣地所在。不久，游客们就要求在舍伍德森林，沿着司各特并不严谨的叙述进行实地探险。我们可以通过美国作家华盛顿·欧文（Washington Irving）的观察，来窥探这部作品的巨大影响。他曾从拜伦故居纽斯特德庄园，一路骑行到森林：

其中有着舍伍德令人敬重而经典的阴影。我很庆幸，可以在这样一片真正原始的森林里，在自然而原始的生命之中寻找自我，这地方在人口稠密而集中的英国显得是多么地罕有！这令我想起了我祖国的原始森林，我穿过自然形成的小径和绿海间的空地……然而，最让我着迷的，是看到老橡树巨大粗壮的树干，它们堪称是舍伍德森林之王。但此刻它们却易碎、中空、生满苔藓。这千真万确，它们"多叶的荣耀"几乎泯灭；但就像颓圮的高塔，它们依旧高贵，而如画美也正孕育在它们的腐朽之中，甚至毁灭，也依旧为它们昔日的伟大提供证据。

他当然也欣赏其中的文学意义：

当我注视着这昔日"快乐的舍伍德"的遗迹时，我男孩时代的缤纷幻想又一次涌上心头，罗宾汉和他的伙伴们仿佛站在我的面前……他的号角再次吹响，穿越了整个森林。我看到他的森林骑士们，一半是猎人，一半是海盗，在远处的空地上结队游走，另外一些家伙则在树下饮酒作乐。[4]

图55　威廉·韦斯托尔，《纽斯特德庄园》，1832，蚀刻雕版画

对于未受侵犯的中世纪原始森林，这种带有感染性的巨大热情，恰逢舍伍德地区古老的森林法令逐步瓦解的最后阶段。在整个 19 世纪，尽管一些残余的英格兰皇家森林，如新森林和迪恩森林，仍处于林地办公室（the Office of Woods）积极的管理之下。大部分森林，包括舍伍德森林在内，都被砍伐并出售给私人地主。和其他森林一样，舍伍德森林的划定，也意在保护国王的狩猎权。[5] 大多数森林包含了范围内的村落、荒野、耕地、草地和林地。1609 年，理查德·班克斯（Richard Bankes）进行了一项有关舍伍德森林的调查，结果表明：截至当时，森林中的大部分土地其实都是农业用地和荒原，其中甚至还包括了整个诺丁汉。[6] 森林和林地之间原本并没有直接的联系，但随着人们对王权兴趣的下降，尤其是从 18 世纪开始，"森林"开始越发与被树林覆盖的土地联系在一起，这些地区至今或曾经在法律意义上是皇家森林。

在维多利亚时代，游客和作家们越发产生在森林中寻找古老的树木的兴趣。树木也与人的境遇互为引证。1826 年，雅各布·斯特拉特（Jacob Strutt）重述了一幅司空见惯的景象：

在所有为大自然修饰的他者造物中，没有一种可以如此有力地激起人的同情之心，或触发人的想象之趣，除了这些庄严的树木……它们是人类时代前后相衔沉默的见证者，其承受的命运，从萌芽到壮年，再到衰老，与人类何其相似。[7]

一些有许多老树的地方，尤其当这些树木的长相怪异，或者与一些传奇故事相关联，就会成为热门的旅游景点，比如舍伍德森林。古物收集方面的兴趣也随着如画美成为一种审美体验，在古树身上越发提升。从《艾凡赫》开始，它们就为罗曼史故事的迅速流行提供了创作背景，并且进一步为当地作家及那些拥有土地的贵族推波助澜。尽管学术研究表明，罗宾汉无论是作为虚构英雄还是真实人物，都只与舍伍德森林存在相当松散的联系，但他仍然在这里占据了主导的文化标签。[8] 但这毕竟只是附属于森林的一重意义。同样一棵树，时而生，时而死，却会被赋予一系列价值与意

123

义。它们会被研究或修剪，削剥或砍伐。它们是地位和权力的象征，造成了种种法律争端。它们也是考古探究和美学思考的对象。它们还被看作燃料、木材、死亡以及野生动物的栖息之所。[9]

🌿 腐败

到了 18 世纪末期，残留的皇家森林拥有"双重身份"，一是"不合时宜之物"，但同时也被看成是颇有潜力的税收来源。皇家委员会由此成立，以调查王室权力残留的程度。1793 年，他们提交了一份由伦敦苏格兰场地土地税收办公室成员查尔斯·米德尔顿（Charles Middleton）、约翰·考尔（John Call）和约翰·福代斯（John Fordyce）监督完成的报告。它吸纳了许多关于舍伍德地区的证据，包括伦敦塔、经济法庭及各种调查对森林范围的维护。他们同样"认为有必要亲自去考察森林，实地进行调查"，并且在 1791 年 11 月和 12 月采访了森林法庭的代表约翰·格拉德温（John Gladwin），以及伯克兰和比尔哈这两座遗留下来的森林的护林官乔治·克拉克（George Clarke）。他们从格拉德温先生那里了解到"在曼斯菲尔德的天鹅旅馆，曾有人收集到大量的古代文献，应该与森林有关。它们一度被安放在诺丁汉城堡中，现在则被锁在切斯特菲尔德"。他们同时还发现"居住在周边森林中的不同绅士管理的账本和文件"。经过努力，三位调查员掌握了关于舍伍德森林"老式腐败"的充分证据。[10]

舍伍德森林首次被提及是在 1154 年，那时它包含了诺丁汉以北特伦特河流域大部分地区。直到 1227 年，一份法律文件将森林的范围限定在 20 英里长、8 英里宽的范围内，其中大部分还是沙地以及相对贫瘠的土壤。森林是一片不断移动的、马赛克般的荒野，加上不受限制的橡树及桦树生长的区域，以及限定范围内的耕地和林地。一些耕地同样也是临时圈地的一种形式，或者称其为上文提到过的"布雷克斯"。大多数土地都归私人所有，但大片区域仍然可以进行放牧，同时满足其他公共权利，直到这些

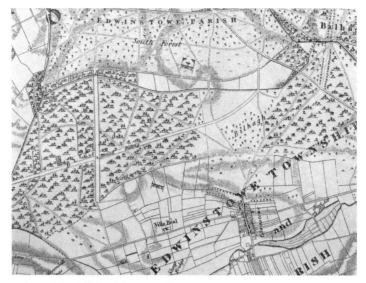

图56　乔治·桑德森，《诺丁汉郡的伯克兰和比尔哈》，引自1835年的地图《曼斯菲尔德周围二十英里的乡村》

图57　伯克兰森林，1890

权利受到圈地的限制。到17世纪末，舍伍德地区的森林范围达到最低点。来自森林官员们的报告则是十分笃定的。它认定"王权已然失却了对这一区域的注视"，这是"十分糟糕的事实"。九位护林员"对于他们的职责知

125

之甚少",除了"领取他们微薄的薪水",从来没有"做过任何事"。他们还发现森林里几乎没有鹿存活,王室的财产只剩下:

> 伯克兰和比尔哈的土壤,还要和周边的居民共享权利;处于腐朽状态、种种伤害暴露在外的木材;广泛区域内的林业权力,却总在阻碍进步,减少私人财富,而且目前还没法给王室带来任何利益。[11]

委员会的成员们对伯克兰和比尔哈此前的调研进行了审查,发现"在两个世纪间,森林里树木的数量和价值都有所下降"。在 1608 年,这里总计有 49900 棵树木,其中 23100 棵是"成材木"(占 46%),而非成材木有 26800 棵(占 54%),被归类为"腐朽状态"。而到 1680 年,树木的总量下降至 33996 棵,并且只有 1400 棵(占 4%)适合用于"陛下的造船业",其余 32596 棵(占 96%)则只能为"村民们使用"。许多树木遭到了"劈砍"和"摇动",造成了许多"致死的板结",在 1788 年至 1789 年间的调查发现只有 10117 棵树木存活,其中只有 1368 棵树木(占 14%)有望提供"适合海军的木材"。调查员们热衷于确定幸存树木的价值。他们早期对于迪恩森林和新森林的报告显示了"森林的管理模式有多么宽松",并且并不意外于发现舍伍德森林的"滥用现象",从任何船坞都可以了解到这一点。[12]

但调查员们也震惊地发现,森林对于海军的潜在重要性"正在飞速衰退",并对此进行了特别调查。乔治·克拉克证实,在伯克兰和比尔哈,总计有 2000 英亩皇家树林,"没有任何一棵因私人原因遭到砍伐"。但当他们实地考察这些树的时候却惊奇地发现,这些本应处在最好年纪的树木,大多数"却正处在腐朽期,并且不容易找到一棵在核心部位没有毛病的树,即树木第一次可能出现问题的地方。这一窘境也成为我们在这片皇家森林中发觉到的、最严重的滥用。"问题在于,各种官员可以通过圈定所谓的"收费树",利用他们的职务之便谋取私利。他们可以选择最有价值的树木,确保它们是优质的一批,"通常的做法是给树木钻孔,来看看它们是否健康;如果人们并不中意被打孔的树木,其他树木会继续被打孔,直到这

126

些同党们找到他心仪的那棵。"此外，那些职责在于防止树木被滥用的官员，常常会把他们的收费树直接卖给那些有能力挑选自己想要树木的个人。买方"需留心购买（一棵树）的风险，它可能会不够健康。因此需要在那些看起来最为挺拔的树木上钻孔，用一把螺丝钻一直钻到树木的核心部分，从而避免任何腐败的迹象。"这样的事情持续了许多年，许多良好的树木都被损坏，调查员发现，"每当我们来到这片森林探查，都会发现有新的树木在近期遭到了钻孔"。[13]

除了这种不寻常的侵害，调查员们还发现一种列数树木的系统性做法，同样会对树木造成损害。乔治·克拉克在 1775 年时报告称，他被指导要去标记并计数每棵树木，通过"用一种铁制的仪器，在每棵树上剥去一块 5 英寸见方的树皮，在树身上加盖王室印章、树木的序号以及森林的名字。许多数字和标记已经就此长在了树干之中。""由于担心树木可能会因此受损，这种标记模式"已经被勒令改变，但已经太晚了。许多树木都因为这种原本基于保护目的的操作而受到了伤害。委员会同样也找到了关于比尔哈地区 1680 年因频繁的剪枝作业而受到破坏的 8060 棵树木的历史证据。尽管埃德温斯托的居民在 18 世纪晚期保留有收集柴薪的权利，但那时截头作业已经被大范围禁止。除了树木数量的锐减，小橡树难以再生同样也是一种问题，它往往是由于放牧造成的。乔治·克拉克告诉委员会成员们，埃德温斯托的郊区居民"宣称当橡果落下后，他们拥有采集权，然后就会依照每头猪一定的进食速率及当年饲料的储备情况，把猪赶到森林中，让它们自己吃饱。他们还会把羊也赶进来。"[14]

委员会成员们大量揭露了森林中的腐败现象。森林管理人员被认为太过奢侈，并且"雇佣他们除了要付给他们薪水，再也没有其他理由"。管理员们毁坏那些他们被雇来保护的特定树木，因为他们要把这些树木当成是实现某种交易的媒介。为了赢得一棵收费树的最大价值，他们会去给树木钻孔，以保证某棵树木并非已经空心化。树木由此越发远离海军的船坞，再加上当地森林管理员最重要的主人——本地的地主们所拥有的巨大权力，令王权在舍伍德森林剩余部分中继续不断下降。而只有通过彻底调查现有的文件，森林委员会的委员们才能证明杜克公爵宣称自己对伯克兰和比尔哈的土地也拥有所有权的言论是毫无根据的。但在委员们看来，杜克公爵其实是这片土地的最佳买主。他们的报告强调，既然在王权的统辖之下，它所遭到的侵犯和滥用已经如此明显且无法被限制，那么让私人来控制它，鼓励这样的方式作为未来伯克兰和比尔哈的管理模式，其实是唯一可以令人满意的解决办法。

❈ 私有化

　　舍伍德森林传奇故事的"烂尾"，在 18 世纪 90 年代成为"私有财富之海"上"王权孤岛"的象征。在北部森林，贵族土地所有权占据统治地位，因此北部森林的绰号是"杜克家的森林"。这些贵族们炮制了一系列改良景观，如公园、宅邸、种植园和与现代农业相关的地产项目，如克伦伯、维尔贝克、索尔斯比、拉福德、沃克索普庄园等基于舍伍德的森林沙质土壤的私人地产，它们皆由小地主建立。而那些大地主们宣誓自己土地支配权的表达方式，是建造一条长、宽、直的道路，穿过古老的树林。一条在 1703 年切断了伯克兰和比尔哈的联系，另一条则从索尔斯比宅邸通往比尔哈森林。1793 年，委员会委员们尖锐地指出，1709 年纽卡斯尔公爵（森林的拥有者）通过砍伐森林"营造出一条宽敞的'马路'……横穿整个伯克兰森林，从一端直达另一端。价值 1500 英镑的木材全都被'恩典'给了他个人，而砍伐树木的 118 英镑 17 先令 2 便士费用，却被算在了国王的头上。"这些用于骑行的"马路"充分给附近那些公爵级别的土地拥有者在皇家森林里的狩猎活动提供了方便：它们可以让人们快速穿过森林，追踪鹿的行踪。纽卡斯尔公爵的案例说明，这位公爵的权力是如此之大，以至于可以把开辟道路的费用交由国王"报销"，自己却拿走了从砍伐森林中得到的所有好处。马路宣示了地主们所有且多样的地位与权力。它们与以树木做屏障的林荫路相连，辐射了周边的开放农田，形成复杂的格局，成为一种宣示控制力及从属关系的景观。[15]

到 18 世纪末，舍伍德的老橡树引起了陆军少校海曼·鲁克（Hayman Rooke）的注意。他退休后便生活在曼斯菲尔德之外的伍德豪斯宅邸。他被人们称作"诺丁汉郡考古真正的先驱"，并且是考古协会的成员。兴趣广泛的他在曼斯菲尔德的伍德豪斯挖掘出一处古罗马别墅，同时还出版过一份关于 1785—1805 年的气象报告。汉弗莱·雷普顿（Humphry Repton）在他的回忆录里生动地描述了在诺桑觉寺的一段往事。那时他在哈德维克庄园（Hardwick Hall）发现了一具尸体，而海曼·鲁克则在午夜时分匆匆从远处赶来，只为了充当他的助手。18 世纪最后几年，鲁克少校把自己的兴趣转向了舍伍德的老橡树。[16]是他让我们有机会从一个学术性的、18 世纪古文物研究者的视角，观察这些老橡树。这些树木因许多原因被铭记。它们的规模本身便是一种奇观，无论是从形态还是尺寸上来看；它们的年龄同样引人瞩目；而与王室及其他历史之间的联系，更突显出它们独特的气质。这些方面与以科学的目的对它们进行剖析的渴望混合在一起，成为人们获取有关它们起源与生命历程相关知识的动力所在。

鲁克热衷于对树木数量的下降及遭到破坏的规模进行整合性统计，并且在 1793 年那份由委员会委员提交的报告上投注了大量的精力。但他结合这种统计学的方法，实际上是希望将橡树与古典世界、古不列颠人，尤其是德鲁伊教的团员联系起来。他认为庄严而雄伟的橡树，似乎比其他任何树都要更加优越。它有古老的朱庇特树（Jovis Arbor）之风；凯尔特人的朱庇特雕像正是一棵橡树的形态。我们的祖先，古不列颠人，赋予它神圣的含义；他们的祭司，德鲁伊教的团员，他们的名字正是来自于不列颠的"德鲁"（Derw），一棵橡树。他们将橡树上的槲寄生视为最高贵之物，为橡树林祝圣，将它们看作庙宇，与其宗教典仪生来相称。

而后，他又将这种古老的树木认知，与人们在现代的参观体验相联系："甚至在现在，我们所进入的庄严的橡树林，也有 700、800 年历史，它们

129

伸出的枝叶形成一片庄严而阴郁的树荫，在我看来，我们注视橡树时，不得不怀着某种程度的尊敬。"[17]

鲁克关注古典与现代学者们的种种结论，以期望弄清楚橡树的年龄。他认为"普遍意义上人们都认为一棵橡树的年龄要超过 300 岁，但这是一个相当错误的计算结果"。他同时利用考古和古文物学知识，希望可以弄清楚橡树的年龄。他仔细思考了年轮与树木每年生长之间的原则，还引用约翰·伊夫林的论述：

据说，如果把树干或粗树枝横向、平直地切断，就会显露出环状的痕迹，或多或少地构成圆形。根据外部的轮廓，基于平行环之间的比例，从树木的表皮到内里，可以形成很多圆状空间……人们断言，在通常情况下，树木极可能每年获得一个新的"圆环"。[18]

但鲁克已经能超越伊夫林当年的结论。基于自己在当地的经验与观察，他指出：

偶尔我们有机会将树木的年龄确定为一个具体的数值。在博奇兰德有一些砍倒的树……树上有一些字母，被刻或者印在树皮上，用来标记国王的统治。我在其中得到了一些并且收藏了起来，其中一个樵夫给我的一块树皮上写着 J. R（雅各布斯·雷克斯），他在 1786 年砍倒了这棵树。

樵夫告诉他："这棵树几乎完好无损，但它没能长到最佳的长势。它最大的周长大概有 12 英尺。"鲁克还被告知："这些字母被刻在树木略高于一英尺的地方，而它距离树干中心也有一英尺，因此这些字母被刻下的时候，它大概有 6 英尺的周长。"鲁克继续说，"这样的规模，大概要 100 到 120 年能够长成。如果我们假设这棵树上的字母是在詹姆斯一世统治的中期刻下的，那么距离 1786 年就有 172 年，再加上 120 年，就意味着这棵树是在 292 岁时遭到了砍伐。"[19]

由此，鲁克成了一位侦探，任务则是侦查树木，以了解它们的起源。他同时也是一位宣传家，极力宣扬代表贵族的辉格党的土地利益。他在 1788 年组织了一次活动，以纪念光荣革命 100 周年。他发现即便是舍伍德

图 58　海曼·鲁克，《18 世纪 90 年代的维尔贝克种植园》，水彩画。数百亩的阔叶林被
种植在舍伍德森林的私人地产之上。鲁克生动地描绘了由鹿造成的啃牧线。

森林里老而腐朽的橡树，也与英国海军的伟大相关；他们在德鲁伊教中的
"血统"，也在今日贵族的种植园里复活，令人们满怀乐趣地努力"以爱国
主义为名对杰出事物效仿；而许多宅邸和私园与森林接壤的可敬人士，已
经且正在继续以华丽的荣光，营建大型种植园。"[20]他的观点从属于当权派，
并且深受伊夫林的影响。后者的《森林志》在 18 世纪里已经多次再版，并
且还留下了一系列有关拥有土地的上层阶级的作品。工业革命及现代海战
备战背景下的进步精神，使舍伍德森林的荒原上遍布了由私人建成的松树
与橡树种植园，它们统统与国王没有任何瓜葛。

🌿 旅游观光

　　自 19 世纪 20 年代起，游客们开始追随司各特的罗宾汉，来到舍伍德
森林，这座森林也因为人们对它的好奇而闻名。但这里的老橡树很快消失，
荒原也转变成现代农业用地，中世纪兴建的百斯特伍德和克利普斯通公园
（Bestwood and Clipstone）也被封闭起来。但由于《艾凡赫》的迅速流行，
这片森林重新生发出鲜活的中世纪印记，并对森林剩余部分的保护产生了

影响。当地作家们被要求写作这片森林的罗曼史以及诗歌来纪念它。地产拥有者们则把骑士精神和中世纪的主题安排进了它们新的地产建造之中，并且通过保护古树来响应当地旅游业的发展，还允许外地人组团前来参观。这些树木也刚好与18世纪末期威廉·吉尔平和尤维达尔·普莱斯提出的并在不久后便成为占据统治地位的树木审美方式——"如画美学"的主题风景鉴赏完美契合。古老的舍伍德橡树，尽管树干空洞、树枝腐朽，却成了时尚的最前沿。

在舍伍德地区，当地最具影响力的劝说改宗者①之一名叫威廉·豪伊特（William Howitt，1792—1879）。他的父亲是一个"煤老板"，母亲则是位草药商。他生于德比郡，青年时代在一位木匠家做学徒，这才来到了舍伍德中部的曼斯菲尔德。出于对森林景观的热爱，同时受到拜伦、司各特、华盛顿·欧文的影响，他开始撰写散文及诗歌。他后来在诺丁汉成了一名药剂师，陪伴着他的是妻子玛丽，后者在1823年出版了诗集《森林吟游诗人》（*The Forest Minstrel*），其中汇集了一组诗人和作家，随后他们以"舍伍德诗派"闻名。其中包括威廉的兄弟理查德·豪伊特（Richard Howitt，1799—1869），被称作"舍伍德森林的华兹华斯"；另一位成员罗伯特·米尔豪斯（Robert Millhouse）则在1827年出版了诗集《舍伍德森林及其他诗歌》（*Sherwood Forest and Other Poems*）；斯宾塞·霍尔（*Spencer Hall*），既是诗人还是位颅相学家，后来出版了《舍伍德杂志》（*Sherwood Magazine*）。威廉·豪伊特关于舍伍德森林的散文，收录在他颇有影响力的集子《英国乡村生活》（*The Rural Life of England*，1838）中。他在文章里惊叹于树木的伟大年代：

千年之间，无数的暴雨、闪电、飓风，以及那肆虐的苦寒，都以最无情的力道施加在它们的身躯之上。而它们挺立在那里，一棵接着一棵，被踩躏、挖空、灰化、扭曲；伸出它们光裸而粗壮的臂膀，或者彼此交杂的

---

①劝说改宗者（proselytizer），即游说他人改变宗教信仰的人。——译者注

树叶与毁灭——生命处于死亡之中……它们宛若碎片被这个世界磨砺、遗弃。

他将这一崇高而泛神论的景象，与镇上工人的生命做了对比，以此庆贺它拥有的重生的潜能："这些树木与它们的仙境之梦，与我们而言却是奢侈之物；被夺去了美丽与平静，让我们只得在尘土飞扬的路上奔走。城镇吞没了我们，人类在我们耳中嗡嗡作响，对生命的思索与关怀再一次降临在我们身上。"同时他也密切关注樵夫们的工作，他们"伐倒了树木，却又被继任者超越毁灭。他们的职务与那些倒伏的树干、劈裂堆放的树桩一起，躺倒在如画般的无知之中。"[21]

克里斯托弗·汤姆森（Christopher Thomson）对舍伍德森林里樵夫们的生活进行了一次颇为引人入胜的观察记录。他在 1847 年完成了一本自传，描述了一个工匠的生活。汤姆森在舍伍德森林的埃德温斯托村定居，他的职业是画家和油漆匠。作家贾纽厄里·瑟尔（January Searle）发现他在花园里工作，"看到我们从大门径自进来，丢下手里的铁锹，伸出他热情的右手来欢迎我们。"他建了一个工匠藏书室和一个阅览室，本人"也是个风景画家，他笔下的森林景观如自然本身一样真诚。我们可以在他家会客室的墙上，看到满是他自己创作的作品。他结了婚，还有 12 或者 13 个孩子——总之有一个非常大的家庭，尽管我记不清具体的数目。"[22]汤姆森带有工匠性的如画视角，连同他的写作表达一起，为我们体验维多利亚中期乡村的观感，提供了一个非凡的入口。（图 59、60）

他的写作充满怀旧气息，回顾了王室土地被出售之后人们在森林里获取燃料及饲料这一普遍权利的丧失：

半个世纪之前，这里的居民享有许多特权，这些权利自古以来便属于舍伍德的居民。伯克兰和比尔哈的干草……开放给他们取用，令他们间接得利……他们还可以在一整年里都获取柴薪，以丰富自己的存储。

在秋天，女人和孩子们采集欧洲蕨，把它们烧掉，灰烬卖给造碱人。这会带来充足的收入"足够还清家里在鞋匠那里的账单，或者……其他商人的欠账"。他们也"把猪驱赶进森林，让他们吃橡果填饱肚子"。此外这里"也不乏娱乐活动，住在森林边的居民可以带着枪离开家，去森林外猎杀年幼的寒鸦、椋鸟或其他小鸟，而不必害怕猎场看守人的眼睛以及对打猎许可的盘查"。[23]

图 59　克里斯托弗·汤姆森，《舍伍德森林的少校橡树》（即最高的那棵）

图 60　《"护林人西蒙"在舍伍德森林（的尽头）》，引自《哈勒姆郡残余之书：包括哈勒姆郡、德比郡、诺丁汉郡及周围几个县的景观》，1867

134

但这一切都随着土地私有化而改变。当然新的土地拥有者也带来了一些进步。汤姆森在 1857 年针对埃德温斯托的观点："10 年前这里有一排平房"，"就零散的排列而言它们确实很美。但……冰冷的泥土地面，对房间的需求……一间卧室里住着一家五口，刚好够他们并排躺下。"他附带的文本则指出"毋庸置疑，人们会喜欢那些现代的房屋，它们由善良的曼福斯伯爵建成，为了给他的工人们使用。这让每个居民都有了舒适而整洁的住所，还让这个有用的花园基址被赋予了新的名字。"汤姆森还展示了树木是怎样被重新命名以适应游客们的需求。他描述了 50 年前"公鸡母鸡树"（Cockhen Tree）"不经意间成了森林里一片桦树的中心……他在当地只知道一些……老农民……（继续）在树林被废弃的中心斗鸡"，为此还建了一个"有着简易橡木门的建筑"。然而，当这棵高贵的大树激起了外部世界的好奇心，它周围的桦树就一棵接着一棵地倒在了斧头之下。而高贵的伯爵……命令他的首席护林员给它一个公平的条件——禁止人们的斗鸡活动——来让它可以俯瞰庄严的旧王权之地。他在当地重新为它命名，称呼它为"少校橡树"（Major Oak），以纪念著名的古文物学家鲁克少校。[24]

一些旅游指南，诸如詹姆斯·卡特（James Carter）的文本《舍伍德森林之旅，包含纽斯特德庄园、拉福德、维尔贝克……以及一篇关于罗宾汉的生活与时代的评论文章》（*A Visit to Sherwood Forest including the Abbeys of Newstead, Rufford, and Welbeck... With a Critical Essay on the Life and Times of Robin Hood*, 1850）开始见诸报端。伟大的土地拥有者们很快适应了这个民主性质的变化标志。1844 年，波特兰公爵在克利普斯通建造了一个新的房屋（图 61）。其中的主要房间"由它高贵的创始人投入到教育事业中，以造福克利普斯通的居民们"。"从这个房间眺望，森林最美的景致尽收眼底，包括伯克兰和它的千年橡树，埃德温斯托庄严的教堂，以及宽广的森林景观。"贾纽厄里·瑟尔指出"这里的北面有狮心王理查、阿伦·厄·

135

戴尔和塔克修士的雕像；南边雕像则很像罗宾汉本人、小约翰和少女玛丽安①"。另外一份指南则描述其中三座雕像"是古代周边地区的常客：一个是主神罗宾汉；另一个是小约翰；以及给他们带来令人愉快的陪伴，一如往常的少女玛丽安"。[25]这些富有创造力的当地建筑也被加入到异国风情中，如波特兰公爵的"俄罗斯小木屋"，俄罗斯作家伊万·屠格涅夫（Ivan Turgenev）把这里"半封建、半自由化的英国伯爵制下的地产"，看成是俄国在农奴解放之后可选择的一种土地制度模式。[26]1864年至1875年间，一幢伟大的宅邸在索尔斯比建造，它属于曼福斯伯爵，设计者则是安东尼·萨尔文（Anthony Salvin）。他在建筑里设计了一个巨大的藏书室，配以壁炉，以作为舍伍德森林的特色。这一图像表现证实了罗宾汉与舍伍德的古老大橡树之间基于维多利亚中期思想的历史联系。巨大的烟囱精心雕刻有图案，上面是舍伍德森林的伯克兰橡树，作为对"少校橡树"的介绍，表现了其多节而扭曲的枝干，有如植物学标本的图样。还画了一群鹿——全部经过精心雕刻，以比拟于大自然。罗宾汉和小约翰的小雕像则位于画面两旁。[27]

中世纪传说与足够古老的树木相结合，为沃尔特·司各特描绘的场景提供了有力的证据。到19世纪中叶，舍伍德的老橡树牢牢固化于人们所欢迎的想象场景之中，成为中世纪的图标。在一些年里，其余几棵树木，都被人们以"罗宾汉的储藏室"、"护林人西蒙"，甚至是"雷斯达尔橡树"这些想象中的名字命名，乃至在军用地图中赢得了一席之地（图63、64）。

19世纪后半叶，人们对舍伍德森林的自然历史又产生了浓厚的情绪。一些当地人"摇身一变"，成了专业的收藏家。埃德温斯托的约翰·特鲁曼（John Trueman）是位"一流的昆虫学家，他虽然出身平民，曾是个贩卖自家鞋子的鞋匠，却跻身上流社会，以其颇有价值的昆虫学贡献闻名，丰富了国家相关机构的收藏。"他曾告诉贾纽厄里·瑟尔，有关他收集到的

---

①以上皆为罗宾汉传说中的角色。——译者注

136

图 61 拱门学校，克利普斯通，19 世纪 90 年代

"不同昆虫及蝴蝶的作息、天性、习性，以及它们'变形'的具体情况"，包括"如何为王国集齐到一只富含收藏的昆虫柜"。在漆黑的夜晚，他带着一壶朗姆酒和蜂蜜潜进森林，然后在树干上刷满他的特制混合物，以吸引他想要捕捉到的昆虫。一段时间后，他从口袋里拉出自己的灯笼，把这发光物扔到树上，注视着敌人心满意足地享用死亡晚宴的过程。然后他悄悄把它们刮进铁盒里……再用樟脑精杀死它们。[28]

许多热心的收藏家都身负教职。约翰·卡尔（John Carr）曾描述"舍伍德昆虫丰富的地区"，"是这个国家最适合搞收藏的地方之一"。许多"珍稀昆虫"都是由阿尔弗雷德·索恩利牧师（Alfred Thornley）这样的工作人员发现，"他在当地已经从事了多年的甲虫研究"。[29]另一个狂热者是A·马修斯牧师（A. Matthews），他通过"扫荡橡树树下"、"投诸火把"，发现了和老橡树相关的一种珍稀甲虫。[30]这片森林也因真菌而闻名。在 1897 年的某 4 天里，英国真菌协会为这里的植物谱系添加了 250 种已知菌种。而鸟类学家约瑟芬·惠特克（Joseph Whitaker）庆幸这里有"相当广大的古老森林，大多数由极好的老橡树组成，加上少量的桦树，以及欧洲蕨这样的低矮作物"，令这里很适合鸟类生存。[31]老橡树是啄木鸟的"理想型"。19 世纪 60 年代，鸟类学家指出："森林里几乎所有的老橡树都曾被大风或者雷电削去树冠，在自然的力量下衰败。有时你会看见，一些庄严的树干较靠上的部分几乎赤裸，还有许多裂痕，尽管这些树木都仍保持着茂盛的生长状态。"他热情地描述他是"如何常常观察到绿啄木鸟的一种奇异举动。它们会把自己的尖喙插入到我之前提到的长裂痕之中，通过强烈的震动，产生碎裂的噪声，好像树木从头到脚都在遭受暴力侵袭……它最终会调动起树木里寄居的所有昆虫，因为看上去似乎整棵树都在抖个不停。"[32]

图 62　俄罗斯小木屋，舍伍德森林，19 世纪 90 年代

到 19 世纪末，舍伍德森林都是游客们颇为青睐的目的地。一些环绕公园、穿越古树林的特别旅游路线也就此建立。一份 1888 年的旅游指南赞美了"它可爱的原始图景中蕴含的自然野性的乡村风情"，同时又混杂着"丰饶的生活资料"，以满足农业进步的需要。[33] 拥有伯克兰和比尔哈大部分土地的曼福斯伯爵，在 1914 年委托当时处于研究前沿的森林专家 W·H·魏伦思（W. H. Whellens），撰写一份关于管理他地产上 1270 英亩古橡树林及桦树林的具体规划。魏伦思认为这些树木的如画美学、观赏价值等同于它们充当木材及在森林之中狩猎的价值，因而对于古橡树林，所有举动都应当着力于"保护它们的自然外观"，同时也要保护"桦树银色的树干和它们优雅的枝叶"。[34] 一

图 63　少校橡树，19 世纪 90 年代

图 64　雷斯达尔橡树，维尔贝克，19 世纪 90 年代

份旅游指南则赞美这"勤勉的护理"，"尽管在它高贵的土地拥有者之下，面积一度锐减，但这片森林有可能在伯克兰和比尔哈保全它原始的美丽和森林自有的壮丽"。乐趣总有许多。该指南强调了"令人愉悦的场景，在'少校橡树'下的阴影，以及一打可以进入中空树干的入口，年轻游客可以在这里

举行充满欢乐的派对。女孩们大概会在从树洞里出来之时，被自由散漫的派对男孩毫无来由地亲吻。"[35]

✿ 树木被破坏

　　社会经济的巨大变化作用于舍伍德森林，导致这里在 20 世纪早期开始受到地底煤矿勘探开采的影响。除了为填补因煤矿勘探而产生的废弃坑穴，人们在古老林地和荒野种植苏格兰松及科西嘉岛松外，约瑟夫·罗杰斯（Joseph Rodgers）还在 1909 年写道："现在邻近地区的煤矿都已经进行了开采，恐怕距离波及这里也不会有太长时间，而这里的美丽，也将会成为过去的事情。"1919 年，随着经济形势的恶化，曼福斯伯爵不得不将索尔斯比的开矿权租给了别人。[36]截止到 1931 年，他通过这项租赁的收入达到了6 万英镑，显然已经足以弥补他在战前因想要保护这里的自然风光，拒绝授权他人开采煤矿而蒙受的经济损失。[37]关于煤矿开发的持续历程，不可能在没有阻力的条件下进行：由四排树木组成的"山毛榉大道"，在当时可以与"少校橡树"媲美，是当地乃至全国的知名景点，却在 20 世纪 20 年代面临因修筑煤矿铁路而带来的威胁。[38]整个国家对这条大道的关注，在1925 年 1 月 16 日如冰雹般降临在《泰晤士报》的版面上，将其视为"可能是全英格兰最具代表性、最美丽的林木景观"，并且直接为曼福斯领导的有关保护它的请愿行动铺平了道路。[39]建立于 1919 年的林业委员会（the Forestry Commission），在 20 年代 30 年代开始从舍伍德森林已保有地产的范围内，获得大片荒野的管辖权，使得苏格兰松和科西嘉岛松得到大量种植。林地补助制度也由林业委员会作为一项临时措施，在 1922 年引入，随后在1927 年固定下来，以每英亩 2—4 英镑的补贴，鼓励土地拥有者们种植树木。[40]

图65　帕里亚马不朽的橄榄树，接近3000岁。帕里亚马，克里特岛南部，2011

图66　日本高山植物林，早池峰山，日本本州岛，2013

图 67　托马斯·琼斯，《内米湖岸》，1777，水彩画

图 68　托马斯·比维克，《红鹿》，约创作于1770—1790之间，手工木版画

图69 阿尔布雷特·丢勒,《云杉》,1497,水粉水彩画

图70 萨尔瓦多·罗萨,《墨丘利与不诚实的樵夫》,1663,帆布油画

图71 乔凡尼·贝里尼,《梅多的圣母像》,16世纪,油彩、蛋彩镶板画。背景中的树木树枝经受了修剪。

图 72　约翰·邓斯塔尔,《在奇切斯特西汉普内特附近的截头木》,17 世纪 60 年代,水彩画

图 73　托马斯·赫恩,《唐顿的橡树》,1784—1786,墨水、水彩、画刷画

图 74　《埃平森林》,伦敦和东北铁路海报,由 F·格里高利·布朗设计

图 75　《伯纳姆森林》，1801，手工着色凹版蚀刻画，詹姆斯·梅里高特复刻自休·威廉·"希腊学者"威廉姆斯

图 76　乔凡尼·贝里尼，《刺杀圣彼得的马特》，1507，木板油彩、蛋彩画。树林里有四个男人正在砍树，正是早期剪枝作业的表现。

图77 "入侵者"刺槐，东京附近，2013

图78 保罗·纳什，《我们正在创造一个新世界》，1918，帆布油画

二战对于古老橡树的影响是决定性的。1942 年 3 月起，军事征用拉开帷幕，伯克兰和比尔哈的大量橡树被用作军事储备，老树则多被用作伪装

146

物。[41]除此之外，大片森林被用作军事演习，这里的沙质荒原成为坦克军团在德国平原推进演习的绝佳场所。[42]煤炭产量快速增加，曼福斯伯爵开始担心他年幼的松树林会因为矿坑扩展和掠夺性开采而受损。一位政府官员则感谢他持续"为矿坑牺牲年幼的种植物来充当坑木。对未成熟林地的破坏是一桩悲惨的营生，但我恐怕是别无选择。"[43]木材商则证明，"在牺牲木材的整个过程中，他表现出全然为国家服务的态度。"[44]不过即使是在战争过程中，一些树木仍因其美学价值得以保全，山毛榉大道也从 1942 年 4 月起免除了战时的特别通行令。[45]但和他的前任相比，伯爵本人还是鲜少展现出对于古老橡树的关心。1942 年 6 月，在表达对自己损失了索尔斯比一带年幼种植物抱怨的同时，他觉得自己所拥有的老橡树就已经能轻易地满足当时木材供应的需求："关于锯材原木，我觉得我拥有足够多的'鹿头'橡树，我猜它们大概有 800 多岁了。它们能迅速派上用场，无论何时需要。"[46]伯爵认为即便符合如画美原则，这些老橡树也不应在战时得到任何额外的保护（图 79）。

人们或许会以为，随着二战结束，古老橡树们所面临的严峻压力就会有所减轻。但实际上，到了 20 世纪 50 及 60 年代，它们才真正遭遇了几乎逃无可逃的厄运。战后，由于大量的税收优惠政策，以及政府为鼓励快速重建上千亩林地及荒野地区的造林活动而提供的大量补助金，商业林业发展开始迅速提振。1946 年，林业委员会的福利性计划——一份由国家批准、在财政方面对林地管理提供充分支持的计划，继续增加战后人们对于商业性造林的信心。[47]这导致了自 1948 年起对橡树更大范围的清理。[48]许多橡树的前途未卜，直到 1955 年新的代理商来到索尔斯比，他们推行了一项林地改造计划，以每年 60 英亩的速度，持续 20 年，对地产上的林木进行更迭。这一计划以现代性的体系，改变了过去同龄、单一物种的树林营造方式。许多新的松柏类植物开始被种植，科西嘉岛松而非苏格兰松，被认定为最适合这里沙质土地的种植物。[49]这一带也因林业实践上的突出成绩而变得闻名，还在一项由英国皇家林业协会和英国皇家农业协会共同举办的

图79　《受伤的"巨人"》，舍伍德森林，1908，摄影作品

OAK TREE, THE WOUNDED GIANT.

500 英亩以上林地最佳管理大赛上获得银奖。[50]许多老橡树和新种植的桦树都被清理，以满足新树木的种植。一位当地工人，约翰·伊尔贝（John Irbe）回忆起在 20 世纪 50 年代时对古橡树的砍伐行动，当时人们用斧子，把它分成 3 英尺一段的许多部分。乔治·霍尔特（George Holt）则讲述了在 20 世纪 60 年代有关移除古橡树的回忆。橡树被砍成方块，以方便被点燃，树洞让它们看起来像烟囱。这一系列行为的实际证据至今仍保留在一些幸存的古老橡树身上。[51]

其他更多的微妙变化也在发生。大多数林地上的传统放牧走向尽头，在混合农业及机械化的背景下转化成农牧合一的形式。[52]放牧行为的消失，加上当地的兔群自 1953 年起由于多发黏液瘤病而数量锐减，改变了当地的植被构成。曾经面积广大的越橘和石楠属作物越发减少，还遭到自然再生的桦树及新种植的松柏作物遮蔽。在 20 世纪早期，桦树再一次被看作是舍伍德地区如画美学整体效果的重要组成，其价值也得到了极大的提升。牧草储存及兔子对它的再生造成了影响。二战结束后，随着放牧的终止，桦树摆脱了战时军事演习的干扰，得以再度精力充沛地重新生长，到20世纪末又一次成为一种对开放性牧草林地及荒野的独特威胁。舍伍德的一些地区，尤其是伯克兰大部分区域，仍因礼仪性目的得以保全下来。但许多地区在重新造林程序启动的初期便被清除，或覆没于"年久失修"，与栗树大道和山毛榉大道遭受同样的命运。栗树大道因其幸运得以存活：约翰·伊尔贝回忆起，曼福斯夫人偶然看到一群人准备砍掉一棵老栗树时，立即命令解雇相应负责人，令其以这样的方式对自己的行为负责。但山毛榉大道则在1976年至1978年间在遭受风暴袭击、无人照料且"过于年迈"的状态下，因新的种植计划而被全部清除。[53]到20世纪60年代末，许多古橡树都被清除，或者受到了其他精力充沛的新作物的遮蔽，如科西嘉岛松，或由于煤矿开发而遭到破坏。

树木的保护

两个发生都在伯克兰森林、结局却截然不同的故事，可以看作是那些历经沧桑的古老橡树在20世纪60年代末期所遭受命运的缩影。在租赁给林业委员会的部分土地中，橡树被当成是种植针叶林的障碍，因而大多都被砍伐，那些被保留下来的也迅速被稠密的松树包围起来，遮蔽得不见天日。在另外一部分土地上，橡树成为1969年诺丁汉郡县委会兴建的国家公园存在的原因①。这背后的驱动力是，人们访问知名景点如"少校橡树"客流量的增加，以及索尔斯比给县委会的租赁合同，也被认为是"对大众的贡献"[54]。县委会在大橡树下建了一个游客中心，配套有商店、咖啡店、演讲大厅等教育设施以及行政机构，汇聚在"一系列六角形的小屋，或者一组'吊舱'一样的建筑物，位于同一个场地中，创意来自于早期森林中居民们的居所。"[55]人们铺设了许多小路，其中最受欢迎的还是从游客中心

---

①原文为法文。——译者注

及它广阔的停车场，直到少校橡树的路径。罗宾汉的角色也得到最大化利用，到20世纪末，舍伍德森林作为一个景点得以再生，每年可以吸引100万的游客光顾。

低地商业性林业发展的浪潮，尤其是在荒野及原橡树林基址上进行种植，于20世纪80年代发生了转向。由于20年前种植范围的扩张，使得舍伍德森林内只有少量余地供以培育新物种。70年代中期，各政党在商业性林业的需求上达成一致，即转变当时的策略。而更多私人林农也越发关注工党在林业附加税目的上透露出的指向。在索尔斯比，人们的经历从种植新树木，转变到对现有树木的巩固和保养上。永久性林业雇工，在1984年时护林人与伐木工的比例是1:9，而到2000年则显著增加。许多地产性营建，在承包人的决策下得到更好的利用。[56]商业性林业发展的放缓，也改变了国家公园外古老橡树的命运。

图80　伯克兰的老橡树，舍伍德森林，2012

许多单独的老橡树仍会在针叶树的种植园里被发现；它们之所以存活下来，仅仅是因为清理它们的难度太大，或者费用太过昂贵。此外，主要群体的古老橡树被保存在国家公园，以及另一个重要区域，即索尔斯比公园的巴克大门附近。到 20 世纪末，人们也越来越认识到这些树作为甲虫和其他昆虫栖息地巨大的国际性重要意义。这些树木的"高寿"，以及其中包含的大量枯木，作为生态资源都极具价值。整个区域因此被划定为"具有特殊科学价值的地点"，还被欧盟栖地指令确立为特殊保护区。它是"最北的一个嗜酸性老橡树聚集区"，"值得注意的是它丰富的无脊椎动物群，尤其是蜘蛛，还有多种多样的真菌聚落"，还在"保有林地系统及其功能上，以及成为延续性枯木栖息地方面具有良好潜力"。通过调查具体数量、条件和分布，人们发现区域内尚存有 1000 棵老树。其中一个样本的树洞，与 18 世纪时相比已然变小。通过探查其内核，综合树木年代学的知识便可具体确定其年份，人们从而可以建立对活着以及死去树木生活能力上的长期认识。[57]

经历了长达 50 年的熟视无睹，私人地产上活跃的管理人员和林业委员会终于回归到对古老橡树的关注。专门的保护机构提供资金，用于帮助移除环绕于幸存的古橡树周围的松树，并建立起防护栏，以避免传统放牧再度被引进所带来的危害。实际上在 1998 年，牛群就已经再一次进入森林觅食了，当时有 12 头牛被允许进入巴克大门，为期 6 周。这一尝试表明，由于欧洲蕨的大量生长，放牧变得并不容易。于是在对欧洲蕨进行机械碾压和化学清除后，该尝试才得以再次进行。[58] 这些措施被证明是有效的，随后羊群也完成了场景转换，回到了林地放牧的传统方式之中。古老的橡树与残余的荒野成为生态学者眼中欧洲的重要性所在。它们未来的管理，也将不再只是由当地人的兴趣来决定。放牧的再引入以及针叶林的移除，产生了全新的景观，但这一景观实际上与 18、19 世纪时的景致十分相似。此外，土地拥有者、政府机构和社会团体，例如舍伍德森林信托（Sherwood Forest Trust），则正致力于保护散落在舍伍德森林古代边界之内的各个荒野与林地碎片。

第七章　地产林业

19 世纪伊始，约翰·斯图达特（John Stoddart）发表了一份描述苏格兰风光及礼俗的评论，展示了伯纳姆森林一片野生且饱经风霜的场景（图 75）。[1] 画面的前景是一段被砍断的树桩，远处一个男人正顶着飓风，穿过一片零乱的树林；他的帽子被吹走了。林地是经过放牧的，许多树都被截去了头枝；这是一个极好的高地林地牧场的例子。锯齿状的闪电，进一步固化了肃穆感，令它成为一幅富于文学性、美学性的画面。但它绝不会被那些通过国际贸易和家庭工业发家的土地拥有者所重视。他们的队伍在 19 世纪不断壮大，与此同时也在努力扩大自己的林地种植，并设法进行管理。农业及工业革命的中期效应，就是把大量的财富，集中到了少数土地所有者手中。约翰逊博士曾提出过一个很著名的质疑："在爱丁堡和英格兰的边界之间，是否能找到一棵比他年纪更大的树？"[2] 不过这也证明，在那里确实有许多年轻的树木。18 世纪，由于阿索尔公爵这样的贵族种植者的引领和土地拥有者的热情推广，种植风潮迅速在 19 世纪风靡整个英国。许多最为杰出的森林作家及林业从业者都是苏格兰人。他们在改变土地树木种植模式方面大获成功，同时也在树木于某些森林的具体分配中大有斩获：在《麦克白》中，莎士比亚对伯纳姆森林的设计，预示了 19 世纪英国地产林业方面的变化。

人们在 19 世纪早期对树木巨大且多样的热情，最初是在简·奥斯汀（Jane Austen）的《曼斯菲尔德庄园》（*Mansfield Park*，1814）中被捕捉。首先是土地拥有者托马斯·伯特伦爵士（Sir Thomas Bertram），他从位于西印度群岛的奴隶种植园归来后，前去拜访他的"管家与行政官，开始进行调查与估算，在生意的间歇，走进马场、花园以及最近的人工林。"当能干的托马斯爵士着手为他的地产建立起经济基础时，他热衷于看着年轻的人工林蓬勃生长。他的儿子托马斯则喜欢可以狩猎的树林。他告诉他的父亲，有关 10 月早期的打猎：

> 我穿过曼斯菲尔德树林，艾德蒙则来到伊斯顿以外的灌木林。我们带了 6 个铁夹子放在我们之间，那最多会杀死猎物 6 次。但我尊重您的野鸡，先生，如您所愿。我认为无论如何，您都不会看到比那时的曼斯菲尔德树林更糟的环境状况了。我此前从未看到过如此多的野鸡，出没在这片树林之中。

托马斯爵士的侄女范妮·普莱斯（Fanny Price），醉心于树木及它们叶子的美貌，尤其是"多么美丽，多么受欢迎，多么奇妙的常青树"！她把它们看作是秋风来临时的避难所，以此揣测"种种令人惊奇的自然现象"，"在我们知道的某些国家，有一种落叶树就属于这一品种，真是令人奇怪，同样的土质、同样的阳光，养育出来的植物居然会有不同的生存法则与规律。"当范妮在 3 月和 4 月远离了庄园时，她忧伤于"失去了春日的所有乐趣"，无法"亲眼得见所有那些令她愉快的开端与生长"，尤其是"她叔叔种植园中枝叶的伸展，那些树木的荣耀"。当她回归时，"自 2 月起，处处都苏醒，整个国家焕然一新"，她看到"草地与种植园都扮上了最新鲜的绿，树木虽然尚未完全长成，但当未来的美丽已唾手可得，这树木当下自然也是令人愉快的状态，而眼前虽有许多可观赏之物，但更多的美丽仍在想象之中。"

到了夏天，在另一处——即索瑟顿的小种植园，树木正为许多户人家提供它那宜人的阴影：荒野上，"种着大约 2 英亩的树林，虽然主要是落叶松和月桂树，山毛榉都被砍掉了，加之又被规定了太多形态上的约束，依旧是阴郁而富于阴影的。这自然之美，与滚球场地，以及房屋门廊相映衬。他们都因它而精神提振，常常不由自主地驻足欣赏。"范妮·普莱斯对树木的热情是适中的，她所关心的是其中"规律性"的因素，而非所谓美感。

她更关心所有者移除一条不再时髦的老橡树林荫路的打算。她哀叹这损失："砍掉了一条大道！多么遗憾！难道它再也不能让你们想起考伯①了吗？你们伐倒了这林荫，我再一次为你们不当的命运而哀叹！"同时希望能去拜访该地，"在树木被砍伐之前……现在去看一看那个地方，看看它古老的样子。"³ 树木种植的风格与类型，人们对待老树、新植本土以及异国树木的态度，都是景观美化中的不同时尚象征。林木宽泛的种类，以及人工林的建成，固定且形塑了射击游戏、猎狐行为，以及木材生产的种种模式。

🌸 古老与现代

到 17 世纪末，英国还是整个欧洲森林覆盖率最低的国家之一，广义上的林地只占到全国土地面积的 5%，并且还有 10% 的林地处于极度危险的状态。此外，与欧洲其他国家相比，原产于英国的树木品种同样也可谓是非常之少，仅仅有不足 30 个阔叶树种，以及 5 个常绿树种。树木种类的分布，往往是环境条件与过去人类活动混合而来的结果。尽管林地面积有限，但它们分布在这个国家的不同地域，种类也同样多种多样：因单宁酸的需求，橡树集中生长在康沃尔和德文郡；呈条带状的桤木矮林则生长在英国中部的溪畔或河边；被截去头木的橡树、白蜡树，以及被剥皮的榆树则往往生在篱墙之中；而具有重要意义的本土作物苏格兰松，它的生长范围只在苏格兰境内。由于林地面积小，英国林业原料需大量依赖进口，而非利用本土木材或林木产品。此外，极少有小型的公共森林，能够从如迪恩森林或新森林这一类皇家森林的残余部分中脱离出来。实际上，这种政府管制的缺乏，对于林业的发展是极其重要的。在这种状况下，整个 19 世纪里那些对来自大陆的科学林业运作方式十分热衷的有识之士，都需要艰难地说服数百位不同的土地拥有者，让他们相信科学林业的新方法益处多多。

---

①18 世纪英国乡村田园诗人。——译者注

154

只有这样才能让自己的理论付诸实践，而非如德国的各个地区——专家们可以直接为政府工作。

此外，由于英国林地面积小，且本土树种相对稀少，在 18 世纪和 19 世纪，人们对于林木管理的兴趣也开始急剧增加。在 1750 年至 1850 年之间，人们普遍对英国森林覆盖率的下降产生了忧虑。这首先是出于国家安全方面的考虑，但另一方面同样也是新兴工业和制造业如钢铁工业对木炭现实需求的体现。土地拥有者们同样会被艺术协会鼓励多多种树，作为其名下地产进步之体现。协会提供象征着荣誉的"金牌"和"银牌"，用于表彰在过去的一年里种植树木最多或森林面积最大的土地拥有者。鼓励种树的目的多在于协助海军供给、覆盖公共土地及荒地、为穷人提供就业机会，以及作为一种工业资源，或是更深层的"对国家进行的点缀"。[4] 树木和森林的各个方面，都成为人们探讨和争论的课题，论题包括树木的选择是否应当遵循美学、科学以及经济等方面的原则，现存的树木是否应当以收益为基准进行管理。人们试图对树木进行定义、登记造册，遵循科学或国别上的划分，同时建立起树木在篱墙、庄园、花园、田地等户外场景下的管理规范。这些问题同时也深陷社会与政治的考量之中，例如是否应该允许社会团体进入树林，以及利用木材。

对树木的热情，实际上是对农业及乡村建设热情的一个组成部分，与大英帝国权力、贸易、工业及财富的多方面崛起密切相关。这种热情同样体现在绘画、诗歌及文学创作领域对树木及森林各式各样的文化诠释之中。树木成为占有与财富、自然与美丽、年龄与衰老的意象符号。对于尤维达尔·普莱斯而言，树木是如画美学改进之下必不可少的风景元素。伸展"直冲天际"，在美丽上它们"不仅远胜于自然界其他索然无味的万物"，也是"完善而完美"的自我本身。树木在"形式、色彩……光与影"上提供了"无限的形式"，"品质上错综复杂"，由"数以百万计的大树枝、小树枝和树叶组成，彼此混合……交错而成"。通过它的多个面向，人的眼光会发现"新的、无限多的排列组合"，而这"错综复杂如迷宫"并不曾带来"令人不悦的困扰"，却是一个"宏伟的整体……包含数不胜数的瞬间，与卓越的部分。"[5]

约翰·克劳迪乌斯·劳登是尤维达尔·普莱斯最有影响的追随者。他在 1783 年出生于苏格兰拉克纳郡，在爱丁堡大学师从安德烈·考文垂（Andrew Coventry）[①]，同时还成了一位园丁的学徒。1803 年，他接受了自己的第一份园艺景观委托，来自于珀斯斯康宫的曼斯菲尔德勋爵。他众多著作里的第一部是《构建及管理有用且富于装饰性树林的意见》（*Observations on the Formation and Management of Useful and Ornamental Plantations*），出版于 1804 年。他认为树木是"最有生命力的客体，可以用来装饰自然那毫无生气的脸庞"。单独一棵树，可以通过"错综复杂的结构、安排其大树枝、小树枝、树叶，它的种种形式、美丽的颜色、多样化的光影组合"来实现取悦人们的目的。这令它"远远超过其他客体"，产生了一种"简单而宏大"的普遍影响，尽管"各部分仍有自己的个性"。树木是"地球表面最伟大的装饰物"。[6]劳登是维多利亚时代早期最伟大的百科全书编纂者之一，他在 1838 年时完成的 8 卷本巨著《灌木真菌植物园》（*Arboretum et Fruticetum Britannicum*）是一部关于树木资料信息的广泛汇总。他受到自然改良者杰里米·边沁的巨大影响，这令他把自己的一部作品主题定为建造植物园在功利主义方面的益处：人们只看到谷物和食用根块可以为人们提供食物，树木所提供的木材几乎不存在必要意义，但如果没有它，"人们就不会有可满足文明生活需要的住所，也不会有可满足贸易及精炼需求的机器。"[7]

对于篱墙网络、护田林带、人工林和灌木丛而言，树木都是关键性要素。在 18 世纪及 19 世纪，它们在实际及视觉上被用于改造英国的自然景观。保持对自家地产上林木的控制与管理，符合地主们的长期利益。事实

---

①安德烈·考文垂（1762—1830），苏格兰农学家，同时也是英国第一位农学教授。——译者注

上，在 18 世纪和 19 世纪，林地越发成为地主，而非农民们的控制范围，尽管各地确切的管理形式依赖于对于树木不同的产权形式及自然权利。林木管理越发与其他农业实践分离。农场上篱墙树木也由土地拥有者本人保养并控制。然而，林地控制权的整体出让，并没有随着人们对土地的兴趣水涨船高，这主要还是因为大量的社会抗议及木材失窃事件。[8] 获取枯木，尤其是柴薪，在 19 世纪已经成为老生常谈，其中蕴含的却是对于树木，人们希望找回自己此前丧失的原始权力这一动机。偷窃的数量表明"犯罪者或许得到了某种团体性的支持"：1852 年，在赫里福郡谢尔维克，"一个消息灵通，常常暗中举报其他人偷窃树木的男人被发现，有人在一个村舍花园里竖起了他的雕像，最终这座雕像被人们仪式性地射击并焚烧"。告密者比小偷更不受欢迎。[9]

🌿 树林与矮林

19 世纪，占地性的地产林业主要包含两种类型，一是传统的林地管理，主要是矮林或以矮林为标准，另一种则是人工林。人工林数量的增加，意味着许多老树林面积的扩大，一些加入到人工林中，制造出绿屏，提高树木承载狩猎活动的能力。这通常会造成新老树木相混杂的局面。在大多数情况下，19 世纪老矮林的数量规律性削减，尽管它们所带来的木材产品可以在贸易环境及变化的市场中带来盈利。在家庭及工业能源产品上，柴火与木炭被煤炭代替，导致矮林最主要的两个消费市场都大幅缩水。尽管由于人口增长，工业、农业及家庭中各类木材产品的需求都大量增长，但这类市场都仅仅局限于原产地当地，不同市场间的区域差异也相当明显。[10]

林地管理者开始了解许多矮林的古老起源。1839 年，詹姆斯·梅因（James Main）认定，历史学和考古学两方面的证据表明"更大一部分欧洲大陆，连同其岛屿，在早期曾几乎完全被树木覆盖"。其中一些森林带就被划入到皇家森林及私人庄园中，受到了长时间的保护。而其他"一些自然

157

森林带继续存在，被侵占破坏，或沼泽化，一些斜坡上的森林带则被人们鲁莽地清除，转化为耕地。"土地代理商 J·韦斯特（J. West）在1843年将古老的矮林及矮林化的树林，与现代人工林里的林木进行区分。19 世纪，对外来树种的利用，几乎全部局限在营造植物园这一范畴：古老树木与它们一同再植，几乎赚不到什么钱，不像矮林再植那样有利可图。在森宁代尔管理苗圃的 J·斯坦迪什（J. Standish）与 C·诺布尔（C. Noble）于1852年宣称移除树木通常是业主们的事情，包括把原生于本国的树木移除，再种上其他外来树木及更多用来装饰的"角色"。但这些现存的树木往往太出色，以至于无法让它们被移除。[11]

图 81　《啤酒花采集者》，1803，点画雕刻版画，威廉·狄金斯，临摹自亨利·威廉·班博里

直到19 世纪80 年代末，威廉·阿布利特（William Ablett）仍能强调矮林的盈利能力："矮林得到相当多栽培的地方，往往更利于去安排持续不断的农业轮作。这些矮林可以被清除，再种植，年年获利。"[12]在一些区域，由于本地市场，如肯特、赫里福郡、伍斯特郡的啤酒花支杆市场，对于啤

酒花支杆①的需求量十分巨大，因此需要种植新矮林，把旧的一批矮林储存起来使用。肯特当地的农业估价师汤姆·布莱特（Tom Bright）在1888年写道："在许多地区，近年来由于对林间林管理的改变，已经带来了进步影响，对于最漫不经心的观察也同样显而易见。"他强调"一些自然的林间林，足以带来明显的改善……依据土壤的类型，所有老林地的空缺（应当被填补上的），应由栗树或白蜡树填补。在距离上，种植间距不可少于6英尺，但这个距离要远小于老树和下面的树桩之间的距离。"[13]

1894年，曾在印度森林服务机构有过从业经验，并在西苏格兰农业学院深造过的约翰·尼斯比特（John Nisbet），同样对矮林的区域重要性进行了强调："橡树矮林是迄今为止收益回报最为可观的栽培物种，只要附近有可供倾销树皮给皮革厂的优质市场。"白蜡树、枫树、悬铃木、甜栗子树和榛树的混合矮林也是"英格兰西南部相当具有回报性的树种，只要附近有幼苗和木杆的优质市场，例如啤酒花地区"。类似地，桤树矮林"比种在作物附近的空地上的种植更具收益性，更适合它，但它无法方便地排水，以满足更高层次的目的。"[14]到了19世纪末，矮林价格出现了显著的下降，并且仅仅9年之后，也就是1905年，尼斯比特便描述了一幅非常不同于此前、十分惨淡的矮林种植图景。他把这种树木称之为"树木栽培的民族形式"，"很大一部分却都转化成狩猎场所，被隐蔽起来……尽管萌生林与矮林在大型地产上，仍旧是最为有利可图的部分。"[15]

一直到21世纪初，当金属工具已经几乎完全取代当地的木制工具，大多数地区的矮林市场最终完全倒闭。在托马斯·哈代（Thomas Hardy）的作品《丛林人》（*The Woodlanders*，1887）中，许多人物都是通过矮林贸易为生。到了1912年，哈代在这部作品新版的序言中写道："关于角色们从事的工作，随着铁制器具在农业活动中的广泛应用、茅草屋顶逐渐被人们

①啤酒花支杆（hop pole），用于支撑啤酒花生长的木杆。啤酒花（hop），又名蛇麻花、酵母花，原产欧洲、美洲和亚洲。可用于酿造啤酒和药用。——译者注

放弃，他们的手工作业，被看成是'矮林活儿'的劳作业已不复存在，这一类人也同时消失不见了。"在农业领域，木制产品进一步被金属及化学制品取代，导致矮林作业在 19 世纪末与 20 世纪之交时的最后崩盘。不过这并不意味着到 20 世纪，人们无法在某些特定地区找到它的踪迹。比如在赫里福郡的伊斯特诺，直到 20 世纪 30 年代初，矮林的需求才降低到较低水平，原木竞拍活动已经无法吸引到任何买家了。[16]

✿ 人工林

人工林林业在 18 世纪已经成为英国地产管理方面一个时髦的分支，并发展出自己的传统。它与爱国主义及改良主义紧密相连，并在 19 世纪继续作为乡村地产管理的核心部分出现。其安置很少由内在的获益性确定，虽然这一点常常为林业评论者及专业人士所强调。人们往往看重树木生长在自然上的得体，以及景观、嬉戏、狩猎上显而易见的好处。热心的苏格兰园艺种植者乔治·辛克莱（George Sinclair，1786—1834），曾为贝德福德公爵担任多年园丁，随后又成为一家种子商店的合伙人。他热衷于阐明种植树木对农业及经济发展所具有的普遍好处。1832 年，他指出可以从帝国不同的地方找到许多实例。裸露、贫瘠的土地通过种植树木，可以变得适宜耕种，并且可以获得最好的牧草，促进饲养条件的提升及育种改良。这实际上是通过克服当地在气候、土壤及土地荒芜的缺陷，扩大了可利用土地的范围，增加财富累积和人自身的力量。

辛克莱认为，种植树木的一个优势在于：明智的种植安排与富于技巧的人工林培育，兼顾了国家与私人的利益；除了现实而固有的木材价值外，种植树木……可以改善周边气候条件、土壤的主要成分……提供给家畜以庇护、促进牧草及作物生长、美化景观，给家族固有的土地带来极大且永久的固定价值，还能惠及周边土地。

所以，建造人工林不仅可以直观地扩大现有农用地的面积，还能提升土地的资本价值，从而促进农业生产的发展。[17]

种植树木的热情，与土地拥有者在土地上拥有越发巨大的权力密切相关。他们可以设置围栏，把土地封闭起来，以控制利用及管理土地的方式方法。这又引发了关于改良，及议会提议的封闭措施。在苏格兰则引发了粗暴的人口迁移，它们传统的耕种模式遭到了众所周知的清洗。[18]种植树木得到了诸如"社会改良者"（the Society of Improvers）、"高地社团"（the Highland Society）这样的社会团体的支持，其中前者在 1723 年成立于爱丁堡，后者则成立于 1784 年。当时最大的苗圃之一——珀斯苗圃，建成于 1767 年，并且在 1796 年占地面积超过了 30 英亩。最杰出的种植者包括阿索尔公爵，他以其面积广大的落叶松人工林而闻名，其中一些落叶松由布莱尔·阿索尔在 18 世纪 30 年代时引进，而继承公爵之位的其他几位绅士也相继意识到它们的潜力，进一步构建规模广大的人工林。到第四代公爵时期，树木的种植面积已达 15500 英亩，而落叶松也是他最喜爱的树种。他也热心于为海军提供木材供应，并且认为落叶松可以很好地替代橡树。实际上，他"每年都会增加来自苗圃的纯种落叶松种植，不断优化树种，同时提高其人工林树木的平均高度，在潮湿的洼地……节制地种植挪威云杉和苏格兰松"。[19]

许多其他地主也热心于种植树木，但很少如此迷恋纯种的落叶松。大多数人会把落叶松当作保护树，和阔叶树一起种植，例如橡树、山毛榉、白蜡树或榆树。这样做是因为落叶松可以帮助阔叶树长得更好，当阔叶树被留下来继续生长时，砍伐落叶松还可以带来不错的收入。在曼斯菲尔德公爵位于斯昆的地产上，劳登曾在这里工作过。这里适宜耕作的土地被犁起，种上了成排的树木，落叶松与阔叶树交替种植，距离通常是 4 或 6 英尺。大多数落叶松会在 13 到 15 年时被清理。由于这样一个在 1804 或 1805 年建成的橡树及落叶松人工林，曼斯菲尔德公爵还收到了一块来自艺术鼓励协会给予的金牌。[20]

早期阿索尔人工林系"有计划地开展""种植树木与道路铺设相协调，

将土地分割成 50 英亩一个的单元"。[21]仅以几何学原则来决定树篱和墙壁的位置，并不一定会导致风景布设上的死板。例如艺术家、笔记作者约瑟夫·法灵顿，就在 1801 年的苏格兰之旅中造访了阿索尔的人工林，并对其大加赞赏："这里的风景，自道路两旁，从邓凯尔德到布莱尔，都异乎寻常地美妙。装饰以人工林的山丘，并不以普通的方式建成，而是混合了自然天成的岩石。河岸尽管朴素，但仍然足够整洁，并且完善了庄园风光的边缘风貌，形成所谓的'花园风光'。"他评论道："普莱斯先生与奈特先生也许会把这个名为泰伊的小地方，作为自己的一个例子。"[22]其他热衷于绘制落叶松的画家，如卡迪根郡哈弗德的托马斯·琼内斯，曾彻底在自己的地产上改变农场与租地的形式，营建了许多人工林，总计种植了大约 500 万棵树。他还被鼓励，"依照'如画美'原则，装点自家荒芜的祖地"。[23]

但数以千计的人工林，它们的形状和安排策略又应该是怎样的呢？人们又该如何让大量新树木适应原有的树林与树篱格局呢？大多数现存的古老树林的边界和形状都没有自觉的划定，但到了 19 世纪，大量的注意力投诸土地所有权之上，对剩余开放田地的圈占也给了地主们一个机会：重新划定乡村的边界。到 18 世纪中叶，许多新种植的树木已经长成，地主们也可以对人工林的类型是否最具实际效果，做出明智的判断。

尤维达尔·普莱斯认为，人工林的种植策略选择，以及将不同种类的树木安排进同一风景中时，应当格外谨慎。作为一般性原则，他认为"仅仅让树木适应气候是不够的，它们也应当适应风景，与当地植物融为一体"。他对混合型人工林十分热衷，认为"外国树种可以成为林地外围的一块补丁，或者安排在一些开放的角落中，与本地作物混合，就像是一群年轻的英国人和一个意大利人一起开座谈会"。他把这种情况和"一些异国树种在不经意间蓬勃生长，绽放它们的美丽。但在我们自然的树木之中，它们的树叶却是不太让人熟悉的"做对比，认为后者就像是"在相同愉快的氛围中，当一个美丽温和的外国人已经习得了我们的语言和礼仪，从而可以与本地人自由交谈。但她仍保留了足够的原始口音和性格，通过她的言语和动作，表现出了特有的优雅和风情。"[24]

图 82　《哈弗德宫》，卡迪根郡，亨利·加斯蒂诺临摹自约翰·瓦劳雕版

　　除了在树林中进行混合种植，普莱斯还认为，新的人工林在安排上也应当足够小心，以增添景观"无尽的丰富性与多样性"，同时似乎又不失"原本设计的部分"。然而在实践中，他发现许多人工林的种植都"尽可能区别于本土的树林"，这样就没有人会质疑"哪一部分是经过改良的。"他指责地主们一心只想制造一幅图景以彰显自己的热心，以及关于种植新树林的许诺。实际上，他批评的是那些忽视"自然原生的本土树木"，因它们"太寻常"而"排除"它们，选择"形式与颜色都很古怪"的异国树种，以"取代橡树和山毛榉"的人。他认为，"无论本国土地上的树林由怎样的树木组成，它们都应当普遍出现在新的人工林中，否则，那两大原则，即和谐与品格的统一，就会被破坏"。他同样也强烈反对普遍的实践，即"用冷杉或落叶松"填补"两棵树木之间的空白区域"，而不是考虑"采用那些理所应当的对象，来连接那些树木"；这些"形式与颜色上粗糙而突然的反差，令这些插入物每次出现都像是打了一块笨拙的补丁"。[25]

163

他指出，人工林中的树木往往会表现出相对较差的形态，相对"温驯"地遭到"可怜的捆绑（无论它们的年龄），在上层人士的人工林中往往会呈现出窘境，甚至可以"与"遭到忽视的老截头木"的"旺盛生命力"相提并论。[26]这个段落中，他所表达的是木材商人对于人工林中笔直且同龄树木的偏爱，与那些庭院设计师对在人工林中混合不同年龄及种类树木的热衷之间的必然矛盾。他还指出，"即使是大型的冷杉人工林，当它们并不是这个国家原生且优势的树种时，它们粗糙而繁茂的外表，也会令整个景观都显得不够协调"。这一点尤其在"当山谷的一侧全种上了冷杉，另一侧种的则是落叶树种时"体现得相当明显。但人们为了能让树木"尽快呈现出某种形态"，而尽可能地把树木种植得接近，导致了这一状况的进一步恶化。普莱斯指出，拥有者们"几乎不曾"有"让树木种得足够稀疏的决心"，因此树木就"全都以相同的高度，并排站在一起……不分种类，不作区别地形成一个整体，成为一个巨大的、不可破坏的、没有区别的黑色块状物"。他将此等同于诗人约翰·弥尔顿对自己无知的描述："自然的杰作也成了一片空白。"更糟糕的是那些被密集集种植的人工松林内部，"形成一批光裸的长杆……上面有统一的遮蔽，可以通过腐朽的小树枝和大树枝看透；下面则土地干旱，树木因有害的堆积物而枯萎；几乎没有一棵植物或者一片草，没有什么能让人联想到生机，或者草木本身。"普莱斯认为，在"所有凄惨的景象"中，这"最像是一个人把自己给吊死的场景"，不过他又实际地指出，那里"已经没有树枝的分杈可以让人把绳子固定在上面了"。[27]

条带状和屏状这两种人工林的专门形式，在18世纪已经得到了普遍推广，常常环绕公园高地，以及公园里的树丛。关于人工林对树木的屏障作用，人们早已有所认识，但直到19世纪早期，条带状的人工林才开始普及。普莱斯则抱怨它们遮蔽了视野，破坏了风景。他批评查尔斯·黑斯廷斯爵士名下一处位于阿什比德拉祖什和米舍姆之间的地产，那里有一条沿着主路生长的"漫长的人工林线"。这片人工林"对于旅行者而言是十分遗憾的，因为大概只要一两年，它就会把整个沿途都遮蔽起来"。普莱斯认为，"一些特定部位的树木"应该被清理，好让远处的视野"充分显现，进而形成令人非常愉快的组合"。[28]普莱斯还保留了对公用高地树丛最尖锐的批评，"它对于自然最杰出的贡献，犹如那些长在人脸上的肉瘤的作用"，像是"长在任何突出主题之上的赘生物或粉刺——没有任何表面上的高贵美丽，可以让人们把注意力从它们之上移开"。他不喜欢那些与落叶松种植在一起的树丛，因为"它们大量的尖顶，和一种自然的情形十分相似，就像一排散兵游勇，几乎可以成为克劳德和普桑的最好素材"，那些一起种植的"苏格兰冷杉"的"暗色调"，又恰恰可以完成"最后一击"，令它们"可怕而显眼"。[29]

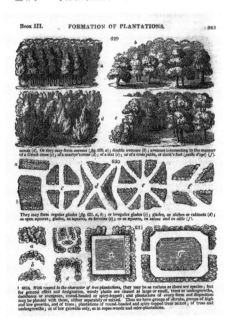

图 83　约翰·克劳迪乌斯·劳登，"人工林的形成"，《园艺百科全书》

　　约翰·克劳迪乌斯·劳登也在《关于人工林形成的建议及令人愉悦的庭院》（1812）中，提出了自己关于树木种植和管理的看法。这部作品里包含了布置花园的计划，大型住宅内令人愉悦的庭院设计，以及对人工林管理的分析。[30]在他具有影响力的作品《园艺百科全书》（1830）中，开篇

165

序言就对于如此多种类的树木可被用于构建人工林表示了兴奋之情。认为这"也许会因为物种不同而带来不同的效果，但基于普遍的效果和设计来看，木本植物可被归类为大型树木或小型树木，乔木或灌木，落叶林或常绿林，圆头树或尖顶树；而任何形式、任何安排下的人工林，也都要考虑得到这些，无论是纯种人工林还是混交林。"林荫道可能有单排或双排树木，可能以"希腊十字"、"殉难十字"、"星形"或"狗或鸭掌形状"的形式相交叉，而林间空地则可能规则或不规则，"作为壁龛或内橱"，或一个"遮阴篷"、一间"客厅"①。[31]许多土地拥有者由于人工林，开始建造花房、凉亭或摊棚，以让这些得到充分的欣赏。19世纪中期最高产的园艺设计师之一威廉·索里·吉尔平（William Sawrey Gilpin），曾建造过以"无规律形状，带有明显的参差不齐"为特征的人工林。这实际上是在模仿错综复杂的"吉尔平阳台壁墙上可被发现的建筑细节，包括伸出的盖梁、装饰用的花瓶，以及突出的扶壁"。[32]

在19世纪，尽管普莱斯、劳登和吉尔平都对树木种植的模式和形态产生了巨大的影响，但在许多地产上，樵夫——或者更大范围内的林务专家——他们培育了数个地产上的树林，才是人工林的设计者、实践者和管理者。18世纪及19世纪中期，苏格兰地产上的种植实践通常由来自英格兰的专业林务员来进行；而到19世纪中期，"每处地产上安排一个苏格兰林务专家的正确性，就像是高贵的人拥有一位法国'主厨'②"，而"尽早地实践及强调稀薄化，这些在英格兰流行了50年甚至更久的概念，则正是由苏格兰林务人员引进来的"。[33]威廉·林奈德则辨认出，在19世纪，至少有21位苏格兰林务专家在威尔士最重要的地产上工作过，包括彭林城堡、哈弗德、马格姆和博德南特。[34]

英国并没有单独建制的林业学校，大多数有责任管理林木、建造人工

①原文为法文。——译者注
②原文为法文。——译者注

图84　海曼·鲁克，《法恩斯菲尔德人工林中的土耳其凉亭》，18 世纪 90 年代，水彩画

林的人，往往要通过实践，即在自家地产上尝试来积累经验。通常，森林管理的长期规划也掌握在代理人或地主自己手中。这种情况受到了许多评论员的批评，A·C·福布斯（A. C. Forbes）在 1904 年时写道："直到最近（在某种程度上是正在此刻），我们才看到地产林务的各个职位上，充满着来自不同阶层的人士。任何人，只要有了一点普遍性的地产工作知识，就可以被认为能够胜任林木管理的工作，尤其是在那些以标准化矮林作业为低矮林构成方式的区域。"福布斯认为，这种传统的林地"并不需要有出色的能力，只要去管理半打工作人员，标记估算出用于使用和出售的树木数量，去观察树篱与栅栏是否处于一个较好的状态即可"。[35] 也正因如此，矮林作业在整个世纪依旧得到人们的利用和信任。

　　然而，福布斯还认为，建立成功的人工林的技能，并不适用于大多数地产。事实上，当"种植开始进行，它往往曾经是，并且仍将是由一位园丁，依据合同决定每亩地种多少棵树，种植方法和树木种类也会统统为他提前决定好。"他尤其批评许多小型的地产，那里"商业细节与更高的树枝出现在林木作业中"，由土地代理人掌握。他们只接受过粗略的专业训练，需要"实用技巧"来处理的工作，只能交由工头儿完成，他

167

们"至多比一个训练有素的工人强一点点，在种植、扩展空间、排水等方面多一点基础性的、依由经验法则得来的知识"。在他看来，雇佣如此不合格的员工，是"不可避免的坏事"。[36]

园丁们并不只提供树木种植的劳作，他们还撰写了不少林业手册。詹姆斯·布朗（James Brown）是最有影响的林务人员之一，他的苗圃位于斯特灵郡附近的克雷格米尔别墅，专门培育"松类树木，所有植物的种子都源自本土"。他的笔记《林务管理者》（1847）再版多次，他本人也力求通过人工林的栽培，来提升木材的品质。他也没有停止对自己服务的"广告宣传"：

詹姆斯·布朗（《林务管理者》的作者）请求告知地主及他们的代理人们。通过多年对于英国人工林种植中的大量落叶松及苏格兰松的观察，他认为它们作为木材的品质并不能得到确保。他在斯特灵附近地区，于适宜的土壤和条件上建立了一座苗圃，基于合理的自然准则，培育了许多知名的，包括其他一些松柏作物……所有的种子都源自本土。[37]

由于他所鼓励种植的混交林在苏格兰逐渐流行，布朗本人的声望也有所提高。写了几本森林笔记，还在泰恩河畔纽卡斯尔的达勒姆理工学院担任教职的 A·C·福布斯，后来认为对于布朗和他的研究，"我们欠缺一个关于混交林的介绍。混交林是一种可能会造成最坏结果的种植系统。人工纯林在种植时，总是不变地选择落叶松……在多数情况下，这样的种植方式并不会带来太多的一等树木，它们仅仅会带来狩猎区的快速增长，或者是林地屏障和条带对自然风光的影响。"[38]

但这种批评其实并不公平。布朗对于鼓励大规模林业做了很多努力，他同样对树木的扩展空间和管理持小心谨慎的态度。此外，他还在筛选适宜特定种植位置的树木品种方面，做出了最大程度的坚持。

布朗还为混交林计划提供了一份图表（图85）。阔叶树，如橡树、白蜡树、榆树、悬铃木都"精确地种植，与下一个同类树木的间隔有20英尺"，而位于其间"作为保护树的落叶松"，则在距离每棵阔叶树3又1/2

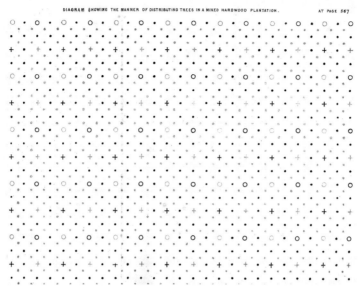

图 85　詹姆斯·布朗,《混交阔叶林中树木分配方法图示》, 引自布朗的《林务管理者》, 1847

英尺处生长,"苏格兰松保护树"则距它们有 5 英尺。布朗认为,"如果是为了扩展空间, 种植在每一棵阔叶树旁边的 4 棵落叶松都可以被移走", 但苏格兰松就需要生长更长一段时间,"在它们具有一定价值之前"。[39] 布朗强调, 在种植树木、扩展空间之前, 人们必须考虑到当地的土壤类型以及海拔高度。并且每个林务工作者都应当以一个地理学家的眼光, 来看待他所管理的林地地产。他应该把它看作是一片大陆; 按照海拔高度, 每片人工林又都是一个独立的王国; 而在林务人员心里, 根据不同的方位和范围, 每一片人工林或许会再一次被划分成多个省份。而种植这些树木, 显然要从大自然自己的规则出发, 以最好的状态去适应。[40]

　　如果布朗的建议得到了高度采纳, 那么新的人工林景观就可能以自然的方式出现, 同时也可以保留建成之初获取木材的目的。

🌺 新样式

树木不仅在审美上令人愉悦，启人明智，同时也在农业、工业、商业、建筑和满足海军需求等方面展现其"多面手"的属性。按照劳登的说法，它是"文明社会基址的最必要条件"。令人愉快地"参与建立和管理人工林"，是一件"相当值得推荐给每一个有善良心灵之人的事情"，小树也可以看成是类似后代的存在；"没有什么"比"看到它们在我们的照料和关怀下逐渐长大、越发繁荣"，探看它们的进步、标记它们特有的形状更令人感到满足。当它们"步向完美"，它们"极致的美"就会被预见，一个"最令人愉快的结果"便会得到"清白而理性"的感知，令人震撼。如此，它们"也许理应在最细腻的令人愉悦之事中，占据一席之地"。在他事业的起步阶段，通过其作品《观察》（*Observations*，1804），劳登已经热情地讨论了种植、管理和改良林木的种种，将其作为人类文明的主要标志之一。[41]

树木收藏的流行与时尚，通过获取、种植，以及培育新型乔木与灌木，令树木成了艺术品，或者是古老、十分可取的美丽之物，成为庄园的背景，或者是潜在的成材之木。19世纪热衷于树木的人们尤其易被常绿林和针叶林的美丽所感染。英国本土植物群一度失去了许多重要的常绿树种，仅存有阔叶冬青树、针叶紫杉和苏格兰松。黄杨和欧洲刺柏尽管同样属于本土，但却往往容易长成灌木而非真正的乔木。这种常绿树的匮乏，令维多利亚时期的园丁们格外看重那些可以在漫长冬季里保有各式各样叶子的引进树种。最狂热的常绿树爱好者之一是德比郡的园丁兼园艺学家威廉·巴伦（William Barron，1805—1891）。在拥有自己的苗圃生意之前，他曾于19世纪30至40年代，为德比郡埃尔瓦斯顿城堡的哈林顿伯爵工作。

巴伦的著作《英国冬季花园》，促进了常绿树在公共和私人空间中的利用，驱动英国、欧洲和美国的花园找到了新的风尚。他为针叶树的新奇、异国情调和自然特性所吸引，并据此开拓它的商业价值。尽管他宣传并推广了大量的针叶树，但和巴伦关系最为密切的常绿树种却是紫杉。紫杉的装饰价值和相对轻松的迁移方式，令巴伦对它喜爱有加，广泛用于花园景观设计和栽植的委托之中。他尤其看重种植不同形式或颜色的紫杉，带来与背景之间的对比及视觉效果，例如混合大小不同的紫杉，种植在金色紫杉①、爱尔兰紫杉、斑驳的白色雪松以及不同的刺柏之前。[42]

在巴伦看来，比起落叶乔木，针叶树要更加优秀。因为它们健康、实用、整洁，还可以在一年之内始终提供给人以盎然绿意。他批评那些在公园和人工林种满落叶树的行为，抱怨这样的情形竟是如此地常见："临近我们的房舍，常常都是最寻常的东西，如榆树、白蜡树、悬铃木、杨树，以及其他垃圾，可能都是来自最近的地方苗圃过剩的库存，全都提供不了任何立即或是持续性的作用！"另外，落叶树还会产生"由持续产生的枯枝败叶组成的垃圾"，在他看来会在整个冬天都散发出"一种不卫生的臭气"，"一堆无枝叶的树干"，没有任何遮蔽和保护，需要"在冷风中待上7个月之久"。而作为对比，针叶树则因为"可以提供无限多样式的形态、尺寸、结构和外形"而令人钦佩，"从普通的南洋杉和锥形的刺柏"，到"野性而雄伟的松树，甚至还有形态精致、优雅、飘逸的柳杉……和铁杉"。他对极为巨大的"兰伯特和边沁松"、红杉和花旗松极为热衷，认为它们远胜其他树木，以其"高贵的头颅，高于整个大英帝国森林几百英尺"。[43]

巴伦认为，针叶树不应该堕落成为"聋子的耳朵"，同时他和其他的园丁、作者一道，共同酝酿了一场关于新型针叶林的流行热潮。这主要体现在私人地产上的树木园及松林，它们都出现了相关作物数量激增的状况。拥有颇为可观财富的霍尔福德家族，主要是通过将新鲜河水引入伦敦的新

---

①金色紫杉（golden yews），实际上仍为爱尔兰紫杉，仅仅因其生有黄色叶子而单独得名，但根本上属于"命名错误"（nomenclature blunder）。——译者注

图86　德比郡埃尔瓦斯顿城堡地面图解，引自 E·艾德瓦诺·布鲁克的作品《英国花园》，1857

河的公司股份赚取资本，因此便允许家庭成员们把激情同时用在收集树木和艺术作品两方面上。罗伯特·斯泰纳·霍尔福德（Robert Stayner Holford，1802—1892）就在他位于伦敦和格罗斯特郡大而崭新的房子（多切斯特别墅、韦斯顿伯特）里展示他的艺术收藏，而他快速扩张的树木收藏则被安置在位于韦斯顿伯特的树木园里。这些树木收藏也呈现在林荫道和马路旁，游客们可以方便地观赏到新品种的树木。在德文郡的比克顿，1843 年建成了一条南洋杉林荫大道，树木的种子套种于埃克赛特著名的维奇苗圃（图87），而英国现存最大的一棵智利南美杉，高达 26 米，周长 4 米。[44]在赫里福郡伊斯特诺城堡，萨默斯伯爵拥有一条 3 英里长的马车车道，"侧面有常绿树、落叶树和灌木"，既包括本土树木，也有异国树种，如紫杉和野生杨梅树。[45]

🌿 隐蔽景观

18、19 世纪土地所有权的巩固，与大片开放的土地数量以几何级数增长，向各种用途的封闭场地转化密切相关。不过从广义上讲，此前英国中

172

部的开放土地，也是被树篱包围着的，其中大多树篱是由山楂树构成，也有榆树和橡树穿插其间。在北部和西部的丘陵地带，围栏则通常以石头砌成。尽管这些边界被视为是自然保护的重要性在传统观念上的体现，但对于像约翰·克莱尔这样同时代的人而言，它们恰恰是最有力的证据，用来佐证传统土地所有形式及农业实践方法的丧失。1770 年，威廉·吉尔平游览了穿过科茨沃尔德丘陵地带的怀河河谷，这一地区极具如画美风格。他发现"北部的侵蚀道路越发令人生厌。没有出现起伏，但每一侧都在下陷；它还常常被石头隔开，实在是地产上最唐突的分隔手段"。[46]但这种新景观的出现，却给那些热衷于猎狐和射击的人们提供了机会。对于猎狐者而言，树篱增加了更多的刺激，因为它会给马儿们提供许多各式各样用于跳跃的障碍。新场地的布局，加上土地被分割，加入到种种新模式的佃户农场，同样也提供给人们空间，栽种一些小型的林木，以作为猎杀野鸡游戏的场所。地主们享受在狩猎季节中漫步于乡间，并乐于和他们更富有的朋友以及佃户分享这种乐趣。

图87　比克顿的南洋杉大道，引自《维奇的松柏手册》，1900

"狐狸窟"（Fox Coverts）的建成，保证了狐狸在特定区域内的数量。

例如在著名的莱斯特郡夸恩镇，以及南诺丁汉，"制造了足够数量的隐蔽所……坐落于适当的位置，精心管理，以保证有足够多的'原材料'用于狩猎"，从而解决了狐狸太少的问题。[47]这样的隐蔽所包括"牧师的荆棘"、"牧师助理的金雀花"，都位于希克林教区。尽管"树林和人工林"担负起了"冬天的避难所"这一职责，但"人工隐蔽所""显然是为实现人们占有狐狸这一目的而建"这一层意义，更加令人印象深刻。它们应该"不小于5英亩，甚至要多于12英亩"，而占地10英亩的"荆棘与金雀花"则面向西南，边缘有"双排的奥地利松，长得非常快，对风力有极好的延阻"，十分理想。在其中则有条带状的山楂树和女贞树，伴随着"剩余物被分割成4个部分……两部分种上了李树，另外的部分被套种上金雀花。"四部分中的一块，需要每3年，还要允许它再度成长，以避免隐蔽所"空洞化"，[48]精心的管理可以让隐蔽所在许多年内都成为狐狸们的安身之处。由于狐狸们所需要的温暖和庇护，人们通过创建一个分散化的，以金雀花、荆棘和乔木构成的人工林，改变了以往开放区域的普遍形态。

19世纪人们对于猎狐行为不断增长的热情，是与其对射击游戏兴趣的提升相匹配的。林地管理也给可用于射杀的野鸡提供了最大化的空间，用以满足土地拥有者们这种持续的癖好。对于野鸡这种喜欢在林地边缘栖息的生物，人们对其的偏爱，再一次决定了林地的管理模式和人工林的布局。就像是由于狐狸的需求，人们通过树篱搭建出一个个小型的隐蔽所一样，野鸡的需求则驱使人们构建长长的林带。出于这种目的，围绕庄园而建的屏状和带状树丛与人工林，配以树林轮廓上的凸起设计，都会十分理想。

猎场看守人的需求变得越发贪婪，使得同一地产不同部分之间有时会产生矛盾和争执。佃农们会因为野鸡破坏了农作物而恼火，而林务人员则会感觉，地主们觉得野鸡比树木还要重要。然而最严峻的，还是由于地主们自己需要而保护下来的这些鸟儿，常常会导致猎场看守人和偷猎者之间的激烈冲突。大型地产往往会拥有一队看守人，他们在当地扮演着警察的角色，限制并控制了该片土地所有的出入途径。那些用于饲养和"保护"

174

猎物的林子，则往往是偷猎者的目标。而当野鸡的数量越是通过严苛的管理得到增长，地主们就越发不能忍受公众擅自进入他的土地。

而在这个世纪之中，射杀野鸡的方式也产生了戏剧性的变化。在19世纪最初的年头里，人们往往会像《曼斯菲尔德庄园》里的汤姆和埃德蒙·伯特伦那样，带着猎狗出门，在一天的射击游戏之后带着一打野鸡开心地回家。但到了这个世纪末，人们就把这看成是老旧过时的方式：

> 过去的日子，在大森林里……人们习惯于像鸟儿一样，排成一列散步。但这种早期维多利亚式的追着猎物尾巴的丛林狩猎游戏，显然属于与今天不同的时代。而且……在燧石和火绳枪，从前端填充枪管和使用雷管的年代，这种游戏显然处于不同的状况之下……从现在的眼光来看，这样的射击游戏只能看成是对文明的亵渎，其特点就像是德国学生们的决斗，无法形容，过时而苍白。[49]

对猎枪设计的改良，包括后膛装填、无锤枪管和子弹击发装置的变化，大大提高了设计的准确率和速率。而铁路运输的普及，更令偏远的庄园不再遥不可及。这使得富人们可以常常参与到狩猎派对之中，使之成为一种日常活动。而狩猎在英国成为一种社会化的运动，则是由于威尔士王子的大力支持。

在哄赶猎物——这种具有明显的大陆风格，但在19世纪末段的英国才发挥到极致的狩猎体系之下，人们不再在野鸡尾巴后面散步，鸟儿会被一堆猎手驱赶到射手面前。这个地产上各个位置不同的地理条件，将决定猎手自身的位置，而林地的设计与管理也尽可能让在这些特定位置被射杀的猎物数量最大化。这种风格上的变化，也曾被屠格涅夫所谈论。他在1878年10月于朋友W·H·霍尔（W. H. Hall）的庄园做客，该庄园位于剑桥附近的锡克斯迈尔巴顿。他趁这次旅行，将他"在俄国和在英国的运动经历"进行了对比，并于一个月之后告诉列夫·托尔斯泰，他"干掉了不少野鸡和山鹑，还有其他猎物"，但也抱怨了"英国的狩猎游戏十分单调，因为没有狗"。早些时候，在1857年，他还去了伦敦，造访了位于鸡距街的约瑟夫·朗军械商店，购买新式的后膛装弹猎枪。他还买到一对柠檬色、白色相间的短毛母猎犬，后来送给了托尔斯泰。[50]

一些基于狩猎考量的设计，在风景层面会让人无法接受。当霍尔接受了他的土地遗产时，他发现"那里布局有对称的隐蔽所，还有为狩猎者们提供最好条件的林带……他是如此热爱英国的乡村风光，以至于无法接受如此精确化的安排。于是他重建了花园、树丛、灌木丛，以吸引更多他自己的游客。"[51]不过，更多常见的树木，在被设计成狩猎场所后，反倒增添了风景上的吸引力。诺福克霍尔克姆地产的树林和人工林（图88）就曾表现出作为野鸡"保护区"的极大优势。它很大程度上是由这块地产上最初的设计师操刀设计的。他们拥有"一张白纸"，可以随意施展自己的想法……它的好名声主要是因为这里的土壤……总体上，公园周边有树林环绕，内部……形成了一块十分吸引人的狩猎中心……它的外围是优质树木，外层有围墙保护，内侧则是如画美的风景主题——公园恰到好处地位于一圈树木之中，人们则可以看到有数百只野鸡在半开放的空间里生活。[52]

围墙不仅保护了野鸡，同时也阻隔了那些不受欢迎的访客。射击游戏计划往往与战争计划密切相关，"数日射击"往往会体现安排上的复杂性，以及树丛、林带、围墙和防护网在限制野鸡方面的优势，并且可以在午饭前后有效地向地主和他的朋友们表明这一点。

在许多地产上，射击游戏成为优势性的项目，随着从19世纪70年代之后开始农业发展的日渐衰微而进一步显要起来。后者产生的原因，主要是帝国范围内低价食物进口贸易快速发展所致。在一些地方，射击和狩猎成为它们唯一存在的理由①。1907年，约翰·辛普森（John Simpson）表示："如果地产上的所有树林和灌木林都可以成为隐蔽所就再好不过了，分散的隐蔽所也应当尽可能多一些，分配范围上尽可能宽泛也应当被允许，地产本身的范围也应该得到进一步扩展。"[53]不过这也导致了一个问题：大

---

①原文为法语。——译者注

面积的树林，会给在其中猎捕野鸡增添难度。一个解决方法，是把树林间距通过砍伐变宽，让枪支可以得到更好的伸展。在拉德诺郡由波伊斯勋爵建造的石岩山公园，"笨拙的林间小路""过去常常让射击变得无效，全然偏离目标"，现在却可以"完成成功而有效的射击，不仅仅可以把鸟儿击落，还能给周围展现出的一切以致命一击"。另一种提升林地作为野鸡狩猎场效用的方法，是"制造一些开阔的空间，种上一些寻常的杜鹃花……杜鹃花丛是唯一可以明确成为野鸡隐蔽所的场所"，尤其是那些兔子什么都吃的区域。这也就是为什么杜鹃这种现在臭名昭著的物种①，却会得到广泛种植的原因之一。还有一种改良方式，是在大型树林中"成条砍掉你的矮林，这样便可获得年纪不同的树木组成的广泛林地"，但"平静的日子，会随着商人们争相收购你的木材，以9英镑每亩的价格购买你的矮林（双倍于现在的价格）而消失不见"。[54]

图88 《诺福克郡霍尔克姆射击场地平面图》，引自贺瑞斯·G·哈钦森的《射击》，1903

　　大型射击是最为豪华和昂贵的一项运动，只能由相当富有的土地拥有者承办。到19世纪末，尽管英国的工业实力和帝国地位受到了威胁，但仍然可以为地主阶级提供巨额财富，让他们继续享受这炫耀性的消费活动。

_____

　　①或是因为杜鹃植株和花内均含有毒素，误食后会引起中毒的缘故。——译者注

隐蔽所景观、树丛和人工林继续被创建、精心管理，用来为贵族和君主提供运动的场所。射击景观不仅仅包括运动本身，还与午宴、晚宴以及派对联系在一起。穿着特制粗花呢制服的管理员和猎手们（图90），穿过牛津附近的纽纳姆桥，将野鸡和野鸭从泰晤士河一端"令人好奇的马蹄形小岛"的隐蔽所中驱赶出来。这一场景也成为权力与特权戏剧化展示的一部分。[55]有几位欧洲君主热衷于射击，他们自己却也可能成为被射杀的目标，其中包括：葡萄牙国王卡洛斯（King Carlos of Portugal，1908年被暗杀），常常在温莎和埃尔维唐射击；印度王公达立普·辛格（Maharajah Duleep Singh），他在萨福克拥有一处著名的地产；还包括西班牙的阿方索十二世（Alfonso xii of Spain）和德国皇帝威廉二世（Kaiser Wilhelm ii）。1912年，弗朗茨·斐迪南大公（Archduke Franz Ferdinand）在波特兰公爵的维尔贝克参加射击派对，因雪天路滑，一辆货车上的火药桶意外被触发，两桶火药爆炸，大公本人仅以几英尺的距离幸运逃脱。[56]而那场由于他遭到暗杀而爆发的世界大战所带来的影响之一，便是已有社会制度——支撑19世纪这种奢侈的林地狩猎景观得以呈现的根本因素——全面崩溃。

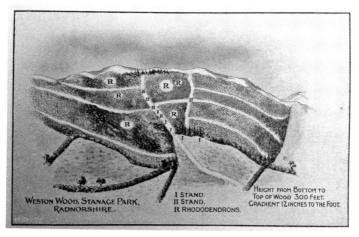

图89　《拉德诺郡石岩山狩猎场平面图》，引自贺瑞斯·G·哈钦森的《射击》，1903

19世纪时，许多土地拥有者对他们所拥有的树林和人工林表现出的热

图 90　《正在过桥的猎手们》，纽纳姆，引自贺瑞斯·G·哈钦森的《射击》，1903

心，其原因是多方面的。对于这个世纪的很多人来说，树木仍旧是重要的矮林和木材来源，但木材的商业价值已经不再是驱动他们建成人工林的主要原因了。约翰·拉斯金（John Ruskin）就曾捕捉到这种来自于地主对于树林的热情。他发现树木于他们而言，是那"无偏差的正直"，就像是庙宇的柱子。"它们可以抵抗强硬的攻击，甚至经年以后，将风暴肢解。"树木装裹着"斑驳不断的表皮"，顶端则是"无足迹的山峰"，庇护着"人们温柔激情与简单兴趣所驻留的乡间屋舍"。拉斯金钦佩树木竟能走得如此之远，他认为它们理应"享受来自人类无尽的喜爱和钦佩"，它们提供了"近乎完美的考验结果，启示我们该如何以正确的性情与方式，处理我们自己的生活"。"没有人，"他说道，"本身足够热爱树木，行事却错得离谱；而那确实常常犯错的人，一定也不会热爱这完美的存在。"[57]1881 年，英国培育树木协会成立。这个协会后来改名皇家林业协会，他们在 1887 年向拉斯金寻求建议，希望可以得到一句话来概括协会的主题。拉斯金提供了两个建议，均来自于赞美诗："Et folium ejus non defluet"（它的叶子也不会枯干），或者 "Saturabuntur ligna campi et cedri Libani quas plantavil"（主对他的树木是满意的——是他亲手种下的黎巴嫩雪松）。尽管协会没有采纳拉斯

179

金的建议，但他认为协会的工作"已经充分调动了所有可能的材料来进行"。[58]

尽管并不是人人都承认拉斯金的想法，即对树木的热爱可以体现一个人的道德水平，但人们仍然对在花园、公园及人工林里种植树木抱有十分积极的热情。新种植的树林，无论是花园、公园和树篱间的单独树木，还是作为狐狸的隐蔽所、小型狩猎场和景观人工林，抑或是广阔的落叶松和松树人工林，当和已存在的老树林、矮林混杂在一起时，就会带来不同以往的树木、树林和人工林景观。古老林地的碎片和现代林地挤撞在一起，并常常与它们融为一体。但这种多样化往往体现在公共土地景观之中。靠近私家府邸的林地和高地往往种植着品种树木，如黎巴嫩雪松，到了这个世纪晚些时候，单叶泡花树（Wellingtonias）则流行了起来。户外的射击隐蔽所则通过佃户农场的传播，渐渐被有特色的外来物种所覆盖，包括加拿大雪果木、俄勒冈葡萄藤以及黑海杜鹃。大型人工林则往往以落叶松和苏格兰松为主，还常常混合以阔叶树。

地产也越发私人化，不受欢迎的访客会被看守人排除在外。当树木作为屏障变得成熟，宅邸这种原本矗立在外，作为当地景观显要标记的建筑，开始从人们的视野里隐形，变得自然化。许多地主显赫的身家，来自于城市收入、贸易和工业，这让他们可以随意所欲地将乡下地产当作炫耀性消费的成果，而非产品本身。因而他们对自然树林和人工林可以带来的潜在长期收益并不关心，它们的美丽，以及它们作为重要的场地所承担的猎狐和猎杀野鸡活动所带来的乐趣，才是他们所关心的事情。但通过树木苗圃、土地代理人和业主自己所提供的培育树木的成功经验，或是在不同条件下不同种类树木的生长情况，林业经验本身也得到了极大的丰富。而随着一战的爆发，木材进口成为几乎不可能的事情，此时人们的林业见识，尤其是储存木材方面的经验就变得异常重要。

第八章　科学林业

到 17 世纪和 18 世纪初，欧洲人越来越关注如何保证新兴产业的木材供应。在德国，可持续森林利用的理念被提出，汉斯·卡尔·冯·卡尔洛维茨（Hannss Carl von Carlowitz）的专著《森林经济》（*Sylvicultura Oeconomica*）于 1713 年出版，通常这被认为是第一部关于森林经济的出版物。作为矿业管理员的卡尔洛维茨，关注如何保证德累斯顿附近弗赖堡的木材供应，以维持那里的矿业发展。他的作品影响力使一种思想——在循环模式下对森林进行精心管理，得到了普及。这不仅保证了目前的木材产出，而且为未来的需求留足空间。这一体系需依赖于孜孜不倦的测绘工作，在不同的部分被采伐时，进行合理化控制，同时也依赖于人们自身对于关键区域的控制权。例如当人们希望从白蜡树和枫树的混合矮林中获取柴薪时，就应当以 20 年为一个周期进行采伐。如果你想确保柴薪的持续供应，就需要把你的林地划分出 20 个区域，每年采伐其中的一份。当一个 20 年结束时，所有的树木都被采伐过一次，这个循环就会重新开始。显然，只有当林地的总面积足以满足你对薪柴的需求时，这一方法才算有效。如果对木材的需求增加，你就需要成比例地增加自己所控制的林地面积了。

🌿 欧洲早期的"可持续林业"

对传统的利用方式进行控制，是提高林地生产力和获益率的一个方法。

例如放牧，它可能会对矮林的再生长造成负面影响。在欧洲，许多森林都长期为人们提供柴薪和木材，但相对于农业本身，这些利用方式在某种程度上都只是对树木的间接利用。也就是说，在林地牧场放牧，以及将树木枝叶储存起来保证牛羊群的饲料供应的利用方式将会被保留下来。这些对于农业经济的保障作用，体现在它们可以带来肉类、奶类、皮革、羊毛和肥料。在世界很多地方，林地管理模式的形成，很大程度上取决于私人和其他平民之间，对土地的共有权利与集中化私人权利的平衡。放牧和储存饲料作为共有权利，逐渐被土地拥有者视为更具生产力、可持续的林地管理模式引进之路上的威胁。[1]

只有在狩猎与农业在 18 世纪带来了林业管理技术的革新，以上矛盾才得以消除，相应地，一些林业系统，如"林业轮作经济系统"（德文：Schlagwaldwirtschaft）建成。这种系统在种植和采伐树木方面采用了多个循环，一部分紧接着另一部分，具有明显的特征。即"可持续，一种科学的方法，采用中心化管理，首要目的是提升木材产量"。在洪斯吕克山脉和艾费尔高原的研究表明，科学林业的一些特性在 18 世纪和 19 世纪早期得到进一步发展。当个体土地所有者获得了对放牧、其他农业活动及狩猎的完全控制权时，他们就有信心开发新的林地管理形式。而新的管理形式，正是伴随着种种普遍权利的消除而实现的。从"这一次关于'可持续'成为林业某种程度上的关键所在"，加上"1781 年经济学家法伊费（Pfeiffer）发现了一种'森林的最大利用率'的方法"，都在对此推波助澜。但这种林业控制的全新模式怎样以强制的方式实现呢？答案是，出台详细而明确的森林法，再建立一个廉洁的森林管理机关，配备训练有素的森林官员和工作人员，以确保法律为人们所遵循。这种权利主义的做法得到了采纳，现存的法律则可以追溯到中世纪，都得到了精确的编纂。一个新的、配以接受过林业科学专门训练工作人员的森林管理机关随之建成。这里的关键在于，对森林管理机关的需要，成为森林以传统狩猎为主的古典时期，与以农业开发为目的分水岭。大型鹿群曾在王室的庇佑下，在森林享有特权，

但现在由于妨碍到了林木的再生，它们的数量不得不被削减。牛羊的放牧活动也在此时被抑制。²

不过，也有明显的证据表明，在对大面积林地进行管理时，人们于18世纪以前就已经采取了可持续的方式。通过分析法国北部香槟区修道院中的历史记录，理查德·凯泽（Richard Keyser）提供了一份关于欧洲可持续化林地管理操作的观察报告。他认为，"中世纪香槟区及法国北部其他地区较高的人口和经济增长，促进了林地管理模式从粗放式的，以放牧、狩猎和其他种种自然发生产品的获取，向小型集约化林地生产转化"。这主要还受到来自大都市需求的刺激。关于这一点，可以在现存的修道院文件中找到踪迹——其中有很多"关于矮林的商业化契约"。12世纪前的证据表明，在地主的管理下，林地管理的意义主要在于森林与果实①，即产出木材、橡果和山毛榉果实。佃户付给地主"木材税和养猪税"，他们的劳动还包括"砍并拖运普通木头（lignum）和建筑材料（materiamen②）"。矮林作业清楚地发生过，但文件里只有几处明确的提及，如提到在沙隆附近的兰斯，有一处由圣雷米修道院拥有的地产，那里"由一户佃农家庭操持，其中有6组耕地，3组小型林地，用于生产制作栅栏的木材"。³

修道院的记录表明，大部分树木及林地的管理章程，大概是在1170年左右形成。随着一些镇子的人口，如香槟区南部的布里人口达到1万、特鲁瓦达到2万，柴火和建筑材料的需求促使"13世纪的林地管理进一步加强"。人们花费了很大的努力，建立了一套长效机制，以确保猪不会再妨碍矮林的再生，同时把个人所拥有土地的边界再一次明确。对获取木材进行控制的规定也开始在附近城市出现：1197年的一封关于木材供应介绍信表明，一位名叫费伊斯（Fays）的村民被允许在特鲁瓦20公里（12.5英里）远的范围内出售小型木材。这种贸易的增长，也可由本笃

---

①原文为法文。——译者注
②本章中括号内出现的单词，如无特别说明，皆为原著者标记的法文原文。——译者注

会僧侣孟迪尔·拉·切勒（Montier - la - Celle）的行为加以佐证。他在特鲁瓦外围南面 18 公里（11.25 英里）的祖格尼，试图控制当地木材的使用权。通过与特鲁瓦的诺南圣母院修女们的协定，孟迪尔·拉·切勒限定了她们可以从祖格尼获得的木材数量："一年内，修女们每天只得从林地里拉走一辆两马并驾马车载重量的木材……木材品类不限，但不可取用直立的橡树和山毛榉……倒伏在地的橡树和山毛榉不受此限制，只要它不再是良好的木材，也不是计划销售的商品。"[4]

到 13 世纪初，有关木材采伐的具体契约开始普遍化。第一批证实将林地分割成块状出售的证据之一，是由本笃会的蒙勒斯密（Molesme）出售，由香槟的布兰奇女伯爵（Countess Blanche of Champagne）在 1219 年批准售出的一块林地。该林地位于祖格尼附近，特鲁瓦南部，面积为 1000 阿庞①（约 2000 英亩）。该契约还显示，两位购买者吉拉尔德·尤达斯（Girard Judas）和纪尧姆·德·沃德斯（Guillaume de Vaudes）获得了 10 年的土地租期，因此他们需要每年采伐 100 阿庞的林地。其他由布兰奇批准的契约，包括 1217 年"女伯爵售出了两座小型森林（forestellas）的采伐权"，为期 6 年。条件是"购买者对一棵树木只能采伐一次，这样便可以保证树木很快恢复"。在另一份契约里，确定了位于高尔特 400 阿庞森林会在 10 年内被采伐，邻近的一块林地则紧随其后。此外，对放牧的限制，也更加严格地趋于正式化和规范化。13 世纪中叶，相关规定往往会限制放牧的间隔为 4 到 6 年，以保护特定的新鲜矮林。1271 年，特鲁瓦的"吉日"，即香槟区的高等法庭，"支持沙乌斯地区的惯例，即矮林被采伐 5 年内禁止放牧行为（vainepaturage）"，依照的是林地"对自身的保护需求"。在土壤贫瘠地区，矮林的再生相对缓慢，因此这一保护期还会延长至 6 到 7 年。[5]

1284 年，由于和纳瓦拉女王胡安娜一世（Joan of Navarre and Cham-

---

①阿庞（arpent），法国旧时的土地面积单位，相当于 20 至 50 公亩，即 2000 至 5000 平方米。——译者注

pagne）结婚，腓力四世（Philip iv）获得了香槟地区的统治权。他留用了当地的森林管理人皮埃尔·德·沙乌斯（Pierre de Chaource），后者的作品《香槟区林木出售记录》（*Book of Sales of the Woods of Champagne*）描述了 13 世纪矮林的商业性扩张及重要意义。这部作品涵盖了 1280 年至 1300 年间超过 200 宗土地交易，大部分位于奥德森林的维利毛尔，特鲁瓦西南 30 公里（18 又 1/2 英里）的地方。作品记录了销售双方、林地区域（通常在 40 阿庞左右）和成交价格（大约每阿庞 6 英镑）。通过林地获得的收入至关重要，每年大约能达到 1300 英镑，相当于"特鲁瓦一年的城市税收总额"。契约的细节表明，购买者有 6 年的时间在基址之上进行矮林作业，并且可以以一年为周期来分期付款。付款通常是在每年的 11 月 30 日，即圣安德鲁日。这也标记着一个新的采伐树木周期开始。采伐者往往由当地村民和特鲁瓦的商人组成，后者往往不止一个。当地村民还执着于检查契约是否得到严格的执行，一些相关的行政官员也会被雇佣，包括森林管理人（gruyers）如皮埃尔·德·沙乌斯、警卫、警官以及可能最为重要的勘探员（arpenteurs），他要负责标记出已经被售卖的区域，和已经经过了矮林作业的树木（图76）。[6]

　　虽然在世界许多地区，矮林作业是一个具有重要意义的古老习俗，但是在中世纪后期，它同样可以成为表明林地商业重要性的证据。到 13 世纪，它开始"占据法国北部的区域，成为一种市场导向的体系。商业化和可持续性同时贯穿这个世纪，这一体系也一直延续到了 19 世纪"。许多法国森林历史学家仍然"坚决地拥护现代性与统计理论"，关注到随后的政府"早期逐渐推行强制性指令，以及把木材生产作为焦点的做法，并不能对实践进行有效调节"。在这样做的过程中，他们忽略了已有文件证明的早期矮林在范围和商业重要性上的不断发展。当"矮林循环已经清楚地成为林地管理主要的调节方式"，标准化的树木木材生产（bailivaux）已经是次要的方面了。"基于矮林作业实现的集约化造林"，其可持续性是得到公认的：1346 年，一份皇家裁定指出，当交易发生时，森林的拥有者应当进入

185

到森林之中，"了解所有树木与树林"，从而保证"它们可以处于永远持续的良好状态之中"。[7]

既然狩猎往往被视为人们炫耀权力和财富的手段，那么它作为一种监督模式的作用就可能被低估。实际上，在他们的土地上进行狩猎，可以让中世纪的大地主、贵族和主教来确定他们的森林状况，以及检查他们的代理人、林农和林务员们的工作质量。例如符腾堡的克里斯托弗公爵（1550—1568 年在位）就是一位热心的管理者，他热衷于扩大对于自己所拥有林地的管理。由于"1564 年，在狩猎旅行期间克里斯托弗公爵提出了批评"，人们尝试"对斯图加特至伯布林根之间的林地质量进行提高"。狩猎也给森林官员和政府带来了额外的影响力和权威，因为这项活动往往意味着他们与权力中心进行紧密的合作。乔基姆·纳德考（Joachim Radkau）就曾写道："人们认为，在现代早期，归功于王室的大型狩猎，许多林地才得以在森林采伐的浪潮中保留下来。"至少在 17 和 18 世纪，"由于猎鹿活动，几个森林管理部门才有了权力和威望。"[8]

可持续森林管理系统的思想有着悠久的历史，可以追溯到中世纪时期，其中往往涉及采伐者与商人、地主和森林官员之间复杂的法律协议。实际上，通过这些保存下来的法律文件，我们不难想象这一时期围绕林地管理所发生的种种历史细节。可持续性的矮林采伐，无疑已经存在了比留存下来的文件所显示的更久时间。然而，这里仍有一点点疑问，便是可被称为现代科学可持续林业的管理方式，为何大部分发生在德国各州。纳德考指出，Nachhaltigkeit（德文，持续性），或持续性，在近年来成为"德国林业的一句魔法咒语"，"依照可持续性原则进行建设，被看成德国的一项伟大历史成就，并且从欧洲传遍全世界。"他认为，这个词经常被理解为"纯粹意义上定量的、数学的方式"，表明一项森林政策，就可以保证一定数量的木材在一定的时间内再生。但这种通过精心的计算和报告得来的表面上的确定性，以及对未来木材供应的保证，仅仅是它如此引人瞩目、如此诱人的理由。[9]

186

🌿 德国、印度、美国的科学林业

早年间，关于可持续发展的概念，存有一个关键性的差异。即尽管通常都对于林地进行旋转式的矮林作业，但随后科学林业中可持续发展，着眼点在于造林，此前却与清理土地密切相关。从 16 世纪起，和欧洲其他国家类似，人们一直担心德国的木材匮乏状况，这也就成为建立新林地的有力论据。正是与此相关的再造林政策，以及乔林的建设与管理，令德国林务人员在 19 世纪初名声大噪。最有名望的森林科学家之一，海因里希·考特（Heinrich Cotta，1763—1844），在德累斯顿附近的塔朗特建立了一所森林学校，后来成为皇家撒克逊森林学院，在培育林务人员方面起到了极大的影响。另一位森林学家格奥尔格·路德维希·哈迪格（Georg Ludwig Hartig，1764—1837），先是成为斯图加特地区的森林总管，后来又去了柏林。在漫长的循环中，人们通常更加关注木材的品质，尤其是在与荷兰人进行木材贸易的过程中。但新生的科学林业很快成为一种专门的职业标准化要求并得到快速发展，这其中还有另外一个原因："唯有这项乔林加上长期循环的采伐政策，才能证明森林管理的独立与完善，并以此为其辩护，对抗甚嚣尘上的自由主义思想——在森林管理中，主要体现为对政府管理的反对。"无论动机为何，科学林业的发展，改变了公民眼中的林务员形象。到了 19 世纪中期，他们已经被人们看成是"德国最受欢迎的人之一，是大自然的捍卫者，同时也是公众财富、后代利益的守护神"。德国大作家弗里德里克·席勒（Friedrich Schiller），起初认为林务员不过是些闲散猎人，但"当听到了哈迪格起草了一份超过 120 年的森林计划书后，便对这一职业肃然起敬"。[10]

也是从 19 世纪中叶起，英语世界的科学家们，开始思考德国科学林业所带来的影响。这些观点并非是直接"横渡英吉利海峡"，从德国来到英国，而是沿着一条先抵达英属印度①，再回到英国的迂回路线传播。因为在印度，早在世纪初，人们便已经意识到专业林务人员的重要性。无论是在 1826 年，缅甸有了"第一次关于森林保护的尝试"；还是马拉巴尔海岸的收藏家康诺利先生在 19 世纪 40 年代"开始于尼亚姆巴尔大规模种植柚木"，都可以认为是新一代林务人员基于科学林业建议的结果。1848 年到 1856 年间的印度总督达尔豪西伯爵（Dalhousie），是一位热心的管理者。他在 1855 年颁布了一份关于印度林业宪章，确立非私有土地皆为国家财产，"林地更是绝对意义上的国有财产，宪章对森林区域提出了适当的管理要求，而这一要求指的无疑就是科学林业的管理方法。"[11]

科学林业推广方面，最重要的人物包括德国植物学家迪特里希·布兰德斯（Dietrich Brandis，1824—1907）和德国林务官威廉·施利希（William Schlich，1840—1925）。两人都在印度度过了他们的职业生涯，并且最终因他们的森林工作而获封爵位。在雅典，还是个孩子的布兰德斯就已经表现出自己对植物学的兴趣，他的父亲当时为奥托国王工作②。后来布兰德斯回到德国，在波恩考取了博士学位。他与蕾切尔·哈夫洛克（Rachel Havelock）的婚姻，成为他介入印度林业的关键因素——蕾切尔的姐夫亨利·哈夫洛克，时任英国驻印度军官，正是他把布兰德斯引荐给了达尔豪西伯爵。布兰德斯在 1856 年接受任命，并被委托前往缅甸的勃固，阻止当地人对珍贵的柚木进行非法砍伐。通过这个任务的成功执行以及他在其中表现出的管理才能，1864 年他被任命为印度森林的总督察。在整个 60 年

①不同于今天的印度，"英属印度"（British India）指的是英国在 1858 年到 1947 年间于印度次大陆建立的殖民统治区域，包括今印度、孟加拉国、巴基斯坦、缅甸。故下文才会提到缅甸等地。——译者注

②奥托国王（King Otho），本是巴伐利亚维特尔斯巴赫王朝的继承人。19 世纪 20 年代，希腊爆发独立运动，建立第一共和国。但随后的革命领袖、首任领袖爱奥尼斯·卡波季斯第亚斯遭暗杀，国内一片混乱。后英、法、俄三国指派统治巴伐利亚维特尔斯巴赫王朝、年仅 17 岁的奥托王子为希腊的第一位君主。由于当时奥托尚未成年，于是就由一个摄政团辅政。到了 1835 年，他才亲政。——译者注

代，他寻访了印度许多森林，而他的报告则显示出"对评估森林群落管理状况的浓厚兴趣。在 1878 年围绕第二森林法与前任官员的争论中，他选取了一条中间路线，即在森林管理中，令全国性的统一管理与村民自治同时成立。"而威廉·施利希则接受了专业的训练，毕业后成为一名林务员，效力于黑塞森林服务中心。但 1866 年爆发的普奥战争，他丢掉了饭碗，在 1867 年搬去了印度。他首先在缅甸工作，后来又去了旁遮普。① 他于 1881 年接替了迪特里希·布兰德斯的总督察职务。在印度，他建立了"帝国工作计划分支机构，确保编制森林工作计划经由该部门审批，并最终接受中央主管部门的审查"。[12]

图 91　热带林业专家迪特里希·布兰德斯和他的学生们，吉森大学，德国，1889

　　两人都在印度度过了自己的职业生涯，并且通过执行种种林业计划增长了实践经验。与此同时，他们的工作也通过教学和著作，影响了整个世界。为了在印度获得训练有素的林务人员，1866 年起，"每年都会有一些挑选出来的英国人被送到欧洲大陆，接受为期 2 年 8 个月的林业研习。其中一半人去法国，其余人的目的地则是德国。"布兰德斯随后强烈建议，英

---

　　①旁遮普（Punjab），印度西北部的重要省份。——译者注

国应该建成属于自己的林业专门学校。于是在 1879 年，德拉顿林业学校正式落成，[13]这所学校后来被施利希着手改建。在离开印度后，他在库珀山①上的皇家印度工程学院建立了专门的林业学院，即萨里的恩格尔菲尔德绿色学院。他的前同事布兰德斯则回到了德国，"同意督导来到大陆学习实践知识"的学生。这些学生大部分来自英国本土，也有部分来自英属殖民地，但也包括一些美国人。施利希的学校在 1905 年关门，林务培训项目由牛津大学接管。施利希继续任主管，他先后的培训经历令他"培养的林务人员，在这一阶段赴印度参与森林管理的 283 名官员中，至少有 272 人都出自他的门下"。[14]

从 1889 年到 1895 年，威廉·施利希陆续出版了五本《林业手册》（*A Manual of Forestry*）。它的构思与形式，说明了德国的科学林业，如何通过在印度的实践而兴旺发达，再一进步影响全世界。而这一系列手册的撰写，同样是施利希在库珀山工作的关键部分。尽管他也借鉴了一些英国作家的作品，如布朗的《林务员》（*The Forester*）。但在思考层面的启发，主要还是来自德国作家，例如第一本《森林测定》（*forest mensuration*），主要思想来自于施瓦布帕奇（Schwappach）和鲍尔（Baur）；第二本《森林估价》（*forest valuation*）则受到了 G·海尔（G. Heyer）的启发；弗里德里克·朱迪奇（Friedrich Judeich）的《森林管理》（*Die Foresteinrichtung*），则成了第三本《森林计划》（*forest working plans*）的来源。第三本中"调节森林产出的方法"这一部分，在施利希看来是最为出色的，尽管有时看起来"过于死板"。[15]在第三本《林业手册》中，施利希还利用了德国同事在克伦巴赫公共森林和黑伦维斯山脉在安排计划方面的经验。后来他还在 1893 年，带着库珀山上的学生们一起去这些地方实地考察。《林业手册》最后两卷并非由施利希本人撰写，而是由他在库珀山的同事 W·R·费舍尔（W. R. Fisher）完成；其中第四本《森林保护》（*Forest Protection*）改写自

---

①库珀山（Coopers Hill），位于英国格洛斯特郡的布罗克沃思。——译者注

理查德·赫斯（Richard Hess）的同名作品；而第五本《森林利用》（*Die Forst benutzung*）则是对卡尔·盖尔（Karl Gayer）在 1863 年出版同名作品的编译。[16]

施利希的《手册》是 19 世纪晚期出版的大量林业著作中，唯一的一种关于德国林业的通俗读本。印度森林局的约翰·尼斯比特（John Nisbet）在 1894 年出版了《林业研究》（*Studies in Forestry*）一书，指出这些文章基于他"在造林学（*Sylvicultural Subjects*）方面的作品"，在"1892 年于巴伐利亚写成"，1893 年由印度政府出版，"以分发给当地的林业官员"。他还指出："作品的每一章贯穿始终的，都是我对经济林业的判断……现在在日耳曼人的学校里已经成为主体。"他含蓄地表明了利用德国模式与促进英国林业之间的相互作用，并在某种程度上捍卫了"为了获得关于树木成长的信息……应该在这些可能形成拉锯的问题上保持中立"。他因此"毫不犹豫、大胆地承认，对于课程中可能利用到的来自德国的见解，都已经提前进行了学习"。[17]

科学、可持续的林业思想与方法，迅速在大英帝国，尤其是澳大利亚、新西兰、南非和加拿大等殖民地广为传播。随着新型林业学院和大学的建成，以及从 1920 年到 1947 年定期举行的大英帝国林业会议，这一趋势在 20 世纪得到了进一步加强。[18]但这些都和美国关系密切，而美国的林务人员同样深受布兰迪斯和施利希的影响。美国森林计划的主要支持者之一是查尔斯·斯普雷格·萨金特（Charles Sprague Sargent，1841—1927），他是一位植物学家，在长达 54 年的时间里为哈佛的阿诺德树木园提供指导。他还出版了多部著作，其中包括 14 卷本的《北美森林》（*The Silva of North America*，1891—1902）、《日本森林群落》（*Forest Flora of Japan*，1894）。他同时还是国家林业委员会的主席，这一协会主要致力于国家森林储量的调查研究。在他受人欢迎的杂志《花园与森林》（*Garden and Forest*，发行于 1888—1894 年间）中，他认为"印度为国家性森林政策的制定提供了一个自觉的范例，并已被世界很多区域采纳"，同时也推荐"帝国森林风格计划可以在美国市场"得到更广泛的利用与采纳。[19]美国全国科学院邀请迪特里希·布兰迪斯创作一份《美国森林产出行动计划》。萨金特认为对于美国而言,"设计一份森林管理的理论框架并不是不切实际的","因为这一理论框架包含了一个计划所有应具备的基本特征,同时它也已经在印度取得了如此显著的成功。"[20]

吉福德·平肖(Gifford Pinchot ,1865—1946)是英国林业发展过程中最重要的人物。他在 1905 年到 1910 年被任命为第一任森林服务局局长,而在此之前,他一直是林业部部长(1898—1905)。在当时的美国,还没有任何一所大学会为培养林务人员而设立专业。而从耶鲁毕业后,他"去了欧洲,向法国和德国的林务人员学习林业知识,这些人大多都去英属印度开展自己的职业生涯"。在英国期间,平肖接受了威廉·施利希的建议,回到自己的国家后"为创建国家森林而抗争",他"胳膊下夹着施利希编撰的《林业手册》第一册"就去了法国南锡,那里有许多受训的印度林务人员。他随后又去了德国,和布兰迪斯学习,这段经历也对他产生了强烈而持续的影响。平肖对布兰迪斯为英属印度专门设计的"多种用途林业管理"印象深刻,这一方法"调和了农民、商人和有环境保护倾向的管理者各自的诉求"。平肖回国之后,曾在比尔特莫尔森林工作,这一地产属于十分富有的乔治·W·范德比尔特(George W. Vanderbilt)。3 年后他又开始为全国科学院下属的国家森林委员会效力,通过广泛的旅行,来探明可能的森林储量。而局长的职位让他有机会把国家森林的面积,从 1905 年的 5600 万英亩,迅速提升至 1910 年的 1 亿7200 万英亩,而在这一过程中,他也受到了他的朋友,西奥多·罗斯福总统的支持。平肖指出,当他"回国时,整片大陆上没有一亩属于政府、国家,或私人的林地,处于系统性的森林管理,而这里又恰恰是世界上森林储备最为丰富的地方"。在他看来,"对于我们的森林,一个常用的形容词是'取之不尽'",伐木工人"认为森林破坏是正常的事情,培育次生林是傻瓜的妄想……至于可持续的生产,恐怕从来都没有进入过他们的脑海……关于森林保护的探讨，对普通的美国人来说从来都像是蚊子的嗡嗡叫声，仅仅是令人讨厌的东西。"[21]

有一位生活经历十分丰富的德国林务员，名叫卡尔·阿尔文·申克（Carl Alwin Schenck，1865—1955），他在 20 世纪早期便开始在美国工作。在吉森大学拿到了博士学位后，他结识了布兰迪斯，并且在 1892 年至 1894 年期间作为威廉·施利希的助手，和英国与印度的林业学生一起，在欧洲旅行。1895 年，他成为一名林务员，在范德比尔特的巴尔的摩地产工作，那里也就是平肖曾工作过的地方。关于这里，平肖曾回忆起，是当时设计巴尔的摩景观的弗里德里克·劳·奥姆斯特德，劝说范德比尔特更多地关注林业，并且邀请了平肖和申克协助这里的林业发展。申克在 1909 年之前一直为范德比尔特担任林务员，引入了森林经营计划，还在 1898 年创立了比尔特莫尔森林学院，这所学院声称自己是全美第一所林业学院。在它于 1913 年关门之前，有大约 400 名学生从林业专业毕业，许多人后来都开始在美国林业实践的相关建设中崭露头角。在一战期间，申克为德军服役，在俄国战场作战。后来他在德国生活，并在 20 及 30 年代，主导了多次德国和瑞士的林业观光旅行。[22]当林业训练在美国开始成型，年轻的美国林务员会去到德国，学习林业管理的种种方法。一个重要的例子来自于阿瑟·雷克纳格尔（Arthur Recknagel，1883—1962），他在 1906 年到 1912 年间从事林业服务，并曾去德国学习了一年。后来，在 1913 年至 1943 年间，他又在康奈尔大学担任了森林经营与利用专业的教授。康奈尔大学成立于 1898 年，与巴尔的摩林业学校同年。他在作品《森林计划的理论与实践》（*The Theory and Practice of Working Plans*，1913，1917 年再版）的序言中表示在林业组织与计划方面，"欧洲人最出色的努力"，"正适应于当前美国人的需求"。他列举了包括普鲁士、巴伐利亚、萨克森、符腾堡、巴登和阿尔萨斯—洛林等地的林业计划实践，也有一些来自于奥地利和法国的案例。[23]

图92　林业教员威廉·施利希（前排居中）、卡尔·申克（前排最右）和他们的学生，萨克森，1892

🌸 英国的新林业

　　林业和林地的管理实践，在 19 世纪末期及 20 世纪早期的英国也开始了转变。一方面，传统的林业管理技术正在经历漫长而缓慢的衰退，如矮林作业，已经越发不被当代人注意；另一方面，一场经过精心策划的"新林业"运动兴起，它基于欧洲大陆盛行的科学林业原则。尽管英国在印度的林业政策在 19 世纪后半叶科学林业的传播历程中发挥着中心性作用，在英国本土却只有极少的证据表明这些方法已经被成功引进。当时的土地拥有者们的主要兴趣仍然是狩猎、射击和景观外貌，而非木材生产的效率。许多英国人认为，缺乏可持续、经济性的林业，其中一个原因是缺乏国有林业的统筹安排。一些林务员开始用带有羡慕的眼光，看待欧洲大陆的国有林业和集体林业。因为只有在这样的条件下，有关林业改良的长期实验与计划才可能成行。[24]在爱德华七世时期，施利希本人，尤其是他的作品《林业手册》，对于英国林业教育的发展及方向起到了很大的影响。到了1903 年，林业讲师这一职位，开始在北威尔士班戈区的大学，以及泰恩河畔纽卡斯尔的阿姆斯特朗大学里被设立。1905 年，迪恩森林也有了自己专门的林务员学校，下一年施利希则把皇家工程学院的林业部分搬进了牛津大学。新一代林务员所获得的知识，多"进口"自法国和德国，他们首要关注的是人工林，而不再是标准化的矮林。

通过正式或非正式的方式，可持续林业思想"绕了一圈"。其对于英国林业的影响终于在 1910 年，由纽卡斯尔的林业讲师 A·C·福布斯承认。他指出"大约从 1860 年开始"，随着印度林业局的建成，"一小批经过欧洲大陆训练的年轻人远赴重洋来到印度，同样一小批从印度退休的林务员……从那里回来。"他指出"无论这种国际混合性的英国思想，还是称之为'英印混血'的思想，最终结果如何，毫无疑问都逐渐改变了英国林务员和土地所有者的观念。作为一种更广泛的知识视野，让森林管理成为一种产业，而不再只是一种单纯的爱好。"然而，正规的教育并不只是来自欧洲大陆的林业思想在英国普及的唯一方式："英国的地主阶级不断与身处大陆的朋友们互访，寻求'找乐子'、运动和健康的方法"，这尽管和林业本身并没有直接的联系，却"几乎不可能错过科学林业所造就的景象。"[25]这些科学林业的新模式，对地主们在射击和狩猎方面的有力兴趣造成了冲击，形成了多年共存的情况，即传统矮林与包含有标准化矮林的林地同时存在。

关于人们对科学林业兴趣的增长，一个不错的迹象是英格兰树木协会（即随后的皇家林业协会）在 1882 年成立，并且日益普及。它有意推动人们在低质量的农田，包括荒野、沼泽和沙丘上种植人工林。而在爱德华时期，国有林业最直接的动力，来自于一个令人意想不到的来源。1909 年，英国皇家海岸侵蚀委员会提交了一份报告，主要结论之一是"无论是否考虑到土地再生的因素，将植树造林作为提高就业的一种方式，都是可取的"。同年，当时的财政部大臣大卫·劳合·乔治①（David Lloyd George）在他的财政预算中申明，国家仍有财政空间，用来满足建立专门林业学校，

---

①即后来的英国首相。——译者注

以及获取土地用于种植和创建实验林的需要。1912 年，一个顾问性的林业委员会由农业部委派，并在同一年就提交了报告，建议进行森林调查，并请求购置 5000 英亩土地，用于建造这样一片实验林。[26]

然而，一些林务员仍然无法对科学林业的前景表示看好。1914 年《林业季刊》上的争论便强调了这一点。林务员托马斯·比维克（Thomas Bewick），记述了英国林务员在 1913 年对德国的一次成功访问，并指出："我们不能在现有的条件下，完全采纳德国人的森林管理系统。但我相信，有些东西可以在经过改良后被利用。"而当时已经 74 岁的威廉·施利希，作为英国林业泰斗级的人物，并没有放过比维克对于科学林业的优点如此冷淡的评价。在下一期杂志中，他指出人们常说，来自欧洲大陆的森林管理系统在这些岛屿上并没有太大的用处，因为它将要面对的是全然不同的条件。"我认为任何明智的人，都不会建议我们全然采纳欧洲大陆的体系，但（我们应该）……从其他国家的经验中有所获益。"

施利希的主要观点，是英国林务员必须停止他们传统的"杂乱无章"的做法，开始制定长期的可行性计划。他指出，通过这样的计划，"没有偏离方向的举动"会被允许，"除非得到了上级长官的指示"。此外，"在任何情况下，接下来 10 年要做的事情都应该被严格规定，有时要制定的是 20 年以内的计划。"他的结论是："对工作计划进行充分考量并做出准备，对于英国所有的林务员都具有十分紧迫的必要性，即使他们自己是个慢性子。"[27]

在 20 世纪初，欧洲大陆林业思想对英国的影响，其实很难得到准确的界定。许多大型地产会雇佣一些专家，对他们的林地做出评估，也可能会邀请他们拟定一些计划。然而，在实际操作中，被雇佣来的林务员和林农仍旧没有经过新式方法的训练，他们对全新的林业思想也并无了解。当威廉·施利希爵士"访问了英国的私人地产，希望可以为它们提供发展规划时，他试图推广在德国学到的系统性林业管理方法"。然而，随后他便意识到，这项工作"是他职业生涯中最不成功的工作之一，而造成这种局面的

196

原因，是英国私人地产的所属权总在变化，缺乏任何长期性的传统"。他在牛津的教学达成了更加直接的影响，他的学生，在施利希本人看来拥有"运动员般英武"的"最得意门生"澳大利亚人罗伊·罗宾逊（Roy Robinson，1883—1952），在本科阶段就拿到了"罗德奖学金"①，后来成了英国林业发展的关键人物。在牛津大学获得林业学位之后，1909年他成为英国农业渔业委员会的一名检查员，同时还是林业方面的责任顾问。他在威尔士和英格兰北部开展了"精密的调查"，还"开展了几次围绕苏格兰范围广大的摩托车旅行"，这令他对于英国的"树木生长情况有了充分的认识"。这是皇家林地、森林、土地收入委员们第一次任命受训林务员，并给予他剩余皇家森林的监督权，包括新森林、迪恩森林以及其他小但重要的皇家森林。这些地产由"由几家土地代理公司管辖，而林木则由皇家林务员负责监督"。这种管理模式被后来的林务员乔治·赖尔描述为"带有根深蒂固保守主义的混合物，最终导致了大范围的崩盘"。[28]

罗伊·罗宾逊被看成是进行彻底改变的不二人选：他"尝试了大多数方法，摒弃了所有不绝对必要的操作"。此外，他的"主要性格之一，就是不屈不挠的意志品质"，并且"处理林业问题时犹如解决数学问题般精确"。但他的行动范围，即皇家森林，实际上是非常有限的。缺乏一个"更高级的权威"，可以指定一套规则，让所有的私人地主都可以遵循。这也许就是英国在第一次世界大战前，为什么没能让现代林业得到实质性发展的主要原因。然而，随着战争一起到来的社会与政治的巨大变革，令国有林业的思想开始得到接受，即使并不是所有人都接受。1916年9月，英格兰皇家树木培育协会进行了一次辩论，辩论在认为国有林业乃英国林业发展的必需之物的成员，与那些认为这一想法是对私人地主权利侵害的成

---

① 罗德奖学金（Rhodes Scholarships），世界级的奖学金，有"全球本科生诺贝尔奖"之称的美誉。该奖学金设立于1903年，依照英国矿产业大亨西塞尔·罗德的遗嘱而设立，每年的申请者超过1.2万名，但最终只有83人能够脱颖而出，录取率仅有0.7%，使其被称为"本科生的诺贝尔奖"，是世界上竞争最激烈的奖学金之一。——译者注

员之间展开。直到战争结束，建立国家林业局才被人们看作是一条必由之路。被私人地主所熟悉、作为奢侈品的林业传统，越发被人们认定"不合时宜"。一个强大的国有森林组织成为人们实质性的需求，它可以为人们带来大量的木材产出，以及现代化的森林景观。[29]

🌸 第一次世界大战与英国林业

第一次世界大战，打破了英国地主阶级的自信。在爱德华时期，私人地产与乡村生活方式紧密相连，成为私有财产权与贵族价值观的象征。对许多人来说，周末在乡村别墅度假，享受射击、派对狩猎和钓鱼的乐趣，是社会成就的缩影。然而实际上，地主阶级的势力，从 19 世纪末便已经开始衰败。农业萧条，最严重的时期从 19 世纪 70 年代一直持续到 90 年代，导致土地租金大幅下降，相应地也对土地价值造成了影响。土地财富不能再与工业财富相抗衡，遗产税的引入，进一步减少了财富的保有。越来越多的地主开始变卖他们的土地。这种收入的损失，伴随着贵族政治权力的下降，进一步引起了选举制度的重大变化。参与投票的人数从 1883 年的 300 万，在 1888 年猛增至接近 600 万，并在 1918 年实现了全体男性成年公民普遍参与选举。许多私有地产所面临的最后一击，是由战争直接带来的——在战争中，有数百名地产继承人最终战死。这导致了许多土地流向市场，在 1919 年有 50 万英亩的土地处于公开售卖的状态，而实际的交易量则是这个数据的两倍。[30]

地主本人和他雇佣的地产及农场工人，都直接受到战争所导致的、可怕伤亡程度的影响。西线战场周边大量乡村被毁，留下了无数战争摧残生命及文明的有力证据。保罗·纳什（Paul Nash）对于破碎之树令人难以忘怀的描摹，出现在他创作的例如《我们正在创造一个新世界》（图 78）等作品里，成为一组"可怕的形象"，由于"它们混合了分离，近乎抽象地评价着它们自己的真实，共同组成了画面"。纳什曾于 1917 年在伊普尔前线作战，在因伤遣返后，又以官方战地画家的身份返回前线。他创作的《为被斩断的树木所淹没的风景》，打动了公众，为他迎来了不朽的声誉。[31]他的油画作品《我们正在创造一个新世界》，基于他的水彩画《日出：因弗内斯小树林》，所描绘的也是 1917 年的战地场景。[32]

在法国，战争不仅摧毁了树木和林地，还消耗了大量的木材，用于建造战壕、人行道和公路。大量木材在就近的村庄被征用，但也通过海运、铁路运输，被送到大陆各处。士兵们不仅会看到在战场及周边林地所遭到的严重破坏，法国、比利时、德国腹地的林地同样不能幸免。当回到家中休假时，他们也会看到原本完好的林地由于战争变得满目疮痍。巨大的压力落在了现有的林地和人工林之上，在英国有将近 45 万英亩的林地遭到了砍伐。在战争开始的 1914 年，人们对木材供应"没有丝毫的焦虑"，"一直到 1916 年，人们才开始采取有力的、近乎恐慌的行为"，让本国木材产出最大化，以取代越发危险的海外木材供应。木材最为急迫的需求之一，是作为搭建矿井的支柱，而煤炭对于英国海军显然至关重要。最终，对木材供应的急迫需求，导致了国家以强力控制了国内木材的砍伐与供应。

1915 年 11 月，由自由党议员弗朗西斯·戴克·阿克兰（Francis Dyke Acland）主持的"本国木材委员会"成立，并一直运行到 1917 年 3 月，最终被由战时办公室设立的木材供应局接管。[33]这一委员会承担了大量工作，包括在全英国范围内选择、砍伐、控制木材及其供应。许多关键部门的岗位，"由经过大学培训的林务员"来担任。到 1917 年年底，该部门"已经统筹有 182 个锯木厂"，还额外补充了 40 个由"加拿大林业兵团、新英格兰锯木厂以及纽芬兰岛森林总队"提供的木材来源。女性林业总队也负责了不少工作，到 1918 年，约 15000 名员工受雇于木材供应链条之中。

木材生产的强制性浪潮，敦促人们在战后思考林业政策的重新选择。如何让被砍伐过的林木再生？大片新生土地是否应当重新造林，以满足木材供应在国家层面的需求？如何才能鼓励土地所有者有效地对他们的林地进行管理？1916 年，重建委员会专门设立了一个林业小组，同样由弗朗西

199

斯·戴克·阿克兰主持，秘书长则由充满活力的澳大利亚专家罗伊·罗宾逊担任。该委员会小组的职责是"基于战时的经验，思考并报告保存发展大英帝国林地及林业资源的最优方式"。这个委员会的成员，包括对林业有兴趣的土地所有者、政府官员，还有"无所不在"的施利希爵士。最终的报告为国家林业政策的设定提供了一份强有力的案例。其中的主要观点包括，"依赖于进口的资源，将会在战时成为国家的软肋"，"即使在和平年代"，依赖海外进口的软木资源同样是一种危险的做法，尤其是从那些"超级帝国主义国家"。1/3 的篇幅用来阐明，保留大片区域的荒野不过是一种"浪费"，如果可以在那里进行造林，就可以有效遏制乡村的衰退，提升土地的总体效率。建造和管理树林，总要比在山丘上放羊更能解决人口的就业问题。

阿克兰的委员会建议成立一个集中化的林业委员会，在80 年内完成自身并鼓励其他方式造林177 万亩，实现对当时林地面积的翻倍增长。当时的设想是有20 万亩林地在头 10 年内种植，"15 万亩由国家直接领导"，剩余部分则由私人或单位来完成。报告没有考虑到造林效益这一难题。在它看来，"从国家的角度来看"，直接性盈利并不是最主要的方面，并且"尽管森林种植的问题在国内得到了多方讨论"，但它从未"在这样一个拥有悠久林业实践历史及看重其文化价值的国家，得到如此的重视"。报告认为，"相比于新的价值定义，森林的直接获利或损失只是一个微小的问题"，而前者"既关乎人口发展，又关乎财富积累"。委员会就此得出了令自己满意的结论："这样的价值，决定了它必须依赖于国家的力量来实现。"但委员会中的财政部代表 L·C·布罗姆利（L. C. Bromley）先生则持十分强烈的保留意见。他同意，拟定提议的委员会为国家"提供了最好的手段，以确保对林地和森林资源进行保护和发展"。特别是"作为一种保障，可以有效应对未来再次发生类似于现在正在发生规模的战争"。但他指出："这一系列建议的开支相当可观，所导致的财政决算结果，可能对国家财政产生不利影响。"[34]

不过报告公布之后，各事项的进展十分迅速。1918 年，阿克兰成立了临时森林管理局。在《1919 年林业法》公布之后，林业委员会于 1919 年 9 月 1 日正式成立。尽管它在 1922 年受到了"格迪斯之斧"① 的威胁，该事件的主导者认为"国会认可的造林计划应该被完全废弃"，但这一委员会还是存活了下来，并在最初的 10 年里几乎完成了最初制定的、20 万英亩的造林目标。林业委员会收购及租用的大部分土地都属于边缘土地，其农业重要性相对较小，例如一些低等的牧草地。乔治·赖尔（George Ryle）指出，被选作造林基址的土地包括"荒地和其他未经利用的荒野，如汉普郡，多塞特，尤其是东盎格利亚的布里克兰斯；还有库尔宾、彭布雷、纽伯勒海岸的沙丘地带；甚至包括舍伍德森林里的蕨菜地和废弃荒地"。此外，造林地区还包括巨大的新近被砍伐地区，以及无人管理的"废弃或几乎废弃的林地"。[35]

在两次世界大战的间隙，林业委员会一共在英国种植及收购了 16 万 2 千公顷（约合 40 万 3 千英亩）的林地，还有超过 4000 名工人受雇于委员会。新人工林被许多人看作将荒地转化为现代森林的有效手段，同时将为农民提供更多就业机会，也将为国家提供木材战略储备。19 世纪的树木爱好者和他们建造的树木园在测试引进树种方案方面提供的热情与经验，则再一次发挥了至关重要的作用。例如来自美国的西加云杉，被看作是高地上的理想树种，成为"高海拔或其他数量要求胜过质量地带，挪威云杉的替代者"。它受到青睐的原因，正是它"比挪威云杉更能适应不同的生存环境，在木材产出方面更加迅速"。人们通过实验，确定不同地点及土壤条件下树木的最佳选择。英国南部和东部的白垩丘陵及荒原被看作是"十分理想的造林地带"，从 1927 年起，林业委员会通过实验，希望确定在白垩土上"最适合种植的树种"。各式各样的拓荒树种，如苏格兰松、欧洲黑

---

① 格迪斯之斧（The Geddes Axe），指 20 世纪 20 年代起由英国国家支出委员会领导人埃里克·格迪斯爵士发起的一项经济改良运动，旨在修正战后英国施行的公有经济政策，节省政府开支。——译者注

松、欧洲落叶松和意大利桤树（赤杨）都被进行了测试，最终确定了由不同种的山毛榉，混合以针叶保护树，如金钟柏和劳森柏，便可达到山毛榉的最佳产量。这些实验方法，借鉴了私人庄园种植历史中类似的经验。[36]

战争对英国林业的影响是革命性的。大地主势力不可逆的衰败十分迅速，使得许多大型地产被出售，传统的林地管理方式由此开始瓦解。国家林业委员会获得了大片土地，开始均匀地在上面种植针叶树，并引进补贴制度，向私人林地提供补助金。至此，科学林业的相关理念终于在英国土地上站稳了脚跟。后来种植的数千英亩针叶林，不仅成为国家木材战略储备的核心，同时也对传统景观的价值提出了挑战。呈几何状分布的新型、广阔人工林，逐步完全占领了半自然及自然的荒原地带。现代林业的兴起，掩盖了传统林业实践的衰落及最终瓦解。直到 20 世纪末，随着人们对森林进行保护性管理兴趣的提升，这些传统做法才再一次回到人们的视野之中。

第九章　休闲与保护

在阿尔弗雷德·希区柯克（Alfred Hitchcock）的电影《迷魂记》（*Vertigo*, 1958）中，金·诺瓦克（Kim Novak）所饰演的角色曾进入一片海岸红杉林。她所饰演的玛德琳，是一个被已经死去很久的女人卡洛塔所"附体"的角色。后者在影片里，被一棵在20世纪30年代时砍伐的橡树迎面击中——这个特定时间在影片里十分重要。而红杉这种树木的种植年代，可追溯至公元909年。它所见证的英格兰历史核心事件，包括1066年的黑斯廷斯战役、1215年《大宪章》签署，以及1776年《独立宣言》的诞生（图94）。但对于试图让自己痴迷状态给詹姆斯·斯图尔特（James Stewart）所饰演的斯考蒂留下深刻印象的玛德琳来说，她似乎对这棵树木，可以把卡洛塔安排进怎样的历史语境之中更感兴趣。2003年，角色扮演者金·诺瓦克谈及自己对树木的感受和喜爱：

我欣赏树木，我崇拜它们。想想它们曾见证过什么，经历过怎样的历史，比如经历了整个南北战争，却仍然可以存活。我一直觉得，它们可以幸存的原因，是从不曾试图向外界"求情"，建议说"不，那是错误的方式"，或者亲自试图消灭一支军队。它们只是站在那里，默默观察。

她随后解释说，当她第一次读剧本，读到"希区柯克的脚本里玛德琳和斯考蒂走在红杉林间的部分，她抚摸着树木的年轮说道：'我在这里出生，在这里死亡。那只是一瞬间，你根本没在意。'我的身上起了一阵鸡皮疙瘩，而当真正拍到这一幕的时候，我又一次感到了相同的震颤。"金·诺瓦克发现："仅仅是抚摸这些老树，就会让人受到触动，因为触及它们时，你就会对过往的时间和历史产生具体的感受。就好像触碰到了世界的本质，触碰到了生命极致的真相。"她还记得，当她带着父亲一起来到这片红杉林前时："他哭了，我也哭了。他和我一样，'得到了'相同的东西。我们对此却只字未提。"[1]

图93　金·诺瓦克和詹姆斯·斯图尔特查看缪尔森林里的红杉，加利福尼亚，来自《迷魂记》中的一个定格镜头。

　　这一幕被安排在缪尔森林中。"缪尔森林"的名字，来源于著名的自然主义者、生态保护主义者约翰·缪尔（John Muir，1838—1914）。但影片大部分场景是在大盆地红杉国立公园中进行拍摄的，这里通过许多非著名生态保护主义者一次次精力充沛的运动，得到了妥善的保护。画家、摄影师安德鲁·希尔（Andrew Hill，1853—1922）生活在圣何塞，他同样也是个红杉爱好者。他在保护大盆地地带的红杉林，令其收归国有的过程中，发挥了自己的作用。到了1902年，在一场短暂但激烈的运动之后，大盆地红杉国立公园终于正式落成。这个故事是这样的：在1899年时，希尔受雇于英文版《世界博览》（*Wide World Magazine*）杂志，为他们提供一系列一场森林火灾后红杉的照片。他"在菲尔顿树林里拍摄海岸红杉的照片"，但森林的拥有者却"指控他非法入侵，并要求他交出底片。希尔拒绝了他，并离开了这里，发誓要为自己的后代们保护这些珍贵的树木"，并建立一座公共公园。1900年，他和一些朋友一起组建了一个压力集团①，取名为红杉俱乐部（图95），定期举行树木游览活动，并"推动本州立法机构批准了土地收购法案"。这项法案还促成了加利福尼亚红木公园委员会的建立，该委员会可以收购、接收原本由私人或公司拥有的土地。《圣何塞水星报》对公园胜利表示祝贺，并强调了此举避免森林遭到全面性的破坏：

> 巨大的红杉，它们强大而有力量，经受住了几个世纪的考验：在大型锯机充满威胁的嚎叫中微微颤抖，在它发动机的轰鸣中轻轻晃动；在劈砍的暴虐中呻吟，在钢齿间被撕裂。砍伐遍布森林的心脏地带，越发逼近，令树木从巍巍高山之巅，发出求救的呼喊。[2]

该委员会主要在1906年收购了大盆地木材公司4千英亩林地，而目前这座国立公园占地面积则超过了1.8万英亩。[3]

图94　海岸红杉横截面示意图，在1930年被砍伐，位于缪尔森林的出口地带，拍摄于1948年，并在《迷魂记》中出镜。

约翰·缪尔出生于苏格兰的邓巴。公元1849年，缪尔随家人一起，移

---

①压力集团（pressure group），政治学用语，指那些致力于对政府施加压力、影响政策方向的社会组织或非组织的利益群体。——译者注

居到了美国。文学家华兹华斯、拉尔夫·沃尔多·爱默生（Ralph Waldo Emerson）和亨利·戴维·梭罗（Henry David Thoreau），以及科学家亚历山大·冯·洪堡（Alexander von Humboldt）的作品给他的自然价值观念带来了深远的影响。在美国，他首先于 1866 年，访问了旧金山以东 200 英里的约塞米蒂谷，以及那里的蝴蝶谷红杉林。1869 年至 1871 年，他索性住了下来，这里也就成了他精神休憩之地。[4] 这片树林首次出现在人们的视野中，是在 1852 年加利福尼亚科学院的一次会议上，一位名叫奥古斯都·多德（Augustus Dowd）的猎人向众人宣布了他的发现。英国植物收藏家威廉·劳布（William Lobb）出席了会议，并对此兴奋不已——一听到消息"他就立马赶到那里寻找树木"，并"因树木的尺寸感到震惊"。他记录了 80 到 90 棵树，每一棵都高达 250 至 320 英尺，直径则在 10 至 20 英尺之间。他"收集了所有他能带回旧金山的种子、植物标本、营养枝①和幼苗"，并立即预订了最近一班返回伦敦的船票。6 个月后，园丁维奇就可以以每株 3 英镑 2 先令的售价，出售幼株。同时它们也迅速成为时尚的象征，流行在各个花园、公园和树木园之中。[5] 树木命名一度成为问题。红杉一度被英国人约翰·林德利（John Lindley）命名为"威灵顿"，以纪念 1852 年 9 月去世的威灵顿公爵②。但加利福尼亚的植物学家艾伯特·凯洛格（Albert Kellogg）则将其称为"华盛顿之树"，因为一棵产自加利福尼亚的树木以一位英国军人和首相的名字命名并不妥当。这造成了一场国际范围内的植物学争议，所带来的混乱一直延续到今天。[6]

在红杉开始在英国的花园和公园内被种植的同时，1861 年，年轻的美国摄影师卡尔顿·沃特金斯（Carleton Watkins，1829—1916）在约塞米蒂

---

①营养枝（vegetative branch），又叫直立枝，为一株直伸长的枝条，生长快速，直立，本身不会开花，必须在第 2 年新生的枝条才会正常开花。由于生长时会消耗养分，同时又会破坏树形，故一般将其剪除。——译者注

②威灵顿公爵（Arthur Wellesley, 1st Duke of Wellington, 1769—1852），英国军事家、政治家，19 世纪最具影响力的军事、政治领导人物之一。曾担任英国陆军元帅，在滑铁卢战役中与盟友一道击败了拿破仑。后两度担任英国首相。——译者注

图95 红杉俱乐部，1901

公园拍摄了一组红杉的照片。19 世纪 50 年代，沃特金斯在旧金山建立了一个工作室。他经常利用立体摄像机，通过立体镜头引导人们想象出物体的三个维度同时呈现的立体画面，并开发了一个非常大的相机，让他自己可以在猛犸板①上捕获图像，从而获得具有伟大细节和深度的照片。他在约塞米蒂拍摄的照片，于 1862 年在纽约展出，并且让"全国人民都为之着迷"。与此同时，"拉尔夫·沃尔多·爱默生宣称，他为大红杉'大灰熊'拍摄的照片，提供了这棵树存在的证据。"这些照片鼓励艺术家艾伯特·比尔兹塔德（Albert Bierstadt）前往约塞米蒂公园，去将这里的树木和风景呈现在他的画布之上。而这里最重要的一组绘画作品则为加利福尼亚州的参

①猛犸板（Mammoth plates），19 世纪中期一种专门用于拍摄大型照片的感光板。——译者注

议员约翰·康纳斯（John Conness）拥有。他"为 1864 年的《约塞米蒂法案》（*Yosemite Bill*）奠定了基础，这份法案保护了这片区域，使之不受资源开发和商业利用的影响。"[7]尽管沃特金斯后来的生活饱受眩晕症和部分失明的困扰，而他在旧金山的工作室最终也毁于 1906 年的大地震，但他的照片在他有生之年都十分受欢迎。这些照片极具影响力，它们为人们提供知识，促进对于古老树木的理解，甚至还让人们行动起来，保护树木不被开发和砍伐。

图 96　卡尔顿·沃特金斯，《"大灰熊"》，马里波萨林地，约塞米蒂公园，1861，摄影作品

图 97　艾伯特·比尔兹塔德，《"灰熊"巨杉》，马里波萨林地，1872，装裱油画

约塞米蒂本是一座州立公园，在 1864 年由亚伯拉罕·林肯亲自通过联邦拨款建立，在 1890 年升级成为国家公园。弗雷德里克·劳·奥姆斯特德（Frederick Law Olmsted）曾在 19 世纪 60 年代中期参观了约塞米蒂国家公园，然后撰写了一份报告，强调"其如画般的风光，配以山谷地带美丽的田地与小树林、巨大的红杉林，以及庄严的花岗石峭壁，构成了十分具有影响力的自然景观"。[8]唐纳德·沃斯特则认为："建立公园的目的在于以积极的方式，同时对人的心灵与情绪提供洗礼，从而让整个人神清气爽。"它们甚至

可以"推动民主文明进程，约塞米蒂在这方面可以步中央公园①之后尘"。9而当约翰·缪尔住在约塞米蒂国家公园时，拉尔夫·沃尔多·爱默生曾去探望，并且同意他对于红杉的看法。缪尔后来回忆道，当他们"骑着马，穿过宏伟的森林"，他让爱默生一直注意糖松，并且"引用爱默生《林间笔记》中的诗句，'来吧，听听松树在诉说什么'等等"。但当缪尔劝爱默生在红杉林里搭帐篷过夜时，爱默生却觉得可能会冷，因此宁愿待在小旅馆，与那里"来自地毯的灰尘和不明来由的恶臭共处一室"，这让缪尔感到"文化与超验主义的可悲"。

第二天清晨，两人骑行在红杉林间，"走了大概一两个小时，以人们旅行的普遍方式"，看看"那些最大的红杉，用尺子量一量它们"，还骑行"穿过被火烧灼过、裸露倒卧的树干"。爱默生"有时独自一人，像被施了咒一样信步游走。当我们途经一组极好的红杉树时，他引述道，'这都是昔日的巨人'，仿佛认出它们是古代人的化身。"10爱默生需要命名一棵树，"我选择了一棵红杉，给它命名为萨默赛特，以此作为对普利茅斯殖民地第一位印第安盟友的纪念。"他还找到了守林人伽林·克拉克（Galen Clark），"拿到了一块铁板，以通常的形式，在上面写下它的名字：萨默赛特，1871年5月12日。然后付给守林人铁板钱。这棵树十分强壮，周长2.5英尺，有50英尺高。"11当爱默生和他的旅伴离开树林时，缪尔则一个人继续骑行，"走回到树林的中心，用红杉叶和溪边的蕨类植物搭了一张床，储存了一些木柴，然后继续漫步，直到日落。"他随后"生了一堆火"，"第一次处于这片树林中，感到很孤独。"12那年他离开了约塞米蒂山谷，而他后来的作品，诸如《上帝的第一圣殿：我们该如何保护我们的森林？》（*God's First Temples: How Shall We Preserve Our Forests?*，1876）等，都对建立国家公园，不断扩大其范围起到了推波助澜的作用。他成为塞拉俱乐部第一任主

---

①即纽约中央公园（Central Park），坐落在纽约曼哈顿中心，于1873年正式完工。由于它的建成既缓解了城市拥堵带来的一系列生态及社会问题，同时也满足了市民平等享用城市景观的诉求，因而被看作是纽约城市建设中民主与理想的象征。——译者注

席，该俱乐部创办于 1892 年，以保护山岳间①的森林及其他自然景观，并促成公众对自然更广泛的理解为己任。

缪尔森林位于旧金山西北金门大桥的北边，靠近塔马尔帕斯山，并且在 1908 年正式由西奥多·罗斯福划定为国家自然保护区。这一区域包含了最著名、最具观赏价值的古老红杉林景观之一。它的另一个优势则在于其距离城市仅仅有 8 英里。随着 19 世纪 80 年代猎人及远足者的活动，这一区域越发受到人们的欢迎，相关协会如塔马尔帕斯俱乐部也应运而生。一些"奥地利和德国移民，在这里组织起了他们在昔日祖国所热衷的活动，还把塔马尔帕斯山比作阿尔卑斯山"。人们在红杉林中修建起了小路，一条风光优美的旅游铁路也同时建立，一直延伸至山顶。在终点有一座客栈，它有"一个面向南方的长廊，可以俯瞰红杉峡谷和太平洋海岸，与旧金山远远相望"。小路则穿过客栈，直达红杉林和红杉峡谷。[13]

该地区越发成为受欢迎的假日露营地，而狩猎在冬季的几个月里仍然会持续。许多不同的团体会在这里举行夏令营，包括"长老会礼拜日学校运动联盟"、"旧金山波西米亚俱乐部"等。"旧金山波西米亚俱乐部"建立于 1872 年，是一个专为对艺术、音乐、戏剧有兴趣的绅士准备的精英俱乐部，到 19 世纪 80 年代时已经成为是城市中"富有商人群体中最突出的社会组织之一"。该俱乐部每年举行一次夏令营，通常就是在红杉林里举行。到 19 世纪 90 年代时，夏令营会持续一周时间，"通常的娱乐包括狩猎和戏剧活动，往往在神秘阴郁的氛围中进行。"1892 年时，他们宿营在塔马尔帕斯山脚下，所举行的狂欢活动包括为他们的戏剧"波西米亚红杉神庙"建立一个全比例复制的"镰仓大佛"②，并举行他们传统的"焚烧忧虑

---

①即 Sierra，音译为"塞拉"，故该俱乐部亦可译作"山岳俱乐部"——译者注
②镰仓大佛（the Great Buddha of Kamakra）位于日本古都镰仓的净土宗寺院高德院内，净高 11.3 米，连台座高 13.35 米，重约 121 吨。佛像建造于 1252 年，被定为日本国宝。——译者注

仪式"①。石膏制成的大佛在一年左右的时间后倒塌，但他们为自己的游行仪式建立的小路却保留了下来，这些举动戏剧性地提高了这一地区的游客数量，让更多人来这里参观、野餐、露营过夜。也许是受到波西米亚俱乐部的影响，"一群来自旧金山的作家"，包括杰克·伦敦，"选择红杉峡谷作为举行纪念拉尔夫·沃尔多·爱默生 100 周年诞辰仪式的地点。"一块写有爱默生诞辰日期的小铜牌，被系在林子里看起来最高大的一棵树上。在仪式上，人们还朗读了一封来自约翰·缪尔的书信。[14]但伴随着游客增加、人们对于这片森林的关注和娱乐兴趣越发提升，它遭到开发和砍伐的威胁也开始越发显现。

在大盆地，人们找到了一个可靠的当地人，来确保林地不被破坏。威廉·肯特（William Kent）是一个"富二代"，他的父亲是芝加哥的一个富有的屠宰场场主，还在 1871 年为自己专门建立了一个名为肯特菲尔德的别墅及农场区，供自己消夏使用。在 1901 年老肯特去世之后，肯特家族买了越来越多的土地，威廉·肯特逐渐成为这一地区最大的土地拥有者之一，并且把肯特菲尔德当作自己的主要住所。1901 年，他建立了塔马尔帕斯林业协会，主要目的是防止森林火灾。他在 1903 年主持召开了一次协会大会，在会上正式提出要在山上建立一个占地 12000 英亩的公共公园。不过当时的塔马尔帕斯国家公园协会还没有足够的资金，来支持他完成这一计划。1904 年，各类生态保护专家开始造访这里的红杉林，其中就包括约翰·缪尔和查尔斯·萨金特（Charles Sargent），后者是波士顿的阿诺德树木园总设计师。但在 1905 年，威廉·肯特最终凭借自己的商业关系收购了红杉林，满足自己开办免费公园的意图。他改进了步道，引入了乡村风格

---

① "焚烧忧虑仪式"（The Cremation of Care）来源于德鲁伊教的一个异教仪式，通常在营会开始的第一个周六举行。在仪式中，会有身穿红色长袍、头戴小尖帽的成员开道，一些人播放葬礼哀乐，另一些人则手举火把游行。这一仪式通常被解读为具有光明与黑暗两重涵义。光明指人们可以通过焚烧抛弃忧虑，从而享受节日。但其黑暗涵义在于隐秘世界里，"忧虑"（care）代表"良心"（conscience）。因此，仪式中的"焚烧"代表杀死良心的过程，只有这样，才能让成员计划和实施邪恶。——译者注

的座椅、桌子和小木屋。"乡村风格"主要来源于安德鲁·杰克逊·唐宁（Andrew Jackson Downing）在美国对"如画美学"的普及，再加上后来奥姆斯特德和卡尔福特·沃克斯（Calvert Vaux）的继承与发展。观景铁路延伸"直达森林深处，通过一个狭小的林中空地切口进入"，这一路径在开发时谨慎地避开了大树。红杉峡谷实际上在1907年时才成为一座公共公园，它和塔马尔帕斯山顶延伸下来的观景铁路一起，成为这一区域内最受欢迎的景点。（图98、99）

但红杉林马上又要面对下一个威胁。1906年4月发生的大地震，对这里的树木和水源都造成了极大的破坏。1907年，拥有肯特财产中水利利用权的北海岸水利公司，计划建造一个水库。这一计划将淹没红杉峡谷47英亩的土地，并且摧毁许多巨大的树木。于是肯特立即行动起来，给林业局局长吉福德·皮诺切特（Gifford Pinochet）发电报，要求将这里的林地作为国家森林，申请有关部门接收。如果这一区域最终归联邦所有，那它就可以避免被水利公司破坏。肯特还联系了曾给他提供建议的当地林务官弗里德里克·E. 奥姆斯特德。然而，由于"1905年的森林保护政策强调的是对国家森林的'使用'，在当时通常被理解为需保证林地的可持续产量"，因此国家森林的圈定并无益于对它的保护。但奥姆斯特德却提供了一个新的建议，即把红杉林作为一个科研保护项目提出申请，这样它就可以在1906年《古迹法》的框架下，成为一个国家级保护区。这一法案赋予总统权力，由他亲自指定联邦土地范围作为"国家古迹"，以保存符合史前，历史或科学研究利益的资源。人们最终决定把红杉林区命名为"缪尔国家公园"，奥姆斯特德则认定它"由于其原始的森林特征、树木的年龄及规模，足可以满足非凡的科学研究兴趣"。他还认为这里"总有一天会成为古老巨型森林罕见的残留"，并且强调它是一处"活着的国家纪念碑，没有什么可以比它更能代表美国"。[15]

这一计划很快被付诸实施，肯特将土地和森林上交给联邦政府。1908年1月，西奥多·罗斯福签署政府公告，在森林内竖立纪念碑，使之成为

图98 缪尔森林的红杉,加利福
尼亚,20世纪30年代

图99 凯勒顿的红杉林,丹佛,
2013

第一个由个人贡献的国家保护区。罗斯福倾向于将这里命名为肯特森林,
但肯特则更愿意去纪念约翰·缪尔,后者也因这份荣誉而感到欣喜。缪尔
写信给肯特:"对于热爱树木的人而言,这可能是世界上最好的一块纪念

碑。"他还开玩笑说："如此美好，宛如神赐的礼物，竟然是用来自芝加哥的钞票换来的！是谁把它们搞来的！用红杉的生命敬你！"肯特自己倒是写过一篇关于红杉的文章，刊登在 1908 年 6 月的《塞拉俱乐部通讯》（*Sierra Club Bulletin*）上。他赞美在山坡上"森林展示出丰富而多样的色泽，红杉树叶的红润，让花旗松的绿叶更加明亮耀眼，而高山橡树的银灰则让这一切变得柔和温淡"。红杉林之中有"丰厚、柔软、温暖，带有光泽的树皮"，"纤细的树叶"，"筛滤，而非阻碍阳光，令光线更加温柔"。肯特认为红杉是"勇敢的"，"烧掉它们所有的叶子，它们依旧会为生命而战，再度萌发。围绕着倒下的先辈，生长着一群高贵庄严的后继者。"他预言，"美国的华兹华斯总有一天会为这些高贵的树木大唱赞歌，教导美国人何为完美的社会与个人生活"。[16]

🌺 英国的国家森林公园

在 19 世纪末，国家公园的概念得到广泛传播。在澳大利亚（1879）、加拿大（1885）和新西兰（1887）先后出现了划定的国家公园。但在一个像英国这样人口稠密、精耕细作、高度工业化的国家，这一理念就需要更长时间才能得以实现。这里并没有大片的原始区域需要被保护，几乎所有土地都有自己的产权，私人业主显然不会乐于看到他们的开发权受到保护组织的限制。但到了 1929 年，通过改善农业景观，来促进公众游览的压力越发增大，艾迪生委员会被建立，用于调查在英国建立国家公园的可行性，以改善公众的乡村旅游体验。[17]许多业主，包括于 1919 年建成的林业委员会，却都在担心公众游览对森林本身的影响。林业委员会注意到增加公众访问和保护动植物的潜在矛盾。例如，"在迪恩森林附近搭建活动板房作为露营营地，就可能会对邻近地区的居民造成困扰，游客可能会不守纪律，彻夜举行派对等等"。而"儿童营地的建立也可能会对鸟类保护区造成影响"。[18]林业委员会内部印刷的材料显示了地主布莱迪斯洛（Bledisloe）对于国家公园的看法，"各行各业的人，都有权在适当舒适、富有吸引力的自然环境中，在一定的约束条件下得到充分的休憩。"布莱迪斯洛是一位颇有影响力的土地拥有者，同时也是一位农业改革家。在 1935 年，他成了新西兰总督，并且再度提出公园应当包括"永久性营地，提供水源以及卫生、餐饮、娱乐设施、别墅区和停车场，并且如果可能的话，还应含有露天游泳池、保龄球绿地、网球场等等"。这似乎与约翰·缪尔在约塞米蒂关于国家公园的构想相去甚远。

国家公园委员会在 1931 年提交了报告，对国家公园的构想表示了支持，但并没有在报告里对具体的运作机制做出阐释。于是这一构想仍旧处于悬而未决的状态。1934 年，彼得·汤姆森（Peter Thomsen）在一份提交给阿伯丁大学英国科学进步会的论文中指出，建立国家公园应当"三步走"。首先，应严格划定将要建成国家公园的区域，并严令禁止这些区域内的任何"开发"行为，包括禁止"采伐木材，尤其是老木材"。其次，对形式上"休闲区"和"露营地"的进入加以限制。最后，政府应当"完全收购"国家公园，实现全面占有。汤姆森的想法，类似于约塞米蒂国家公园和其他美国国家公园的实践做法。乔治·考托普（George Courthope）爵士读到了汤姆森的论文，并在 1934 年 10 月把论文转寄给了罗伊·罗宾逊爵士，后者已经成了林业委员会的主席（1932—1952）。考托普爵士在论文里批注道："你见识过对人流进行封锁的国家公园吗？我确信你会同意，这种疯狂的念头必须被扼杀在萌芽的状态。不然，你觉得它会对你在我们的森林里建造娱乐设施的打算，起到什么推进作用吗？"[19]乔治·劳埃德·考托普（1877—1955）是一位颇有影响力的地主，并且在国会中站在林业委员会一边。他的言论表明，私人土地所有者和林业委员会之间有着密切的组织性联系，也表明官方委员会和私人土地拥有者会对国家公园的建立，感受到何种程度上的潜在威胁。国家公园的建立，可能会对大规模的植树造林产生限制，同时抑制出于商业目的林地管理。林业委员会委员并不排斥汤姆森有关公共访问的想法，但他们和支持他们的地主则都对建成国家

215

公园，并由相关团体进行管理强烈反对，因为这样一来，传统的土地管理，包括在荒野地带进行大规模人工造林，必然会受到干扰。[20]

几乎就在考托普爵士强调以"娱乐设施"进行"推进"不久之后，由林业委员会建立的国家公园委员会"建议林业委员会考虑阿盖尔'过剩及无法种植的土地'，如何实现'投入到公共利用之中的可能'"。他们在1935年的报告中描绘了他们是如何与青年旅社等社团和协会展开讨论，并且认定阿盖尔数百平方英里大面积不可种植的荒原是"漫步者，即那些希望走入乡野以躲避汽车交通"人士的理想场所。相关负责组织如苏格兰的男孩俱乐部、大不列颠露营协会等将依法推行"得体行为"，同时还希望以精心设计的道路安排来减少破坏的风险，"穿过林区通往高地的小路，应当在设计上对坡度有所缓冲，从而减少非法入侵对林木造成的破坏。"该报告对建立国家公园的构想表示了谨慎的支持，并且建议国家应批付5000英镑用于具体实施这一工程，尽管"露营者无论如何都应当支付费用，以弥补相关服务所产生的种种开支"。阿盖尔森林公园的荒野质量受到强调，这一构想也被看作是实验性的。"很难预测有多少人会利用这片区域……进行娱乐，还不破坏它主要的吸引力，即相对于城市的疏远与孤独。"委员会同时也谨慎地提醒："委员们应当谨慎行事，以避免公众知道他们正在做什么。"但同时也希望"通过在这里建造公园所获得的经验，也应当用于其他属于委员会的土地建设中"。委员会希望建成的国家公园，在理念上是一个与"1931年国家公园委员会报告中的国家公园并不相同的场所"。[21]

罗伊·罗宾逊爵士在1936年表示，虽然"林业委员会的委员们，普遍对有关优先建设国家公园的理念表示赞同"，但他们还是考虑到"这一构想会令乡村大面积土地无用化，并且尤其……禁止在国家公园合适的地方种树，这一点应当接受严格审查"。他认为对于"美国和其他新生国家普遍建造的"大型国家公园来说，英国太小了，并且辩解对于大面积造林而言，只有"荒山野岭"才是最适合的，林地"还会为旅人们提供休憩场所"，在"发生突发事件时，提供必需的应急材料"。他把阿盖尔国家公园

216

描述成一个之于不同公众进入自然模式潜在的先驱，是"某种实验性的内容"。委员们通过"对最接近国家森林公园的新森林地区管理"，了解到"协调森林保护和公众介入时面临的种种难题"。但他们相信，"在谨慎的状态下，二者还是可以实现共存"。罗宾逊把森林公园看成是林业委员会的主要工作，即保证木材产量的"副产品"。但这个副产品其实可能"推动国家发展"。委员会当时已经拥有了 33 万英亩无法种植的土地，"还从大英帝国的各个部分源源不断地获取土地"。如果国会同意相关的提案，他们就能更专注于购买适合国家森林公园的用地。[22]

国家公园运动，在 20 世纪 30 年代末期得到很大程度发展。国家公园联合常务委员会于 1936 年成立，并很快成为一个获得从英格兰农村保护委员会，到英格兰"湖区之友"、"漫步者协会"都可以广泛响应的、颇具影响的组织。但林业委员会也通过自身巧妙的定位，破除了原先国家公园构想中对自身不利的部分，为自己争得了绿化荒野的自由。在 1936 年下议院围绕国家公园展开的争论中，主要的政府发言人、国会卫生部秘书 R·S·哈德森（R. S. Hudson）将森林委员会的阿盖尔国家公园看成是一个"解决国家保护区问题的有效方法"。此外，他还把阿盖尔国家森林公园的运作方式，作为单方面建立新权威，用于监督国家公园建造过程的一种手段。而政府则继续认为，国家公园或保护区，理应由地方当局来负责，而不是中央政府。因此乔治·考托普爵士将汤姆森在 1934 年有关森林公园的构想扼杀在萌芽状态的打算已经成功，至少短期内如此。[23] 当然，他的相关构想最终在战后，即 1949 年的《国家公园和乡村土地使用法案》中得到了承认，而在 30 年代时，林业委员会通过一场小规模争论而得到的积极结果，也促成了 1937 年斯诺多尼亚国家公园，以及次年（1938 年）在迪恩森林内一座国家森林公园的建成。

🌺 国家森林公园指南

一套关于国家森林公园指南的插图本，共七册，由林业委员会编辑出版。其中第一册是关于阿盖尔国家森林公园的，出版于 1938 年。而战后出版的两册，即有关迪恩森林（1947）以及斯诺多尼亚的，在出版时间上非常接近。这些小册子一直出到 20 世纪 70 年代，这一想法是在 1939 年 7 月 17 日国家森林公园咨询委员会（英格兰及威尔士）的第二次会议上提出来的，尽管人们对于普及层面的导游手册讨论并不多，但却普遍赞同，这种读物应该兼顾信息性与教育性。内容呈现在相似的版面上，在文化部分列出了当地的历史与文化、古代风俗以及文学方面的阐述；地志方面则包含地质信息、山川及河流；自然章节则关于植物、哺乳动物、鸟类及昆虫；还有一章专门用来交代森林及林业管理。最后则有一张地图，用来显示公园的区域范围、人行道和野营地的相关信息。大多数的旅游指南，除了第一册外，都由赫伯特·埃德林（Herbert Edlin）担任主编。他自 1947 年起担任林业委员会出版部门的主管，还是一位多产的作家。1944 年，他的作品《英国林地的树木》（*British Woodland Trees*）由巴茨福德出版，随即大获成功，于是不久后又出版了《林地中的生灵》（*Forestry and Woodland Life*，1947）、《英国林地工艺》（*Woodland Crafts in Britain*，1948）以及许多其他著作。[24]埃德林认为和国家公园相比，森林公园的优势，在于它们完全由国家所有，而国家公园实际上是由私人占有。[25]

森林公园和旅游指南，以如此谨慎的方式产生，其目的在于对公众产生吸引力，并且有所教育，从而在英国的高地地区实现林业理念的革新与现代化转变。1950 年时，林业委员们担心，当他们"持续努力让大众了解他们的目的，以及他们工作的进程时，他们会发现让大街上的每一个人都了解事情的真相其实并不容易"。[26]旅游指南正是策略之一，他们还采取了其他手段，诸如在 BBC 上安排特别林业广播时间、给学校发放有关林业进展的材料以及成比例的斯诺多尼亚国家森林公园模型，旁边还配上 1951 年英国展览节上现代林业实践的比例模型。[27]

如何在这些新的森林公园中推广并管理娱乐休闲活动呢？通过旅游指南，这些公园成为广泛应用最现代化的手段生产木材的地方，同时还留出了大片荒野，以满足徒步者的需求。这里可以满足严肃的自然学家对于植物及动物群落探究的兴趣，而对于临时起意的游客，同样也是既令人愉快又丰富多彩的场所。但从某种程度上说，这些旅游指南往往处于"进退维谷"的尴尬状态：一方面它们对于游客而言有些过于枯燥、学术性太强；而对于专业的背包客，它又无法实现更多细节上的呈现。另一方面，森林管理方面的一个矛盾也越发凸显：林业委员会需要对公众在委员会拥有土地上的种种活动，保持非常密切的控制，但同时又要保证森林作为一种野生地带，让公众可以自由地探索，以了解自然乡野的运作方式。委员们也不免要担心，游客的进入与人工林的种植与维护似乎很难调和：栅栏可能被毁坏，树木会被偷走或连根拔起，森林火灾发生的概率也大大增加。不过人们当然也同意，游客可以在适度的条件下，拥有在公园里漫步的自由，不必时时遵循既定的道路安排及路线规定。委员们在 1935 年时提议，阿盖尔森林公园中的可行路线，应用"临时的堆石界标或白色石头、显眼的路标或其他标志物"加以标记。[28]

官僚主义风格的露营地描述，反倒吸引人们来到这些新建的森林公园参观。1938 年，在迪恩森林，人们设想这里未来会有三种露营地提供给游客："棚屋和小木屋，提供晚餐和娱乐设备，以及烹饪相关的种种原料"、"价格公道的帐篷，露营者需要自己准备食材"以及"提供给自带露营装备游客的空地，他们也需要自备食物"。但委员们并不乐意在森林里提供给人们居住之所，比如在斯诺多尼亚，那里被认为已经备好了充足的住所，大部分来自私人住所改造的青年旅社和旅馆，提供床铺及早餐。每座公园都有自己的优先考量，与阿盖尔森林公园相比，迪恩森林会通过更多给司机准备的"沿途休息处"，鼓励一日游旅客前往。人们还被鼓励少走大路，多走林间的小路，比如怀河河谷的树林"在丘陵地带，道路崎岖不平，一般来说，公众不会涉足这里……这些山谷本身就十分美丽，海拔高达 1000 英尺。我们认为随着时间的推移，公众会希望可以探索这些地方。因此，改善游览条件将是必要的。"

不过，尽管这个想法十分理想，但很显然，林业委员会十分不愿意为任何一种旅游构想承担责任和义务。他们有两方面可以推脱，一是成本方面，战后的资金紧缩，另外则是环境方面，减少开发显然可以降低环境破坏的风险。[29]

到 20 世纪 60 年代初，林业委员会的游客访问政策，尤其是它的"游客指南文学"，受到了严厉批评。一个不相协调的地方，在于"森林管理者的兴趣，往往倾向于自然历史方面"，而对于一般公众，"冗长而描述性的"旅游指南，表达了管理者的"植物学、动物学和考古学兴趣"，仅仅有"相当少一部分徒步旅行游客"会感到"十分有趣"，但大多数游客是"自驾游或一日游的家庭"，这些内容对他们"影响不大"。[30]不过，旅游指南还是在普及松柏美学和促进公众了解委员会地产方面起到了一定的作用。对于主编埃德林来说，在宣传森林公园时面临的一个困难是，"森林公园"这个名字本身所具有的多重差异化含义：狩猎森林、商业木材生产、自由漫步，以及对进入的控制。此外虽然一些森林，尤其是迪恩森林，有很好的阔叶林种植区，但主体区域仍然是由大面积新种植的针叶林组成，对于公众并没有第一印象上的吸引力。埃德林在森林公园 50 周年的回顾中，认为诺森伯兰郡的基尔德森林"云杉生长在潮湿的泥炭上，形成了一个绵延的环抱。山丘往往被雾笼罩，或高耸入云，对于户外休闲并不理想。任何想要走得更远的人，在这里都会感到沮丧，而非获得鼓舞"。[31]

林业委员会大量栽种针叶林，导致了新的大规模景观产生，这种事情几乎没有先例。1835 年，威廉·华兹华斯发表了一次著名的"批评"，关于落叶松人工林对英格兰湖区景观的影响：

220

瞬间地思考，1万棵这样带刺的树，也就是落叶松，驻留在从前的山坡上，它们只能生成畸形；这样，当它们强忍着痛苦站立时，我们却在其中，徒劳地寻找着本是自然世界美妙主要来源的、外表美丽的树。[32]

在1920年至1938年间，林业委员会拥有土地上的森林面积从1393000英亩增长到1400712英亩。这一阶段的造林主要是针叶林。迈尔斯·哈德菲尔德（Miles Hadfield）指出，在两次大战之间，"紧迫感与热情奇异地以组合形式，出现在任何由政府管辖的领域中，不可避免地导致了许多错误。林地在委员会和土地拥有者的共同作用下，成了生产不美观与不尽人意的工厂。"[33]林业委员会在两次大战之间于荒原及荒野地带造林，最终形成工业化、现代化、规则化、高效化、功利化的景观，不久便受到了广泛的批评。用于反驳这种工业规模景观的，主要包括两个论据。其一是这会造成公众对于荒原访问的减少，荒原已经被用于造林；另一个则是荒原的"野生"状态遭到了改变，取而代之的是显而易见的经营性与生产性。战前关于植树造林的争论达到顶峰，焦点在于对英格兰湖区的部分地区提出的植树造林建议。人们抱怨这一建议"会让公众访问机会变得越发罕有"，这一建议看重"商业木材的利润，超过对健康和美丽的追求"。林业委员会委员最终与英格兰农村保护委员会（CPRE）达成妥协，承诺不在湖区的中心地带种植树木。[34]

针叶林的"视觉入侵"，始终不曾远离林业委员会公开宣传的主题思想。到1969年底，即英格兰湖区争议超过30年后，埃德林很高兴地看到，许多游客喜欢在斯诺多尼亚的人工林中散步，其中森林被英格兰和威尔士最宏伟的山脉包围，靠近长长的沙滩，在每一个晴朗夏日都挤满了游客。尽管他们可以去其他地方，但却依然乐于在这里，探究人工种植这些树木平静的美丽。那些批评家宣称人们会避开"黑暗、阴郁、惨淡的松柏"的预言，已经破灭了。

于是，国家公园的旅游指南就这样担负起了鼓励公众，去欣赏新的大规模造林体系的艰难任务。这在那些并未存有其他相对种植时间较长人工林的地区尤为艰难。在斯诺多尼亚的格威德尔森林，树木"覆盖了陡峭的山谷，在崎岖的山麓延伸，周围则是星罗棋布的湖泊。整个地区持续稳定地推进着绿化工程，在随后的半个世纪中，以落叶松、松树、云杉、花旗松充满人工林序列，到现在看起来已经完全自然化。"但这在 20 世纪 50 年代并不是一个普遍事件。大多数林业委员会培育的人工林始终都很年轻，树木种类及组合上也往往单调而平凡无奇。[35]

埃德林在旅游指南里处理这个问题的一个方法，是谨慎地选用插图。插图里既有摄影作品、素描画，也有一系列颇有代表性的木刻版画。在 20 世纪 50 年代中期，所有旅游指南的封面都由插画师乔治·迈克利操刀完成。他师从诺埃尔·鲁克，后者是"现代木刻运动的主要发起人"之一，帮助"复兴了托马斯·比维克和威廉·布莱克在几百年前发展的'白线'技术①"。[36]相比于摄影作品中呈现出的林业委员会计划中，年轻人工林在视觉效果上的"敌意"，以及成熟树木的匮乏，旅游指南求助于"艺术印象"表现成熟林地景观，并以此吸引游客，也就并不令人意外了。这一举措不仅仅改良了商业林地景观给人们的印象，同时也普及了一种大规模的"针叶林美学"。就像在阿盖尔国家森林公园，"森林"在感官上已经成为"数千亩木材树种"的集合概念。

《在云杉林中》（*In the Sprucewoods*）是博德尔公园旅游指南封面的插画。它是英国境内的第 7 座森林公园，开放于 1955 年，涵盖了面积广大的基尔德森林。这份指南由植物学教授约翰·沃尔顿主编，他强调博德尔公园因包含有"英国最大面积的种植林"而引人瞩目。这里因此"为全国提供可持续的木材供应"，种植在"农垦价值低的山丘地带，尽管这里能够放牧，但也很少有牛羊光顾"。造林导致"区域内人工增长，而随着林木成熟、林业工艺及相关工业同时进步，这一增长也将持续下去"。他预言，这一"人口稀少的荒野，正在发展成为积极繁荣的乡村地带"。[37]不过仅仅

---

①即在画面上以白线（或白块）表现物体的"阴刻法"。——译者注

几年之后，这一迷人且令人信服的"造林蓝图"就被证明是完全错误的。林业带来的就业数量开始急剧下降。这一地区的森林中，人工林的主要树种是西加云杉，它原本自然生长在从阿拉斯加到加利福尼亚北部的沿海地区。1787 年，阿奇博尔德·孟西斯在普杰特湾发现了它，后来它的种子在1831 年被寄给了由大卫·道格拉斯创立的伦敦园艺协会。在英国，它的主要优势在于可以在贫瘠的土壤上生长，"主要造林时间从 1950 年开始，直到 20 世纪 80 年代末期"，导致西加云杉的面积从 1947 年的 67000 公顷（165560 英亩），增长到 2007 年的 692000 公顷（1710000 英亩）。[38]而博德尔公园旅游指南的任务之一，就是引导大众在视觉上接受这一巨大变化。

图100　乔治·迈克利，《在云杉林中》，1958，木刻版画

　　乔治·迈克利的《在云杉林中》，是一次对针叶林林业的呈现。木刻版画很适合展现生机勃勃的树木，这一点在这一册旅游指南的说明中也做出了强调，这幅版画也被特意标记出是"黄杨木刻版画"。版画主题的选用也为人们接纳"异国"、"外来"的西加云杉提供帮助。在《博德尔国家森林公园指南》这幅画的画面中展示了一系列不同年龄的树木，围绕在石头农场、磨坊周围，旁边还有一座朴素的拱桥。版画的细节基于传统的如画美风格，强调了场景构造上的多样性。一些阔叶树木生长在建筑的后面，

但画面中占据主要地位的，仍然是充满生机、快速增长的针叶树，它们的阴影压制了亮色调的建筑。山丘上年轻的人工林，加上一小块牧场围墙的残余，暗示这一带的景观可能在最近才因造林发生了改变。迈克利的木刻版画封面通过人们在森林中作业的视角，同时表现人工林与荒野。一些西加云杉已经被伐倒，被马匹运走，或者被堆积起来，等待着被搬运。这种代表性的以马匹和持斧的林场工人完成木材采伐的画面，很快就被机械化的场景取代。这幅画面在 5 到 10 年后就变得不合时宜，但我们仍可以把它看作一次勇敢的尝试，表明埃德林在深思熟虑之后越发认定对公众没有太多吸引力的景观，仍具有其优越性。但旅游指南也是一种构想未来的方式。在埃德林看来，它可以"公平地要求一种敏锐的审美意识，而非仅仅提供短期的视角，通过展望未来几年树木的成熟情况，表现不断发展的森林工业，以及忙碌而不断壮大的森林工人团体。它的成员们势必将开始着手，在人工林里寻找到自己的住所与生存之道。"这一点，在他看来，可以与"英国人民普遍福利"的种种好处结合起来，即"人们已经实现了开端，就一定可以像其他国家人民一样，在国家森林公园里找到属于自己的娱乐休闲方式"。[39]

图 101　乔治·迈克利，《博德尔国家森林公园指南》，1958，木刻版画

　　旅游指南同时在人们进入乡村的过程中，融入了更广泛的传统教育功

224

能。到了 20 世纪，成年人学习植物学、鸟类学、自然历史概况的兴趣越发浓厚，但他们访问乡野的具体行为，以及他们如何在学习和了解的过程中，保持"得体"的举止，同样是需要被关注的内容。森林指南频繁呼吁游客们避免对围栏和农作物的损害，防止引起意外火灾，因为这可能会破坏当地的幼林、特定的植物群落、鸟类以及当地的文物及历史。它们体现了英国 20 世纪 60 年代起，在自然领域不断加强的"教育性接触"，及其传播趋势。

可以让个人自由行走的小路，以及可以让人们了解自然的标签，无论是亲身体验还是通过旅游指南，这些想法都是发源于 20 世纪 20 年代的昆虫学家弗兰克·卢茨，他当时在纽约的美国自然史博物馆工作。[40]纽约塔克西多附近拉马波山 40 亩林地和草地，被美洲帕利塞兹博物馆和 W·A·哈里曼划拨给了自然史博物馆的昆虫学部门。这一区域"通过游览汽船，给哈德逊河上游带来了数以千计的纽约游客"，其中许多都是"在城市里工作生活的年轻人和孩子"。[41]一个昆虫研究站在 1925 年建成，随即便准备了第一季"面向大众的自然教学实验"。[42]两条自然步道被设立，一条用于教学，一条用于测试。植物们都被贴上标签，它们的故事在上面被娓娓道来。实验的全部历程在次年被写出并出版，结果被认为是十分成功的：对参观者破坏自然的担心是毫无根据的。卢茨认为："国家及州立公园，是十分适合设立自然步道的地方。""设立自然步道最好的方式是……那些尽可能多的你希望帮助到的人，都会反过来帮助你来实现它。"[43]最好的安排是"在自然所在的地方，教授人们有关自然的内容"，而不是在博物馆里。有关实验的出版物，普及了自然步道的理念；许多步道在国家公园里建成，1930年时，人们的"许多兴致"，在"约塞米蒂国家公园新建的自然步道上展现出来"。[44]自然步道，就和自然公园的理念一样，迅速传遍整个英国，林地中的自然步道在 20 世纪 60 年代也成了老生常谈。[45]到 20 世纪末，英国的许多森林已经以其休闲及对自然的保护作为目的及核心价值，而不再是一个生产木材的地方。

第十章 利古里亚半自然林地

19世纪末，意大利亚平宁山脉许多地区的森林覆盖率有显著增加。一个人如果从这里的许多观览点中的任意一个，如科斯塔·德伊·吉非（图102）进行观测，都会发现一片葱翠茂密的林木景观，偶尔会被岩石、教堂高塔或耕地之类的"补丁"打断。100年前，这里的场景还包括许多广泛的、开放的放牧地区，以及大量被重度耕作的梯田，其中的作物包括土豆、玉米和蔬菜等，极具特色。[1]这一戏剧性的变化是由许多因素引起的，其中最重要的是大面积的农村人口减少，造成了小城镇和村庄部分地"奄奄一息"，产生了许多被遗弃的村庄和孤立的农场。与此相关，被用于协助高地地区牧场放牧的传统季节性游牧系统随之崩溃。农牧业压力的大幅度减轻，令这些自然林木再生的典型区域得到充分发展。在东利古里亚的瓦尔·迪瓦拉地区进行的细节研究，表明了传统实践做法与科技及新生林地之间的复杂联系。这里面主要包括四个阶段，即传统的剪枝作业以获取饲料的减少，此前林地牧场树木得以再生，次生林在废弃农场上继续生长，以及传统栗树种植的减少，栗树林和林园的疏于打理。利古里亚半自然林地巨大的新生林地，构成了一种非计划性的尝试。其优缺点可供其他"再野生化"景观加以参考。

瓦尔·迪瓦拉地区的树叶饲料

在博比奥教堂的地窖里，镶嵌有一份制作十分精美的"挂历"，显示着12世纪下半叶每一年的不同月份。在11月的"页面"上，画的是一个

图 102 科斯塔·德伊·吉非，2014

正在敲打橡树，以获取橡果来喂养两头猪的男人，这棵树的周围被残根环绕。在这个区域内，画面所表现的树木很可能是苦栎，它的形态暗示了它在过去可能进行过几次截头作业。此外，残根环绕表明，它的旁枝在过去曾经被截断，这也是剪枝作业的一部分。这是我们在亚平宁的利古里亚找到的最早有关橡树截头和剪枝的表现，而这一实践也被当时的人们选作 11 月的代表农事，表明它的普遍性与重要性。博比奥修道院在公元 614 年创建，它的创始人是爱尔兰僧侣圣科伦巴努（St Columbanus），他后来成为意大利北部最重要的土地拥有者之一。一幅曾作为博比奥教堂与特雷比亚河谷的科里村之间边界纠纷证据的地图，也显示了树木作为饲料来源的重要性。[2] 地图显示了被剪枝的橡树，它们作为单独的树木被标记处出来，而非以森林的形式。我们还可以举出迭戈·莫雷诺（Diego Moreno）和罗伯塔·切瓦斯科（Roberta Cevasco）称为"农—林—牧"系统的实践模式，作为树叶饲料生产意义的佐证。有时候小块土地会被耕种，树木之间会种上谷类作物，在精耕细作的模式下，这类土地被称为"树间地"①。在今天，人们仍能从遥远而孤立的亚平宁山谷，找到这些实践的相关证据。

不同类型的牧羊与不同的树叶饲料类型密切相关。大群的绵羊与山羊，在冬天会生活在莱万托和基亚瓦里海岸橄榄林周围地区，夏天则会移动到亚平宁的高海拔牧草地。也有羊群会终年生活在亚平宁山区，在那里搭建固定的羊圈。税收记录会表明本地饲养（pecore terriere②）及游牧羊群（pecore forestiere）之间的差异。瓦雷泽周边村庄的"农民牧羊人"需要支付给地主现金，或者分享他们制作的奶酪。[3]

图 103　圣科伦巴努修道院地窖的 11 月镶嵌画，博比奥，12 世纪

至少从 16 世纪中叶开始，季节性的牧羊人在夏季，于常见的林地地区直接将整截树枝砍掉，来喂养羊群的做法非常普遍。树叶在夏天也会被单独采下，晒干后作为饲料。不过那只是作为冬季山上的村子里圈养羊群所

①原文为意大利文。——译者注

②本章中括号内出现的单词，如无特别说明，皆为原著者标记的意大利文原文。——译者注

储备的其他饲料的一种补充。瓦雷泽的每个教区都会有两位林务官（campari），他们对农民及牧羊人的活动加以控制。执法记录显示，纠纷往往发生在地主和他的邻居或其他贫民之间，起因则是人们在采集新鲜树叶和放养羊群时对私人财产造成的破坏。在卡兰扎教区，法律覆盖的范围精确到无主林地之上，从而对游牧羊群和圈养动物都实现控制。树叶饲料需由当地居民分类别储存起来，以提供给圈养的动物，而游牧羊群则完全被禁止自由放牧。

在19世纪，苦栎林通常"为夏季的放牧，每3到4年进行一次修整"，无论是林地中的树木、林地牧场还是单独的树木都会以这样的方式进行定期管理。1820年的一份森林名录，确定了21种当地林地的管理类型或土地承载树木的方式，所有都有关放牧，其中16种是关于树叶饲料的采集生产。即使在冬季，里维埃拉的1/4地区"其多树文化仍保证了羊群的饲料供应"：秋季手工采摘的新鲜葡萄叶和无花果叶，既可以贩卖以换取现金，又可以饲养自己的羊群。这样的做法贯穿整个19世纪。例如在莫内利亚，山坡上的无花果树种植园面朝大海，到1820年依然完好保存，为大约3000只羊提供了饲料保证。此外，冬天从橄榄树上剪枝获得的树叶，"提供了相当数量的绿色饲料"[4]。

到19世纪末期，游牧系统被打破，但当地一些拥有自己羊群的居民还是保留了自己的传统做法，成了中世纪"本地牧羊人"的接班人。19世纪末期一张拍摄自瓦雷泽利古雷的照片，捕捉到剥皮橡树作为背景，它们沿着一条小路生长，小路穿过山坡上的梯田，通往教堂。这些树木遭受到的剥皮行为一直延续到20世纪90年代早期，甚至在今天仍能从树木的多个分权上，找到截头作业的证据。这些枝条已经重新生长，旁边则是个性鲜明的截头柳树，它们也会被定期采伐，以获得制作藤条的原料。很显然，梯田在最近已经几乎被人们完全放弃了，事实上，到2010年，这些树木连同梯田都已经被清理，大片土地上被种上了红豆草，以满足牛群养殖的饲料需求。

图 104　瓦雷泽全景，拍摄于 19 世纪 90 年代

图 105　被剪枝的橡树，瓦雷泽
利古雷，2008

　　2008 年，我们采访了特维基奥当地瓦尔·迪瓦拉地区的两位农民，这
主要是由于当地新近发现了几棵被剪枝的树木，我们希望探明这里仍然沿

图 106　被截头的柳树与被剪枝的橡树，瓦雷泽利古雷，1997

用这一古老实践方法的原因，同时继续丰富它的历史。两位农民都指出了相关的特定树种，并且对这一方法的细节做了说明，它在最近 50 年左右的时间里一直持续被使用着。其中一位名叫马尔科（Marco）的村民出生于1940 年，自从通过继承得到这座农场后，便一直在这里经营。他描述了人们如何让不同的树木派上不同的用场，其中有时也包含一些十分特定的用途。例如桤树直到 20 岁之后才会被剪枝，它的树叶通常被用于增加土壤肥力。他还承认花楸的树叶是最好的饲料，但他的农场上这种树木却寥寥无几。另一种常常被剪枝以采集饲料的是铁树，它在过去也常常被以这样的方式利用。

　　然而，在特维基奥当地，最常被利用的树木是苦栎和无花梗栎，因为它们本身就在这片区域内大范围生长，数量远超花楸和铁树。这两种栎树混合生长在林地中，而人们对它们的处理方式也是相同的。8 月时采集树叶，这个时间被认为是树叶状态最好的时候，采集的时间则通常定在满月之前的时候。这种采集也被认为是防止树叶腐烂的一种方法。当树枝长度超过 1 米（3.25 英尺）时，人们就会进行剪枝。马尔科记得，他通常是以20 棵树木为一组进行剪枝，因为"分散剪枝是很困难的"。他通常每过两

231

年就要剪枝一次："我在不同的年份采伐不同的树木，在第 3 年，我会回过头来，去采伐第一年采伐过的树木。"每两年采伐一次的好处在于，如果你把树枝再留长一些，"它们就会变得很难截断"。当地人的剪枝工具通常是一种被叫作"皮克佐"（piccozzo）的小斧头，它"在过去常常被使用"。

树叶被储存在"福吉亚"（fuggia）之中，那是一种有 150 至 200 根树枝以及干树叶组成的草料堆，存放在高出地面的平台上，以避免枝叶受潮。在这个农场中，总共有两个"福吉亚"，储存着所有饲料。干树叶从偏远林地的"福吉亚"里，用骡子运送到牛棚中。马尔科也因为有一头可以运饲料的骡子而受到邻居的羡慕。干树叶会被捆扎在畜栏上，以方便牛羊啃食。它们会把树叶当作是吃干草之余的一种补充。木堆里剩余的细枝，到冬天会完全干透。它们作为一种很有效的燃料，会被用于加热面包炉。冬天唯一的绿色植物是欧石南，它们也会被采集起来，用于喂养牛群。

截头木的树冠也会被用作饲料，它本身还会产生许多有用的嫩芽。当地的林业局并不允许马尔科采伐树木的树冠，但即便如此，他还是剪下来一些，留下一些枝条，以避免自己陷入麻烦，尽管他也曾"被罚过几次款，所以才聪明地有所保留"。他承认农民与林务人员对待树木有不同的看法，农民对饲料更感兴趣，而林业局则希望树木长得挺拔又美观。他指出："我理解法律要求的目的是产生好的木材，但我也需要采伐树木，来喂养我的牲畜。"当地一位林业官员则指出，树木剪枝在 19 世纪早期就已经是违法行为了。然而这种行为在 40、50 年前依旧非常普遍，他也知道现在有一些农民偶尔还会剪枝，但他往往"视而不见"。

第二位农民恩里科（Enrico）也来自于一个农民家庭，通过继承的方式得到了他的农场，但他之前在外面工作了多年。他生于 1944 年，并且记得在 50 年代时剪枝作业仍然是很普遍的事情。他的叔叔在农场上种植玉米、土豆、囤积干草，直到 1962 年，土地被废弃了。而在荒废了 30 多年之后，1994 年人们又重新回到了这里。他记得人们主要以白蜡树、栎树和栗树的叶子作为饲料，他的话也证明了马尔科所说的，要在下弦月期间将叶子采集起来的说法，否则它们就会腐烂掉，采集周期通常是两年。他还指出苦栎和无花梗栎的叶子都会成为饲料，但牛更喜欢吃无花梗栎的叶子，这也是它们在这片区域内广泛存活的原因。他还提供了有关剪枝作业技术方面更多的信息。"你会爬到树顶，再从那里一边慢慢退下来，一边砍掉树枝。一两根枝条会保留下来，以保证树木继续生长。"两件主要的工具是"皮克佐"（和马尔科一样）和"荣克拉"①。他更喜欢后者，因为"它的柄比较短，砍起树枝来更加快捷方便一些"。

树枝被放在树旁的空地晒干，然后分成草料和柴薪两部分。晾晒树叶大概需要三四天，然后就可以储存起来；树枝需要一天翻动两次，然后就可以作为干草。恩里科认为，最优质的叶子是那些在阴凉处晒干的，而不是经过阳光暴晒的。这项工作通常以性别分工，男人们把树枝从树上砍下来，把较大的树枝拣出来当作柴火，而女人们则用树叶做饲料，把它们晒干。在晒干时，作为饲料的树枝会被用栗树被称为 "struppelli" 的软茎制成的细绳捆扎起来，从一端缠绕，环过整捆嫩枝，把它们捆扎在一起。它们随后会被储藏在谷仓里，和动物们在一起；或者存在林地里的"福吉亚"中。喂养动物时，这些嫩枝往往被成捆使用。他最后一次以传统方式进行剪枝作业是在 1975 年。他现在不再剪枝，是因为"富裕了，而且这项工作实在太累"。他现在更喜欢购买饲料来喂养牲畜。

农业经济上的变化、产奶量更高的新品种奶牛引进、喂养方式的不同要求，加上当地劳动力的缺乏，使得剪枝作业越来越罕有。在 1950 年的特维基奥，7 座农场总共有 100 头奶牛，而现在同样面积的土地上则只有 25 头；原先的奶牛每头每天只能产奶 5 升，现在则能产 30 升。新来的奶牛只吃干草，除了在放牧时会吃一些新鲜草料或者特制的浓缩物。广泛的剪枝作业在 1960 年就逐渐停止了，木材的主要用途就只剩下充当柴火。这对马尔科的矮林影响很大，他需要在木材生产上进行调整，还要留出更多土地

---

①荣克拉（roncola），一种类似于镰刀的短柄刀具，有倒钩。——译者注

用于放牧。在过去，林地用于家畜的放牧，小块土地则会种上土豆、玉米和小麦，此外在 1950 年左右之前，一些地方还会种植黑麦。欧洲栗树的树枝会被拿来当作扫帚，清理苦槠周边无用的枝叶，方便放牧的进行。在今天，管理土地的另一个目的，是提高生长在苦槠林地中的牛肝菌，以及其他菌类食材的质量与产量。管理栎树林的主要思路，就是促进它们的生长，从而增加山蘑菇（funghi di cerro）的产量。较低的树枝会被砍掉，以方便低处草本植物的采光。人们还要在林地周围设置栅栏，以防止外人前来偷偷采摘，这也从侧面说明了这些蘑菇的价值。它们的价值如此之高，以至于有一些都会流向北美市场。

从栎木林牧场到林地的演替

卡纳瓦迪吉奥罗（Canavadigiolo）是特维基奥地区一个教区中的一座农场的名字。和瓦尔·迪瓦拉高地的许多教区一样，这里在最近 100 年里也经历了相当大的人口流失。由阿尔奇维奥·德·保利（Archivio de Paoli）保管，现藏于卡塞戈农业博物馆（the Museo Contadino at Cassego）中的档案表明，这里和临近的几座农场一起，成了波西奥拉斯科地产的一部分。从 19 世纪 20 年代到 30 年代的记录表明，该地的农产品主要包括小麦、大豆、栗子、葡萄和奶酪。[5] 口述历史和实地观察则证实，在 18 世纪末期和 19 世纪，人们在建造农场房屋、建筑和供水渠道方面进行了大量的投资。同一时期，卡纳瓦迪吉奥罗地区的梯田被用于种植葡萄。档案中的清单则清楚地记录着从 1798 年到 1863 年，该地佃户欠土地拥有者葡萄的具体重量。[6] 那之后就没有记录了，但在 2003 年，人们在当地发现了葡萄藤残存的证据，可能表明小规模的葡萄种植一直持续到了 20 世纪。这里的土地拥有者告诉我们，农场从 20 世纪 60 年代开始就逐渐被废弃。到 1952 年时，这里的栗树还能部分地得到水源灌溉，1962 年时土地还会被继续耕种，栎树的剪枝则在整个 60 年代依旧进行，最后一次剪枝发生在 1972 年。一些小规模的管理做法仍然会在 70 年代被采取，但到 70 年代末，土地就已经被完全废弃了。直到 1997 年，人们才重新回到农场工作。

该地区通常树木繁茂，有一些废弃的梯田和几个完全废弃的农场。我曾在 2002 年 3 月与迭戈·莫雷诺一起，勘察过一个似乎曾经是林地牧场，但现如今已经被废弃的地区。这里最显著的人类活动痕迹，来自于一棵被剪枝的栎树。土地拥有者告诉我们，这里的树木都是被定期采伐，以供给饲料的。我们初步的调查表明，这里的许多树木已经空心化，而它们的实际树龄要比看起来老上不少。我们查验了十棵树，它们的年轮数量从 32 到 220 以上不等。有两棵树的年轮数量非常巨大，表明它们的年纪要比当地人所描述的还要老。一棵树木的年轮，有几个非常紧凑的时期，这些时期通常持续 20 到 25 年，这可以和超过 200 年的截头与剪枝作业实践联系在一起。在最初的查验得出部分结论后，2002 年夏天，又有 50 棵树经历了同样的程序。[7] 它们的年轮数量在 20 到 240 的范围内浮动。这些树木中也有许多是空心的，因此这个数字仍旧是它们年龄的最小值。这一调查的结果表明，在这一区域，苦栎树的剪枝作业成为当地重要的农业实践已经超过 200 年的历史，甚至还可能更悠久。

由于该地区在 20 世纪 70 年代被废弃，许多树木的幼苗和灌木就蔓延到原本树木间的空地内继续生长。我们在 2008 年对这里的植被进行了调查，总体上，铁树与苦栎无处不在，刺柏、花楸和山楂树则呈现局部分布的特性。采样结果得出乔木和灌木的平均年龄是 17 岁，其中铁树 23 岁，苦栎是 19 岁。总体调查结果显示，在 70 年代农场被遗弃后，区域内树木再生的速度相当快。口述历史与植被证据相当契合，表明这一区域内在 50 年代，仍有标准的栎树林和栗树林，可以通过采伐树叶和坚果满足饲料需求。但树下牧场管理的有关细节至今仍不清楚。有一些零星的证据表明，一些老树周围耕种有小块梯田，这将有助于保持栗子的生产力。在 19 世纪或更早的时候，这些地方可能会被临时种上谷物。

随着 20 世纪 60 年代以来，相关的人类活动逐渐减少，到 70 年代放牧活动几乎完全中断，植被如石南、刺柏、铁树和花楸才得以再生。这意味着古老的截头树和剪枝树的缺位，能够被次生林所填补。有趣的是，一些石南是多茎的，表明虽然单棵茎干的年龄可能在 20 到 30 岁，但整株植物的年龄也许更大。口述历史的证据表明，它的茎干可以作为柴火被使用，还可能被制成烟斗，因此这种植物很可能在林地牧场时期就已经很普遍了。在这片区域内，再生的铁树提供了越发巨大的阴影，让刺柏的生长受到了抑制。农场近期的历史显示，在至少从 18 世纪中叶就已经开始，一直持续到 19 世纪中叶开展的密集管理背景之下，当地植被如何回应人类在 20 世纪最后 30 年里的完全遗弃。这段历史同时也强调了，人为管理的自然景观，与密集的再生林木景观之间的更替会有多么迅速。

图 107　近期的剪枝树，瓦雷泽利古雷，2002

🌿 梯田废弃与树木生长

拉格拉拉山谷是瓦尔·迪瓦拉地区的一个小山谷，靠近马伊萨纳。许多山谷都分布有梯田和石墙，当地土地清册中的地图表明，这里土地的所有权很分散，分成了上百个小块，每一块都不足 500 平方米（5382 平方英尺）。一条古老的骡道盘踞在山谷中，周边有许多木制和石制的牲口棚，一些直到今天仍用于牧羊。这条骡道就和瓦尔·迪瓦拉其他地方一样，被植被覆盖，而进入山谷的道路也被70年代时修建的公路取代。当地的农民解释说，这里的梯田，直到60年代时还有土豆、玉米、小麦和大麦生长，但在那之后，种植业就开始变得越发不景气了。到90年代，许多土地都被废弃，但羊群在每年的4月至9月仍可以在这里自由放牧。梯田每两年会被焚烧一次，以提高放牧质量：焚烧可以阻止像羽状短柄草这样的野草，或灌木如石南过快生长。越靠近河流的斜坡就越陡峭，这些被遗弃的土地上往往就会自然再生出铁树或花楸等树木。

一张拍摄于1955年的照片被保存了下来。从上面我们可以清楚地看到，在拉格拉拉山谷的波尔齐莱斜坡的卡索尼，有一组小型建筑物，周边围绕着一些梯田。照片展示了维护状态良好的建筑和划分明确的梯田恰到好处地组合在一起。许多树木都被剪枝，其中一些只在顶部留下了几根细长的树枝。一位当地居民宣称，这里的梯田在此期间种植的是小麦、玉米和土豆。而最近50年里，山谷的这一片区域已经完全被废弃，这些建筑几乎都已经消失，大多数墙壁也已经崩塌。照片上曾被清楚描绘过的梯田，都已经至少被荒废了30年以上，现在已经被繁茂的植被所覆盖。黑刺李树、石南和铁树等植物迅速占领了这里，树木成为这里的主要景观。

2002年，我们研究了波尔齐莱斜坡另一侧——瓦莱蒂教区的两块梯田，它们位于博奈罗和维尼奥拉地区。我们希望通过这里的研究，来看看昔日梯田废弃后被树木覆盖的速度到底有多快。这些梯田的种植历史，至少可以追溯到18世纪，而它们的具体范围则可以参照1965年时的一张明信片，当时人们是从瓦尔·迪瓦拉的另一侧，对瓦莱蒂教区进行了拍摄。梯田沿着山谷北坡的倾斜程度向下延伸。这两块梯田出现在栗树林矩阵之中，是典型的"口袋梯田"（pocket terraces），其中一些生在石墙里的栗树年纪已经超过300岁。

被遗弃的梯田，可以通过口述史和现今使用情况的调查来进行研究。

从1931年起，玛利亚就生活在瓦莱蒂。她和她的丈夫利用博奈罗的梯田，种植土豆、玉米、果树、豆类、冬白菜。这里的梯田还曾种植过可以晒干成干草的草本植物，但培育最终终止，这里也在1992年左右被废弃。口述史由实地调查作为支持。许多梯田都被覆盖上了茂密的植被，例如羽状短柄草、紫羊茅、鸭茅和圣约翰草。灌木和乔木的分布，则要看被遗弃梯田的长度，以及"种子树"的具体位置。主要的灌木为玫瑰、老君须①和荆棘。高一点位置的梯田能长出悬铃木的幼苗，种子主要来自村子里的树木。低一点的梯田则被广泛、密集的樱桃树和杨树吸盘成块占据，它们的年龄通过年轮分析，大致在12到14岁之间。在下面的梯田则生有老栗树以及草本植物群落，包括栎木银莲花和越橘。

图108 《拉格拉拉山谷》，马伊萨纳附近，利古里亚，摄影作品，1955

在维尼奥拉，达维德（Davide）告诉我们，他的梯田直到60年代仍轮流用来种植谷物、玉米和土豆。而从60年代开始，梯田上开始种植草本植物。一些果树和葡萄藤仍然保留，当地标志性的截头柳树也还要经历一年一度的修剪，柳条被采集起来制作藤条。达维德在1964年离开了村子，退

---

①老君须（old man's beard），松萝的一种，因形状似老人胡须而得名。——译者注

238

图109　瓦莱蒂的截头柳树，利古里亚，1997

休后却返回了这里，并且试着"把梯田弄得干净一些"。房子周围高处的梯田被清理，清理下来的植物被晒成干草，草的品种有酢浆草、毛茛、白三叶草和羊角芹。中间的梯田不属于达维德，那里的植被覆盖最密集，还积累了相当多的枯草和枯茎。一些土地被玫瑰、黑刺李树和荆棘占据，但大多数仍是被茂盛的羽状短柄草覆盖。那里还有相当大数量的吸盘，来自于樱桃树和家养的李子树。最低处的梯田已经荒废了40年以上，它们仍然呈现1965年明信片上的范围，但在2002年时已经被相当繁茂的林地覆盖，其组成包括栗树、榛树和铁树。这里的草本植物则有栎木银莲花和常春藤。瓦莱蒂的这两个例子呈现出树木移植在被废弃梯田上惊人的生长速度。第一阶段通常是利用人工栽培的果树吸盘，如樱桃树和李树，最终生长在梯田边缘，它们可以通过未耕种的土地迅速传播。地面植被的传播更加迅速，很快就可以为梯田铺上一层厚而粗糙的短柄草草皮。但它很快就会被茂密的玫瑰灌木丛、黑刺李树和铁树的幼苗攻克。在15年之内，茂密、无从通过的林地就会出现，彻底掩盖梯田围墙、小路和牲口棚的剩余部分。这些曾展现此前精耕细作农业活动的标记物至此全部消失。

❧ 被遗弃的栗树林地

如果要选择一棵象征利古里亚的树，那极可能是栗树。在当地，不仅山坡被大面积的栗树林地覆盖，那里也有许多古老的栗子树，而且众所周知，栽培栗树曾经是多么重要。它是在山中的主要作物，栗子粉、栗子面包和栗子通心粉面食直到 20 世纪中期，都还是维持人口增长的重要因素。栗树在利古里亚文化和社会历史中十分重要，许多著名的古树的存在则表明栗树自古以来就生长在这里，而这个推断也可以通过科学研究加以证明。一次最近对花粉进行的分析得出的结论是，有 6 个主要地区成为冰川时期的避难所，令树木可以在最近的一个冰川时期中存活下来。其中一个在"意大利中部及南部，具体位于第勒尼安海岸和亚平宁山脊之间的狭窄丘陵带中，并且可能继续向北延伸"。当中就包括"利古里亚 – 亚平宁和库内奥地区"。[8] 然而，有关花粉的细节性调查，主要在特雷比亚和阿维托山谷较高地带的四个地点进行（海拔 812 米至 1331 米之间），结果表明这里的栗树实际上直到罗马时期才出现，"林地覆盖率逐渐减小，导致这里被非树木花粉所繁殖的新的、具有代表性的植被覆盖"，树木则以橄榄树、胡桃树、栗树和松树为主，表明了人工培育的介入。[9] 而无论它是否原产于本地，相关证据都显示"经营栗树以获得其果实的巨大兴趣，在罗马时期之后蓬勃发展，成为中世纪时期社会经济结构中的重要组成"。[10]

11 世纪的修道院土地章程和考古报告表明，栗树在中世纪非常重要。在章程中栗树被描述成"卡斯塔内阿"（castanea），意思是一棵树，有时会单独命名某一棵栗树，或者称它们为"卡斯塔内塔姆"（castanetum）、栗树林地或者种植园。1066 年 11 月，住在波尔切瓦拉山谷加拉内托的马丁，和热那亚圣斯特凡诺修道院签订了一份契约，指定他"为栗树准备好土地并改良（它们），并在合适的地方培育栗树"，10 年之后他需要把一半的收成交付给修道院，剩下的留给自己。这表明这一地区的栗树可能经过了怎样的"改良",可能是通过嫁接,提升作物的质量和产量。中世纪社群中栗树所占据的中心地位,也通过近期对瓦拉山谷较低地区的老科尔瓦拉山坡上村庄的考古发掘进一步体现出来。那里"找到的11世纪时期考古证据都指向混合经济,依靠栗树,大体上可以自给自足"。这些证据包括两套磨制栗子粉的器具、许多陶器碎片、一种用于烤制栗子粉面包的当地特制小烤锅。这些器具直到20世纪50年代都还有人在使用。[11]

对于游客而言,19世纪的利古里亚是以栗树林和果园著称的。艾丽斯·科明斯·卡尔(Alice Comyns Carr)在她的游记《意大利北部民俗:城镇和乡村生活素描》(1878)中,对人们收获栗子的场景进行了最为详尽的描述。她全面叙述了收割栗子的过程,人们所用的工具,坚果落地的声音,以及收割者的话语和歌声。这一部分还配有伦道夫·凯迪克(Randolph Caldecott,1846—1886)绘制的插图,上面是妇女们用钳子采摘树上的栗子。凯迪克是一位相当成功的艺术家和插画师,他十分擅长绘制乡村风景,并且在意大利各地活动、游历十分广泛。他详尽地描绘了栗树林地地面的灌木植被如何通过放牧被清理,还要辅以清扫和擦除。这正是采集栗子前需要做的准备工作。

从15世纪到19世纪,栗树被允许接受截头,以制成木炭支持热那亚的钢铁工业发展。这就需要人们精心挑选那些直径超过7厘米(合2.75英寸)的枝条,称之为"木炭之外的枝条"(rami da carbone),留下它们以保持栗子的产量。一些工人认为,这种实践促进了"果实的早产",它最终在19世纪后期销声匿迹。[12]栗子粉在20世纪初,因为小麦粉和商业化的即食通心粉流行而渐渐失去竞争力。这一变化,又恰逢农业人口开始减少,而对于栗树而言,最致命的危机则是来自北美的栗疫菌(此前通常被称为"栗疫病"),一种会让栗树枯死的疾病。这种疾病在1938年登陆欧洲,最先"光临"的就是热那亚,并且迅速扩散到意大利其他栗树种植区,还殃及了西班牙和法国。现在这种疾病在整个欧洲都很普遍,为数不多的例外就只有英国和荷兰两个国家还未发现感染。在北美,遭遇瘟疫的栗树都会

GATHERING THE CHESTNUTS

图110　伦道夫·凯迪克,《采栗图》,引自艾丽斯·科明斯·卡尔夫人的《意大利北部民俗:城镇和乡村生活素描》,1878

枯死,但意大利和欧洲一些被感染的树木上的愈合溃疡和伤疤,表明它们可以通过"自然发生的弱毒现象[①]"自行治愈。这种现象在利古里亚当地的栗树林中非常普遍。[13]

　　许多栗树通过嫁接来提高栗子的品质。它们被精心种植在梯田中,即使是非常陡峭的山坡也能看见它们的踪影。在瓦尔·迪瓦拉的一些地方,一些传统的例子里,把精剪树木与小规模种植联系在一起的做法至今仍能看见。但在大多数地区,栗疫病的蔓延,加上栗子及栗子粉市场的崩溃,还是导致了许多种植园的废弃。一些转变成了商业上切实可行的密集型栗树矮林,而被遗弃的大片栗树林仍然存活,也证明了昔日的栗子文化在数百年间所扮演的重要角色。采摘后的栗子需要晒干,通常会由被称作"阿

　　[①]一种由于树木自身携带菌种,与外来病菌交叉感染,令毒性减弱从而保证树木继续存活的现象,通常被视为生物自我免疫的一种类型。——译者注

尔伯吉"（alberghi）和"卡孙"（casun）的小屋子来实现这一目的。小屋子的半空铺有干燥的桤木板条，栗子就悬空堆放在上面。人们在下面点火，热气会通过板条的缝隙渗透上去，从而让这个储藏栗子的小"阁楼"热气腾腾。这些小型建筑通常独立存在于栗树林周围，但也可能会邻近农舍或作为农舍的一部分。通过特殊的木制板条，人们可以在今天轻松地辨认出它们。

我们在 2003 年 3 月，对特维基奥一个名叫帕拉里诺的地方进行了调查，那里就有专门用来烘干栗子的小屋子，或者称之为"卡孙"。"卡孙"附近就是完全被遗弃的栗树林地，这里的地质构成主要是扎达山砂岩（Monte Zatta sandstone）。尽管当地的现代地图都把这个地方标记为"帕拉里诺"，但当地人只是简单地称之为"卡门格利亚"（communeglia），即"共有地"。而在植被地图上，这一区域位于两个地带的边界，即灌木带与树木带。前者包括帚石南、草枝欧石南、染木等，后者主要的树种则是栗树和苦栎。[14]邻近的农民告诉我们这里的历史情况，这里废弃的水道曾被用于给邻近的农场输送水源。整个区域内有几条这样的水道，当地人称之为"苏库"（surku）。70 年代"苏库"被停止使用，这里的明渠都被塑料水管代替。

栗树林主要生长在酸性沙质土壤，这片土地仍然被废弃的栗树矮林占据。矮林的形态表明，这些树木的主干，在许多年前就已经被砍断。它们从原本的形态被截成标准化矮林，其历史也有 100 年以上。这一点也可以在历史地图中找到证据，在 1853 年和 1936 年的地图都对这里的林地进行了标记。而截止到 2003 年，最近的一次小规模剪枝大概发生在 12 年之前。然而大体上，这里老树干周边新生的茎，据估计也生长了 30 到 40 年。许多栗树树干上还可以清晰地看到有感染过栗疫病的痕迹。这一区域内还生长有其他树木，包括花楸、刺柏和苦栎。这些主要都是新栽种的树木，树龄在 12 到 19 岁之间。这里的灌木种类包括帚石南、草枝欧石南、金雀儿等。其中一些灌木的高度可达 2 米（合 6.5 英尺）。这里的地表植被相对稀疏，生长的主要植被包括羽状短柄草、百里香等。

栗树林旁边的"卡孙"，建在一小片南部朝向梯田的底部。[15]土地拥有者表示这些梯田曾被用于种植土豆和其他作物，直到60年代末。在那之前，它们曾被用于放牧。这片区域被围栏围了起来，而羊群直到最近仍会在这里活动。大多数长在梯田上的树都是3年前种植的。我们还在梯田上找到了一些陶瓷碎片，它们主要分布在梯田边缘，那些被侵蚀最严重的地方。有一些碎片属于一只装饰有黑色斑点的陶罐，它生产于热那亚附近的阿尔比索拉。从陶器的历史来看，在18世纪末橙褐相间比较流行，19世纪初黑色陶罐才越发普遍。这些碎片是随着生活垃圾一起堆积在梯田周围的。而橙褐配色与黑色装饰陶器碎片的发现，表明这里梯田的历史至少可以追溯到18世纪末。这里的"卡孙"，在1978年和1936年的地图里都有标记。里面的栗子储仓和梯子也都保存完好。这栋建筑的石雕风格，与这里其他建筑，如修建于18世纪末期的库内农场是相似的。尽管这栋"卡孙"最近被用于存放干草、圈养牲畜，但里面的板条和房梁灼烧过的痕迹仍然清晰可辨，证明它确是曾被作为烘干栗子的场所。

这里的栗子平台也曾被用于栗子的生产，直到19世纪末。18世纪时栗子还大多在"卡孙"里烘干。随着20世纪的人口大量减少和栗疫病的入侵，栗树也不再可能成为经济生产的一部分了。大多数普通栗树都被砍伐，尤其是在二战期间及战争一结束，次生矮林随即发展起来。矮林作业一直持续到60年代。这片区域偶尔也会有零星的放牧活动，但在最近20年也完全停止，以保证灌木和乔木的自然再生。水渠在70年代被废弃，附近相关地点被铲平以修建新的道路，使得这里的水源供给减少。建成于18世纪末期的梯田，直到20世纪60年代才被重新修整。生长在梯田中的单独树木，主要以栗树和栎树为主，用于提供树叶饲料。这一阶段之后大约40年，梯田再一次被用于放牧，而这一活动在今天又一次被禁止。自然再生的灌木和乔木开始占据土地。从2003年起，完全的废弃仍在进行；到2007年，"卡孙"几乎全部消失，密集的自然再生灌木和乔木，越发掩盖昔日栗子文化存在的印记。

这种荒芜和废弃的栗树林景观也是利古里亚地区的一种典型景观。不过在某些地方，栗树又确实存活了下来。例如在萨沃纳的博尔米达山谷高地地区，从中世纪起便有商业化的栗树种植园出现在这里，而直到今天仍然有农民在培育具有当地特色的栗子品种"加贝亚纳"（gabbiana）。这种栗子还在 2002 年被慢食协会（the Slow Food Association）评定为优质产品。栗子主要被放在当地称为"泰奇"（tecci）的石头或砖砌建筑物里干燥。这种建筑可以是独栋的，也可以成为房屋的一部分。其中有一个单独的房间，中央是一个开放式烟囱，木制板条在离地面 2 到 3 米（6.5 到 9.75 英尺）高的地方搭建出一个"阁楼"，人们称之为"加拉亚"（graia）。合作种植栗子的当地村民叫作"泰奇奥"（Teccio），他们努力推广古法种植及收获栗子的技术，还为当地争取到了"受保护地理标志"的地位。但一些传统的做法，如让羊群进到栗树园里，使它们帮忙保持地面清洁，就不会再被使用。这"不仅影响了栗树园的美观，还使板栗采集变得更加困难"。但让羊群进到栗树园里，在今天看来是一种会增加"寄生虫与病虫害风险"的手段，禁止它也可以方便栗树园向林地景观转型。在博尔佐纳斯卡的斯图拉山谷高地，还有一个关于维护良好的梯田栗树林的例子。它们通过一个复杂的沟渠系统得以灌溉，有文件证明这个系统从 17 世纪末尾就已经开始工作。一些当地的种植者同样建成了一个团体，名叫"卡斯塔尼奥"（Castagno），致力于推广整个博尔佐纳斯卡的商业栗树种植。但仅仅是斯图拉本地的传统种植方法，也受到人口老龄化的威胁而濒临绝迹。同时逐渐被遗弃的栗树林也渐渐被认为转化成混合林地，这里的文化与历史特性同样即将销声匿迹。[16]

农村人口减少与土地撂荒，会非常迅速地在一个地区森林覆盖方面产生戏剧性的变化。在利古里亚的许多地方，土地撂荒的无意后果，就是以自然再生的方式带来了大面积茂密的林地，从而形成一种典型的计划外"再荒野化"。仅仅是一片小森林，就可以包含非常多不同的林地管理历史，例如老树可以代表古老的实践如剪枝作业，已经持续了数百年之久；它们又常常被新兴的次生幼树和灌木包围。实际上，比起人工林种植，这种计划外的半自然植被覆盖景观在 20 世纪的一些地区更具有代表性。

新生半天然林地的快速扩散并不仅限于利古里亚地区。同样的情况也发生在意大利的其他山区以及地中海沿岸的其他国家，并正在那些现代化农业处于起步阶段的东欧国家里发生。这种非计划、前所未有的林地快速扩张，被一些人视为值得欢迎的对理想过去的回归。回到了人类开始农业及畜牧业实践之前，几千年前管理并培育树木和林地的岁月。再荒野化可以对现阶段的农业及畜牧业进行重构的想法，越来越受到欢迎。在英国，拥有湖区恩纳代尔的三个机构（林业委员会、全国信托和联合公用事业）共同建立了"恩纳代尔荒野工程"（Wild Ennerdale Project），在 2006 年宣布了一份计划，"让恩纳代尔重新演变成一座荒野山谷，以造福人民"。这个计划并不是要重建"过去的地产"，而是推动自然进程，在 4300 公顷（10625 英亩）的高地放牧，令阔叶林和针叶林重新覆盖这里。这一计划还希望到 2020 年，在欧洲范围内，实现 100 万公顷（2471000 英亩）土地的再荒野化。[17]

利古里亚地区非计划性、非管理化的土地再荒野化，其后果是显而易见的。现在覆盖山丘的新生林地，在清除了人类精耕细作、诱捕与射杀的妨碍和威胁后，成功让许多野猪和少部分鹿及狼重新获得栖息地。这种新生的自然林地也因此被环保主义者视为一个主要的成功案例，可以让稀有的哺乳动物、鸟类和一些珍贵木材扩大生存范围，甚至在全球范围内减少碳排放。但也有人认识到，新林地的快速扩张，掩盖了传统农业经验的丧失，数以千计的小型农业梯田就此消失。新林地同时也导致了牧草地和牧场相关的生物多样性的损失，原本的农业文化景观也被它所取代。

后　记

利古里亚林地的例子表明，通过"无为而治"，人类已经让意大利亚平宁山脉上悄无声息地生发出数千亩林地。同样的进程，在一些畜牧业及农业压力逐渐减轻的发达国家中也已经或正在进行。欧洲及北美的大片土地，原本归属农业生产，现在也已经被半自然林地覆盖。而这种农业压力的减轻，实际上是发生在农业集约化背景之下的。农业景观，一种类型是现代农业生产，即包括高产水稻、大麦、小麦的种植区域，如意大利北部的波河流域和英国东部的农田景观；而另一类型则是基本被撂荒的亚平宁山脉和阿尔卑斯山山坡，这些地方正在迅速被树木所覆盖。在英国更小规模的一些区域，直到20世纪中期还是以放养鹅群、羊群、牛群和马群为主。但随着牲畜放养停止，这些地方在几年内迅速被乔木和灌木覆盖，也成为茂密的林地。以前用来放牧的萨里荒野，如今也长满了桦树和松树。曾一年一度被采伐的河岸牧场，如今也被柳树和桤树覆盖。无论在何地，只要放牧、耕种或是干草采伐停止，树木就会迅速安营扎寨，精力充沛地充满整个画面。[1]

树木有自己的生活史。在树林和森林中，它们与其他物种共同生存、相互影响。但人类活动所占据的主导地位，意味着树木的形态和生长范围将很大程度上取决于人类的活动。只要树木成为某种威胁，例如它们离房子或者交通路线太近，人们就会通过修剪、截头等方式来加以控制。在今天，人们对树木进行剪枝的一个主要原因，就是避免树木长得太高，覆盖高压线，以至于在暴风雨期间造成停电等事故。输送电力的路径可以一直延伸到山林之中，那里会有一排窄窄的矮林带，蜷缩在高压塔或电缆下面。

树木和人类的关系已经延续了上千年之久，人类也因此获得了十分广泛的树木知识。如我们所知，树木是维持地球生命得以延续的氧气的供给者。它们对人类文明的发展也至关重要。在今天，人类在不同地区如何移栽、培育，甚至是重新使某种树木生长的技术和经验都已经十分丰富。这其中包含了对树木进行选种、培优、杂交、基因处理以凸显其某种特性的种种能力。但只要树木开始在自然环境中生长，其未来就是人类无从预知的。[2]

我们可以举出刺槐的故事作为例子。刺槐通常被称为洋槐，这种树木原本生于北美东部，并且已经在全世界范围内广泛种植。它在17世纪被引进到英国，并且迅速受到广泛关注。这主要归功于作家兼农民的威廉·科贝特（William Cobbett，1763—1835）对它投入的巨大热情。他来自于法纳姆，最著名的身份则是作为《政治参考》（*Political Register*）的编辑和《乡村骑行记》（*Rural Rides*）的作者。他觉得这洋槐乃"树中之树"，所有拥有土地的人都应当种植这种树木。但我手上拥有的首版科贝特的著作《林地》（*The Woodlands*，1825）中，一条现代人的批注充分表达了这种乐观主义的荒谬："尽管这本书所有的内容都在表达科贝特对这种来自洛克斯特的树种的喜爱，但洋槐的木材实在是毫无价值。他的叙述言过其实，在英国，这种树木只适合在公共场所充当装饰物。"的确，这种树木也并未在英国得到广泛种植。但现在，这种树木，尤其是一种拥有金色叶子的独特品种"弗里西亚"（Frisia），又一次成为极受欢迎的园林树种。然而它有几种十分糟糕的特性，首先是它的树枝十分脆弱，极可能轻易损伤和折断。另一个是枝条多刺，采伐的时候容易令伐木者受伤。然而最主要的缺点，是它的根蘖生命力太过旺盛，很难被控制。它在欧洲、南非和日本被广泛种植，并且成为一种十分受欢迎的树木，可以帮助巩固马路和铁路的路堤及路旁的狭窄通道。但旺盛的生命力意味着它现在已经被认定成一种具有严重危害的外来入侵物种，如果无法根除，代价将非常昂贵（图77）。[3]

我们对树木的需求随着时间的推移而变化。潜在的利益，驱使一代人不再关注特定树种在当下的形态或意义。古老的树木因其蕴含的丰富生态

248

知识而具有极高的价值，年轮的波动被人们仔细探看，以从中获取温度及当地历史中的气候变化。树木年代学的研究范围也包括过去的风景。在卡特琳湖（Loch Katrine），苏格兰林业委员会研究了湖东南岸林地牧场的老橡树。现在这里已经无人居住，尽管昔日它曾是重要的牛羊牧场，其狩猎方面的意义也被沃尔特·司各特写进了《湖上美人》（The Lady of the Lake，1810）这首诗中。通过细节分析，这里的两棵橡树都生于 17 世纪，在 18 世纪期间，它们经历了规律性的截头作业。另外一些桤树和橡树则生于 19 世纪，并且一开始就被截成了矮林。但矮林再生让几棵树木聚集到了一起，使它们看起来像是一棵树。这种树木年代学的工作，正是在揭开树木和林地不为人知的历史。[4] 树木遗传分析是最有潜力的领域之一，它可以让我们了解长期的林地历史。最典型的例子之一，是对英国榆树和山榆进行的基因分析。分析样本来自西班牙、法国、希腊、意大利和英国本土，最终形成了关于叶绿体 DNA 变异性的结论，并建立了可能的遗传谱系。常见意大利、西班牙和英国的英国榆树，其复制体现在已经可以基本得到辨识。这种榆树很少产生种子，但可以通过吸盘广泛传播，也曾是英国最常见的绿篱树种之一。长期以来，人们一直以为这种树木是由罗马人引进，甚至早在青铜时代就已经被引入。但基因研究表明，它和古罗马拉丁姆地区的平叶榆在复制体方面完全相同。在古罗马作家柯罗密拉（Columella）成书于公元 50 年左右的《农业》（De Re Rusticus）一书中，曾对这种树木作为藤蔓支架的功用进行了点评。[5]

树林里没有令人兴奋的东西，也没有因包含珍贵树木才有趣。所有树木都有自身独特的历史，以及无从预知的未来。生长在诺丁汉中部的黏土区的杜克斯树林（Dukes Wood），是一片微不足道的古老树林，人们在这里设立了自然保护区，由诺丁汉野生生物保护区管辖。这片区域只有 8 公顷（19 英亩），并且许多人认为它难以归类。树林坐落在埃科林（Eakring）和温科伯恩（Winkburn）两个教区的边界处，主要树种包括白蜡树、榆树、橡树、榛树和桦树，还有丰富的地面植物群落包括圆叶风铃草、报春花、栎木银莲花和黄色的当归。这里的一些小型树木可能经历了许多个世纪的系统化管理，通过矮林作业等方式使其形态标准化。这些矮林在 18 世纪和 19 世纪被称为"春木"（spring woods），在 1835 年乔治·桑德森绘制的《曼斯菲尔德周围 20 英里乡野地图》中，它们被标记为"雷德盖特之春"（Redgate Spring）和"果园与坚果园之春"（Orchard Wood and Nut Wood Spring）。从 18 世纪 90 年代起，温科伯恩树林每 20 年就会进行一次矮林作业，出于同样的目的，白蜡树被重新种植。[6] 许多树木被砍伐，作为啤酒花支架。在这一阶段，随着啤酒花生在东诺丁汉成为农业的主要方向，啤酒花支架市场也就变得有利可图。杜克斯森林因为面积太小而没能被标记在地图上，但地图显示它就在迪林内尔树林的西边。旧地图和当下林地状态所呈现的延续性，掩盖了这片林地本应引人瞩目的历史片段。在 1936 年至 1966 年期间，杜克斯森林及其周围地区是一个重要的陆上油田。树木可以为油田提供伪装，使它们逃过战时德军的飞行侦察，但这一点的理论性或许要大于它的实际作用。几乎所有的道路、油罐、混凝土制的油井都已经被移除，只剩下几个被称为"点头驴子"的油泵得到修复，保存在名为"杜克斯森林油田"的小博物馆里。这已经是当地仅剩的有关石油工业繁荣的印记了：今天即使再走过这片森林，人们也无法找到任何关于这一段长达 30 年工业开发的蛛丝马迹。

　　杜克斯森林告诉我们关于其自身历史与未来怎样的一些内容呢？许多年纪稍长一些的树木都经历了矮林作业，一棵拥有 6 根主茎的白蜡树最后一次经历矮林作业大概是在 20 世纪 60 年代。在罗伯特·蒙提斯（Robert Monteath）1824 年的作品《林务人员指导与获益性种植》（*The Forester's Guide and Profitable Planter*）中，绘有一幅分别描述白蜡树矮林在 15、20、25 和 30 年剪枝作业后的生长状态。矮林作业产生了柴火和许多有用的木制品，但我们也可以看到，到 20 世纪初，这些产品大部分已经从市场上销声匿迹。许多树林再也无法盈利，它们承担狩猎活动的价值，甚至要比矮林作业的收益更大。一旦老矮林被遗弃，大部分枝干继续生长，就会令整棵树木变得极不稳固，最终导致部分或全部枝干坏死。一种延长矮林寿命的

图 111　生长过快的白蜡树矮林，
杜克斯森林，诺丁汉郡，2013

方式，就是再次进行矮林作业，这也已经成为一种标准化的自然保护实践。此外，由于近年来白蜡木柴薪市场与往年相比更加活跃，人们希望燃木炉的普及可以帮助恢复这些树林的动态管理，并有助于节约管理和保护的开支。

在杜克斯森林，同样有大量年轻的白蜡树自然再生。白蜡树在种子方面十分高产，在黏性土壤中也很容易发芽并长成。白蜡树自由再生的能力、对柴薪需求的增长，以及种植白蜡树以获取高品质木材的潜力意味着人们直到最近，仍可以对白蜡树种植保持乐观的态度。然而，随着 2012 年夏天，白蜡树枯萎病第一次在英国被发现，这种树木的未来又变得扑朔迷离起来。这种疾病最早出现在人们视野中，是在 1992 年的波兰，而它的传播也极为迅速。林业委员会最初认为，它抵达英国，是"附着在从欧洲大陆进口作为保护树"的年轻树木之上。但人们更多在老树身上发现感染，并且集中在东安格利亚及肯特等地。这意味着病毒很可能是"随着风及鸟儿

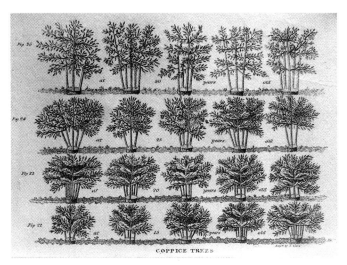

图112　15、20、25 和 30 年成长阶段的矮林，引自罗伯特·蒙提斯，《林务人员指导与获益性种植》，1824

穿过北海和英吉利海峡"来到英国，或者是造访受感染的大陆地区的人或器械工具将其带回。没有人知道这种病菌会在接下来几年里怎样扩散和传播，但考虑到其他国家所遭受的事情，它很可能会像桦树枯死病原菌那样，迅速传播，带来无数死亡。[7]

　　榆树在今天的杜克斯森林很常见，其中大多也都很年轻，树龄大概在20 到 30 年之间，生长状态也很粗放。但这些树也面临着致死疾病的威胁。新生榆树如雨后春笋般涌现，其实是由于 20 世纪 70 年代初荷兰榆树病造访诺丁汉所致。到了 70 年代，几乎所有榆树，无论在篱墙中还是林地里，无论是英国榆树还是山榆，都纷纷死亡或处于濒死状态。但也就是在那之后，榆树有机会得以重新生长。然而，这种疾病也绝对没有消失：一旦新生的榆树长到足够大，可以支持携带病菌的甲虫育种，这种疾病就将卷土重来。这样的事情此刻正在杜克斯森林发生。相当大数量的新生榆树死去或垂死，在它们的树皮上留有甲虫钻孔清楚的证据，树皮也已经从树上脱落下来。当代重要的植物病理学家克莱夫·布拉斯尔（Clive Brasier）曾指出，"英国，乃至全世界林地，都在遭受由于人类活动所带来的病原体侵袭"，而人类自己却几乎对此无能为力。杜克斯森林白蜡树的大面积死亡，以及榆树在 40 年前所经历的浩劫，都在短期内给当地景观带来了巨大变化。但从长期来看，这些变化的实际意义在于提供了空间，使得桤树、桦树和橡树等其他树木得以再生。

杜克斯森林独特的历史与无法预料的未来，显示了小范围内人与树木、森林之间的复杂关系。本书的不同章节及主题展示了人们如何依赖树木，从中获得生活资料与愉悦心情，树木与森林的命运又是怎样紧紧维系在人类的种种活动之上。人们挑选不同的树木以实现特定的目的及市场需求，通过管理手段形塑每棵树木的姿态，但也帮助致命疾病在树木之间传播。想要理解树木与森林，就必须对它们的历史与地理信息有精确的了解。掌握全球范围内树木的运动轨迹及过程同样至关重要。树木、树林与森林往往在表面上展示出稳定不变的特性，从而与我们的个人生活、国家与文明的命运形成鲜明对比。但是树木的历史也在不断被改写，它们的未来，永远无从确定。

译 后 记

自然之灵， 树木之心

但只要树木开始在自然环境中生长，其未来就是人类无从预知的。

——查尔斯·沃特金斯《人与树：一部社会文化史》

"树好砍吗？"肖疙瘩低了头，说："树又不会躲哪个。"

——阿城《树王》

一切事物自诞生之日起，便无可避免要与其他事物、与整个世界发生关联。关联虽错综复杂，但世界总能运转自如。身为人类，我们精于改变和创造，但也总要对世界心怀敬畏，毕竟我们的力量于自然而言，还太过单薄且卑微——自然容纳的乃是万物，万物有灵，有灵而美不胜收。

《人与树：一部社会文化史》便是这样一部聚焦"关联"的作品。它既是一部树的历史，同时也始终在书写人类活动的痕迹——二者其实本就互为表里。本书作者查尔斯·沃特金斯是英国诺丁汉大学乡村地理学教授，此前曾与人合著作品《尤维达尔·普莱斯：解码如画美学》和《英国树木园：19世纪的科学、林业与文化》，而这两部作品的主题，在《人与树：一部社会文化史》中也有专门的论述。

自人类在这世界出现，他便不曾停歇自己开拓的脚步。而他与万物的关联，也随着其自身的发展发生改变——万物似乎也在改变。可在这部作品里，以树木为例，我们看到的，却是树木本身"既代表了流变，又意味着永恒"。在人类文明的"童年时期"，树木便与人类关系密切，毕竟树林是天然的庇护所，也可以为人类提供食材和燃料；随着人类对自然越发了解、也掌握了越来越多的技术，"驯化自然"、"改造自然"的历程便逐步展开，树木——林业自然也是不容忽视的重要方面。人们开始自行种植树木、改造树木的形态、引进并改良树木的品种。但在取得了一系列进展的同时，人们也渐渐发觉，在一系列举措之下，自然林地已然千疮百孔，而人工林地，又往往会因种种原因变得残破不堪——人工林移植导致的病虫害与人力不及而产生的林地荒芜往往会造成极其消极的影响。及至现代，随着农业比重越发削减，许多农田被废弃，而废弃的土地却又进入了"再野生化"的历程——人们原以为最温驯的树木，竟也会以"迅雷不及掩耳之势"最大限度地占据生存空间，这着实令人惊叹，却又似乎孕育着某种希望。

而另一方面，树木也在人类的文化中扮演了重要角色。人们热爱树木、赞美树木，将其看成是世界的起源与中心；在冷兵器时代，森林中的狩猎既是人与自然的直接交锋，更是人类获取、彰显力量的重要途径；森林属于国王，但偶尔也会成为法外之地，成就种种"林莽传奇"；艺术家同样将森林看作自己的重要阵地，在这里，他们发展出了独特的"如画美学"，引领一时风尚；到了近代，集约化的管理看似让森林少了几分浪漫，但大型树木园的兴建、异国树种的引进，让"爱好树木"成为一种堂而皇之的高雅爱好；直到现代，以树木为中心的"山岳俱乐部"等组织，依旧是社会精英阶层的集合，他们因树木聚集在一起，商讨的则是整个人类世界的现实与未来。

人有多副面孔，他时而无助，时而强悍，时而谦卑，时而轻狂，因而与人有关的历史总是多变的。相比之下，树木其实始终都只有一副面孔，它兀自挺立，不论春秋冬夏、阴晴雨雪，也不见其改换表情。人渴望主宰自然，主宰树木，但到头来却只能感慨人世无常；至于树木，它始终静默，仿佛内心早已洞悉一切。树木与其他万物，看似从不反抗，却也并不会因人的意志改写自己的生命历程。至于人所拥有的，不过是于自然中借用而

来的风物种种，行完短暂一生，一切自要归还——这道理似乎遗憾，却终
究令人心安。

由于本书探讨的是树木与人类社会之历史，书中涉及了大量的树木学、
森林学、环境理论相关内容，非译者之所长，能力不及之处，还望读者
见谅。

译者　王扬
2017 年 7 月 10 日

注释

🌿 序

1 P. Jones, 'The Geography of Dutch Elm Disease in Britain', *Transactions of the Institute of British Geographers New Series*, 6 (1981), pp. 324–36; Isobel Tomlinson and Clive Potter, '"Too Little, Too Late"? Science, Policy and Dutch Elm Disease in the UK', *Journal of Historical Geography*, 36 (2010), pp. 121–31.

2 D. A. Stroud et al., *Birds, Bogs and Forestry* (Peterborough, 1987).

3 P. Schutt and E. P. Cowling, 'Waldsterben, a General Decline of Forests in Central Europe: Symptoms, Development, and Possible Causes', *Plant Disease*, 69 (1985), pp. 548–58; J. M. Skelly and J. L. Innes, 'Waldsterben in the Forests of Central Europe and Eastern North America: Fantasy or Reality?', *Plant Disease*, 78 (1994), pp. 1021–32.

4 Oliver Rackham, *Trees and Woodlands in the British Landscape* (London, 1976); Rackham, *Ancient Woodland* (London, 1980); George Peterken, *Woodland Conservation and Management* (London, 1981); Charles Watkins, *Woodland Management and Conservation* (Newton Abbot, 1990).

5 Robert Mendick, 'How England's Forests Were Saved for the Nation', *Daily Telegraph* (19 February 2011); Forestry Commission, *Independent Panel on Forestry: Final Report* (London, 2012).

🌿 第一章 古老的实践

1 Konrad Spindler, *The Man in the Ice* (London, 1994); Klaus Oeggl, 'The Significance of the Tyrolean Iceman for the Archaeobotany of Central Europe', *Vegetation History and Archaeobotany*, 18 (2009), pp. 1–11.

2 Oeggl, 'The Significance of the Tyrolean Iceman', p. 3.

3 Spindler, *Man in the Ice*, pp. 87–8, 218.

4 Oeggl, 'The Significance of the Tyrolean Iceman', p. 3.

5 Ibid., p. 5.

6 Bryony Coles and John Coles, *Sweet Track to Glastonbury: The Somerset Levels in Prehistory* (London, 1986); C. W. Dymond, 'The Abbot's Way', *Somerset Archaeology and Natural History*, 26 (1880), pp. 107–16.

7 Coles, *Sweet Track*, p. 31.

8 Ibid., p. 44.
9 Ibid., pp. 45, 50.
10 Ibid., pp. 51, 55.
11 Maisie Taylor, 'A Summary of Previous Work on Wood and Wood-Working', in *Flag Fen: Peterborough Excavation and Research, 1995–2007*, ed. Francis Pryor and Michael Bamforth (Oxford, 2010), p. 69; Michael Bamforth, 'Aspects of Wood, Timber and Woodworking at Flag Fen, 1995–2005', in *Flag Fen*, ed. Pryor and Bamforth, p. 72; Francis Pryor, *Flag Fen* (Stroud, 2005), p. 132.
12 Maisie Taylor, 'Big Trees and Monumental Timbers', in *Flag Fen*, ed. Pryor and Bamforth, p. 90; Russell Meiggs, *Trees and Timber in the Ancient Mediterranean World* (Oxford, 1982), pp. 346–7; Pliny the Elder, *Natural History,* vols XII–XVI, trans. H. Rackham (Harvard, 1956), vol. XVI, pp. 83, 227.
13 Taylor, 'Big Trees', p. 92.
14 Ibid., p. 94.
15 Pliny the Younger, 'Letter 6 to Domitius Apollinaris', in *Complete Letters*, trans. P. G. Walsh (Oxford, 2006), Book V.
16 Meiggs, *Trees*, pp. 269–70 and translations of Pliny the Younger, V, 6; III; III, 19.
17 Pliny the Elder, *Natural History*, XIV, 1, p. 187.
18 Ibid., XII, 1, pp. 3–5.
19 Ibid., pp. 8–9.
20 Ibid., XV, 20, p. 341.
21 Ibid., XVI, 2, pp. 389–91.
22 Meiggs, *Trees*, p. 270.
23 Ibid., p. 262.
24 Ibid., pp. 265–6.
25 A jugerum = 0.25 hectare/⅝ acre.
26 Meiggs, *Trees*, pp. 18–19.
27 Ibid., pp. 118–19.
28 Edward Forster, 'Trees and Plants in Homer', *Classical Review*, 50 (1936), pp. 97–104; Meiggs, *Trees*, pp. 106–10.
29 *Iliad*, trans. A. T. Murray and revd William F. Wyatt (London and Cambridge, MA, 1999), XIII, 389; the same simile is used when Patroclus kills Sarpedon, ibid., XVI, 482.
30 Ibid., IV, 480.
31 Ibid., XIII, 178.
32 Ibid., XVI, 113, 141.
33 Ibid., XIV, 395.
34 Ibid., XVI, 767.
35 Ibid., XII, 31.
36 Ibid., XI, 86.
37 Ibid., XXIII, 315.
38 *Odyssey*, trans. A. T. Murray and George E. Dimock (London and Cambridge, MA, 1919), X, 210, 241–4.
39 *Iliad*, XII, 141.
40 *Odyssey*, V, II, 106.
41 *Iliad*, II, 306.

42 Herodotus, trans. A. D. Godley (London and Cambridge, MA, 1922), VII, p. 31.

43 Pausanias, *Description of Greece*, trans. W.H.S. Jones, (London and Cambridge, MA, 1933), XI, Elis II, XXIII, 1; Meiggs, *Trees*, p. 273; *Pausanias's Description of Greece*, trans. J. G. Frazier (London, 1898), III, XIV, 8.

44 Pliny the Younger, 'Letter 6 to Domitius Apollinaris' (Oxford, 2006), Book V.

45 Pliny, *Natural History*, XIXIX, pp. 91–102.

46 Ibid., and Strabo, *Geography*, trans. Horace Leonard Jones (London and Cambridge, MA, 1923), Books 4, 6, 2; 17, 3, 33–4; Lucan, *The Civil War*, trans. J. D. Duff (London and Cambridge, MA, 1928) IX, 426–30.

🐜 第二章 森林与活动

1 Russell Meiggs, *Trees and Timber in the Ancient Mediterranean World* (Oxford, 1982), p. 82.

2 Manolis Andronicos, *Vergina: The Royal Tombs and Ancient City* (Athens, 1984), pp. 106–19; Konstantinos Faridis, *Vergina* (Thessaloniki, n.d.), pp. 37–8; James Davidson, 'Crowning Controversies', *Times Literary Supplement* (20 May 2011), pp. 17–18.

3 Quintus Curtius Rufus, *History of Alexander*, trans. John C. Rolf (London and Cambridge, MA, 1946), 8, 1, 11–16; Meiggs, *Trees*, p. 272.

4 Anthony Birley, *Hadrian: The Restless Emperor* (London, 1997) pp. 25, 137, 164; Thorsten Opper, *Hadrian: Empire and Conflict* (London, 2008) p. 242, fn 19.

5 Birley, *Hadrian*, pp. 240–41.

6 Opper, *Hadrian*, pp. 171–2; BM GR 1805.0703.121.

7 See Society of Antiquaries of London Online Newsletter (SALON), www.sal.org.uk/salon.

8 Sir James Frazer, *The Golden Bough: A Study in Magic and Religion* (London, 1922), pp. 1–2, 701.

9 Corinne Saunders, *The Forest of Medieval Romance* (Woodbridge, 1993), pp. 24, 21, quoting Servius' commentary of the *Aeneid*.

10 Virgil, *Aeneid*, trans. H. Rushton Fairclough (London and Cambridge, MA, 1935), VI, 175–90, 205–11.

11 Ibid., I, 162–6.

12 Ibid., IX, 375–92.

13 Saunders, *Forest,* p. 26.

14 Virgil, *Eclogues*, I, 1–25.

15 Ibid., VII, 53–67.

16 'Terrestrial Paradise', *Catholic Encyclopaedia*.

17 R. I. Page, *Norse Myths* (London, 1990), p. 59.

18 Jonas Kristjansson, *Eddas and Sagas* (Reykjavik, 1997), p. 41.

19 E.O.G. Turville-Petre, *Myth and Religion of the North* (London, 1964), p. 277.

20 Page, *Norse Myths*, p. 59.

21 Turville-Petre, *Myth and Religion*, pp. 42–3.

22 Ibid., pp. 48–50.
23 Ibid., pp. 182–3, 244–6.
24 Saunders, *Forest,* pp. 10–11.
25 Ibid., pp. 11, 17–18.
26 James Holt, 'The Origins of Robin Hood', *Past and Present* (November 1958), p. 37.
27 Chrétien de Troyes, *Arthurian Romances,* trans. W. W. Comfort (London, 1975), pp. 216–17.
28 Saunders, *Forest,* p. 10.
29 Della Hooke, *Trees in Anglo-Saxon England: Literature, Lore and Landscape* (Woodbridge, 2010), p. 142.
30 David Bates, 'William I (1027/8–1087)', *Oxford Dictionary of National Biography* (Oxford, 2004).
31 Frank Barlow, 'William II (c. 1060–1100)', *Oxford Dictionary of National Biography.*
32 Frank Barlow, 'Henry I (1068/9–1135)', *Oxford Dictionary of National Biography.*
33 Charles R. Young, *The Royal Forests of Medieval England* (Pennsylvania, 1979), pp. 17, 19.
34 Thomas K. Keefe, 'Henry II (1133–1189)', *Oxford Dictionary of National Biography.*
35 Young, *Royal Forests,* pp. 68–9.
36 Jean Birrell, 'Records of Feckenham Forest, Worcestershire, c. 1236–1377', *Worcestershire Historical Society New Series,* 21 (2006), p. xiv.
37 Birrell, 'Records', p. xiv.
38 Ibid., p. 159.
39 Oliver Rackham, *Ancient Woodland* (London, 1980), p. 177.
40 Stephen A. Mileson, *Parks in Medieval England* (Oxford, 2009), p. 30.
41 Robert Hearn, 'Grey Wolves and Wild Boar: Comparative Species History in Liguria, 1500 to 2012', PhD thesis (University of Nottingham, 2013).
42 Birrell, 'Records', p. xiv; Roger Lovegrove, *Silent Fields* (London, 2007), p. 22; Birrell, 'Records', p. 67; Oliver Rackham, *History of the Countryside* (London, 1986), p. 36.
43 Birrell, 'Records', p. xv.
44 Ibid., p. xvii.
45 Ibid., p. xvi.
46 Ibid., pp. 138–9.
47 Ibid., p. 45.
48 Ibid., p. 66.
49 Ibid., pp. 100, 103.
50 Ibid., pp. 112, 115.
51 Ibid., p. 165.
52 Mileson, *Parks,* p. 22.
53 Saunders, *Forest,* p. 9.
54 Mileson, *Parks,* pp. 99–100.
55 Ibid., p. 181.
56 Birrell, 'Records', p. 173.
57 Mileson, *Parks,* p. 24.

58 Ibid., p. 25.

59 Chris Wickham, 'European Forests in the Early Middle Ages: Landscape and Land Clearance', in *Land and Power: Studies in Italian and European Social History, 400–1200* (London, 1994), p. 160.

第三章 树木的迁移

1 Andrew Coleby, 'Compton, Henry (1631/2–1713)', *Oxford Dictionary of National Biography* (Oxford, 2004); Sandra Morris, 'Legacy of a Bishop: The Trees and Shrubs of Fulham Palace Gardens Introduced 1675–1713', *Garden History*, 19 (1991), pp. 47–59, 49.

2 James Britten, 'Banister, John (1650–1692)', *Oxford Dictionary of National Biography*; Coleby, 'Compton'; Morris, 'Legacy', p. 49.

3 P. J. Jarvis, 'Plant Introductions to England and their Role in Horticultural and Silvicultural Innovation, 1500–1900', in *Change in the Countryside: Essays on Rural England, 1500–1900*, ed. H.S.A. Fox and R. A. Butlin (London, 1979), pp. 145–164, 153.

4 Mark Catesby, *Hortus Britanno-Americanus* (London, 1763).

5 John Claudius Loudon, *Arboretum et Fruticetum Britannicum* (London, 1838), vol. I, pp. 41, 45; John Ray, *Historia Plantarum* (London, 1686), II, pp. 1798–9; Britten, 'Banister'.

6 Douglas Chambers, *The Planters of the English Landscape Garden: Botany, Trees and the Georgics* (New Haven, CT, 1993), p. 3.

7 Loudon, *Arboretum*, p. 41; Chambers, *Planters*, pp. 36, 45; see Beryl Hartley, 'Exploring and Communicating Knowledge of Trees in the Early Royal Society', *Notes and Records of the Royal Society*, 64 (2010), pp. 229–50.

8 Loudon, *Arboretum*, p. 61.

9 Chambers, *Planters*, p. 111, quoting S. Switzer, *The Practical Husbandman* (London, 1733), vol. I, part I, p. liv.

10 H. Le Rougetel, 'Miller, Philip (1691–1771)', *Oxford Dictionary of National Biography*.

11 Loudon, *Arboretum*, vol. I, p. 54.

12 A. Murdoch, 'Campbell, Archibald, third duke of Argyll (1682–1761)', *Oxford Dictionary of National Biography*.

13 See M. Symes, A. Hodges and J. Harvey, 'The Plantings at Whitton', *Garden History*, 14 (1986), pp. 138–72.

14 Chambers, *Planters,* p. 92, quoting BL Add. MS 28727, fol. 5, 16 February 1747/48.

15 J. J. Cartwright (ed.), 'The Travels through England of Dr Richard Pococke Successively Bishop of Meath and of Ossory, during 1750, 1751, and Later Years', *Camden New Series*, 94 (1889), vol. II, pp. 260–61.

16 Chambers, *Planters*, p. 112, quoting a letter of 1 September 1741 from P. Collinson (1694–1768) to the American botanist and explorer J. Bartram (1699–1777). See also Douglas Chambers, 'Collinson, Peter (1694–1768)', *Oxford Dictionary of National Biography*.

17 M. Symes and J. H. Harvey, 'Lord Petre's Legacy: The Nurseries at Thorndon', *Garden History*, 24 (1996), pp. 272–82.

18 Nuala C. Johnson, 'Names, Labels and Planting Regimes: Regulating Trees at Glasnevin Botanic Gardens, Dublin, 1795–1850', in *Garden History*, 35 (2007), pp. 53–70.

19 See Paul A. Elliott, Charles Watkins and Stephen Daniels, *The British Arboretum: Trees, Science and Culture in the Nineteenth Century* (London, 2011).

20 George Sinclair, *Useful and Ornamental Planting* (London, 1832), p. 129.

21 George Nicholson, *The Illustrated Dictionary of Gardening: A Practical and Scientific Encyclopaedia of Horticulture* (London, 1889), vol. IV, pp. 450–57; Charles Sargent, *A Manual of the Trees of North America* (New York, 1905), preface.

22 William J. Bean, *Trees and Shrubs Hardy in the British Isles*, 7th edn (London, 1951) vol. I, preface, p. vii; Richard Drayton, *Nature's Government: Science, Imperial Britain and the 'Improvement' of the World* (New Haven, CT, 2001), pp. 221–68.

23 George Gordon, *The Pinetum*, 2nd edn (London, 1875), pp. 414–16; Bean, *Trees,* vol. III, pp. 303–5.

24 Elliott, Watkins and Daniels, *Arboretum,* pp. 172–3.

25 Ibid., pp. 69–70.

26 Printed Reports of the Garden Committee, numbers 1–5 (1823–7); Manuscript Minutes of the Gardening Committee (1818–1830), Lindley Library of the Royal Horticultural Society, London, M12/01; John Claudius Loudon, *Encyclopaedia of Gardening,* 5th edn (London 1830), pp. 1059–1060; Brent Elliott, *The History of the Royal Horticultural Society: 1804–2004* (London, 2004).

27 Loudon, *Arboretum,* vol. I, pp. 129–30; *Gardeners' Magazine,* 5 (1830), p. 346, fig. 79; 6 (1830), p. 250, fig. 44.

28 Loudon, *Encyclopaedia,* pp. 1059–60.

29 Elliott et al., *Arboretum,* p. 90.

30 Ibid., pp. 135–54; N. Jones, *Life and Death: Discourse on Occasion of the Lamented Death of Joseph Strutt* (London, 1844), p. 16.

31 J. R. Martin, 'Report on the State of Nottingham, Coventry, Leicester, Derby, Norwich and Portsmouth', in *Second Report of the Commissioners for Inquiry into the State of Large Towns and Populous Districts* (London, 1845), vol. II.

32 *Derby Mercury,* 20 August 1851.

33 C. M. Hovey, *Magazine of Horticulture,* 11 (1845), pp. 122–8.

34 Andrew Jackson Downing, *Rural Essays* (New York, 1856), pp. 497–557; Tom Schlereth, 'Early North-American Arboreta', *Garden History*, 35 (2007), pp. 196–216.

35 Evelyn Waugh, *Unconditional Surrender* (London, 1971), p. 91.

36 A. Jackson, 'Imagining Japan: The Victorian Perception of Japanese Culture', *Journal of Design History,* 5 (1996), pp. 245–56. See also Setsu Tachibana and Charles Watkins, 'Botanical Transculturation: Japanese and British Knowledge and Understanding of *Aucuba Japonica* and *Larix Leptolepis,* 1700–1920', *Environment and History,* 16 (2010), pp. 43–71.

37 Setsu Tachibana et al., 'Japanese Gardens in Edwardian Britain: Landscape and Transculturation', *Journal of Historical Geography,* 30 (2004), pp. 364–94.

38 E. Kaempfer (1651–1716), German traveller and naturalist; Carl Peter Thunberg (1743–1828), Swedish botanist; P. F. von Siebold (1796–1866), German doctor and botanist.

39 N. Kato, *Makino Hyohonkan shozou no Siebold Collection* (Siebold Collection at Makino Herbarium) (Kyoto, 2003); N. Kato, H. Kato, A. Kihara and M. Wakabayashi, *Makino Hyohonkan shozou no Siebold Collection*, CD Database (Tokyo, 2005).

40 Conrad Totman, *The Green Archipelago: Forestry in Preindustrial Japan* (Berkeley, CA, 1989), p. 261.

41 R. Ono and Y. Shimada, *Kai* (1763). Siebold used this book as a reliable and practical encyclopaedia and he collated and referenced his newly collected Japanese plants against the descriptions given in *Kai*.

42 B. Lindquist, 'Provenances and Type Variation in Natural Stands of Japanese Larch', *Acta Horti Gotoburgensis*, 20 (1955), pp. 1–34, 5.

43 H. J. Elwes and A. Henry, *The Trees of Great Britain and Ireland* (Edinburgh, 1907), vol. II, p. 384.

44 *The Gardeners' Chronicle*, 15 December 1860, p. 1103.

45 Rutherford Alcock, 'Narrative of a Journey in the Interior of Japan, Ascent of Fusiyama, and Visit to the Hot Sulphur Baths of Atami in 1860', read 13 May 1861, *Journal of the Royal Geographical Society*, 31 (1861), pp. 321–55; Rutherford Alcock, *The Capital of the Tycoon* (London, 1863), p. 483.

46 Elwes and Henry, *Trees*, vol. II, p. 385.

47 *Larix leptolepis*, Endlicher (1847); *Larix japonica*, Carrière (1855); *Larix kaempferi*, Sargent (1898); *Pinus larix*, Thunberg (1784); *Pinus kaempferi*, Lambert (1824); *Abies kaempferi*, Lindley (1833); *Abies leptolepis*, Siebold et Zuccarini (1842); *Pinus leptolepis*, Endlicher (1847).

48 Elwes and Henry, *Trees*, vol. II, p. 384.

49 Ibid., pp. 385–6.

50 Messrs. Dickson of Chester were said to have sold 750,000 trees in 1905. Elwes and Henry, *Trees*, vol. II, pp. 386–7.

51 J. MacDonald et al., 'Exotic Forest Trees in Great Britain: Paper Prepared for the Seventh British Commonwealth Forestry Conference, Australia and New Zealand', *Forestry Commission Bulletin*, 30 (London, 1957), p. 69.

52 Steve Lee, *Breeding Hybrid Larch in Britain*, Forestry Commission Information Note (2003); C. R. Lane, P. A. Beales, K.J.D. Hughes, R. L. Griffin, D. Munro, C. M. Brasier and J. F. Webber, 'First Outbreak of *Phytophthora ramorum* in England, on *Viburnum tinus*', *New Disease Reports*, 6 (2002), p.13; Forestry Commission, '*Phytophthora ramorum* in Larch Trees', www.forestry.gov.uk, 30 July 2012.

53 Forestry Commission, '*Phytophthora*'.

第四章 树的美学

1 Patrick Brydone, *A Tour through Sicily and Malta*, 1st edn 1773 (London, 1806), pp. 62–5; Katherine Turner, 'Brydone, Patrick (1736–1818)', *Oxford Dictionary of National Biography* (Oxford, 2004); G. E. Ortolani, *Biografia degli uomini illuustri della Sicilia* (Naples, 1818–21), vol. II.

2 Andrew Ballantyne, *Architecture, Landscape and Literature* (Cambridge, 1997). Knight intended to publish a description of his 'Expedition into Sicily' of 1777. A version was eventually published in translation by Goethe in 1810, and the original English version was rediscovered by Claudia Stumpf at Weimar in 1980 and published in 1986. See Richard Payne Knight, *Expedition into Sicily* [1777], ed. Claudia Stumpf (London, 1986).

3 Knight, *Expedition*, p. 58, Aci Reale 1 June 1777.

4 Castagno dei Cento Cavalli, Jean-Pierre Houël. 1776–1779 *Voyage pittoresque des Isles de Sicile, de Malte et de Lipari* (Paris, 1782).

5 William Linnard, *Welsh Woods and Forests* (Llandysul, 2000), Peniarth MS 28, p. 21.

6 Michael Camille, 'The "Très Riches Heures": An Illuminated Manuscript in the Age of Mechanical Reproduction', *Critical Inquiry*, 17 (1990), pp. 72–107.

7 G. Bartrum, *Dürer and His Legacy: The Graphic Work of a Renaissance Artist* (London, 2002).

8 Erik Hinterding, Ger Luijten and Martin Royalton-Kisch, *Rembrandt the Printmaker* (London, 2000), pp. 247–50.

9 Cynthia Schnieder, *Rembrandt's Landscapes* (New Haven, CT, and London, 1990); Christiaan Vogelaar and Gregor Weber, *Rembrandt's Landscapes* (Zwolle, 2006).

10 Seymour Slive, *Jacob van Ruisdael: A Complete Catalogue of His Paintings, Drawings and Etchings* (New Haven, CT, and London, 2001) p. 249; Seymour Slive, *Jacob van Ruisdael: Master of Landscape* (London, 2005), p. 46.

11 Peter Ashton, Alice I. Davies and Seymour Slive, 'Jacob van Ruisdael's Trees', *Arnoldia*, 42 (1982), pp. 2–31; Slive, *Complete Catalogue*, p. 268; Slive, *Ruisdael Landscape*, p. 29.

12 Michael Rosenthal, *The Art of Thomas Gainsborough* (New Haven, CT, and London, 1999), pp. 183–6; Slive, *Ruisdael Landscape*, p. 24.

13 Susan Sloman, *Gainsborough in Bath* (New Haven, CT, and London, 2002).

14 Michael Rosenthal and Martin Myrone, *Gainsborough* (London, 2003), pp. 78, 80.

15 Ibid., pp. 84, 96, 104; Elise L. Smith, '"The Aged Pollard's Shade": Gainsborough's Landscape with Woodcutter and Milkmaid', *Eighteenth-century Studies*, 41 (2007), pp. 17–39.

16 Helen Langdon, *Salvator Rosa* (London, 2010), p. 258; Charles Watkins and Ben Cowell, 'Letters of Uvedale Price', *Walpole Society*, 68 (2006), pp. 1–359, Uvedale Price to Sir George Beaumont, 12 January 1822, pp. 299–300.

17 David Watkin, *The English Vision* (London, 1982), p. vii.

18 William Hogarth, *Analysis of Beauty* (London, 1754), p. 52.

19 Isabel Chace, *Horace Walpole: Gardenist, an Edition of Walpole's The History of the Modern Taste in Gardening with an Estimate of Walpole's Contribution to Landscape Architecture* (Princeton, NJ, 1943), pp. 35–6.

20 Chace, *Walpole*, pp. 25–7, 31, 35–7.

21 William Gilpin, *An Essay upon Prints* (London, 1768), pp. 2–3.

22 William Gilpin, *Observations on the Western Parts of England Relative Chiefly to Picturesque Beauty* (London, 1798), p. 328.

23 William Gilpin, *Observations on the River Wye* (London, 1782), p. 1.
24 Uvedale Price, *Essays* (London, 1810), vol. I, p. 40.
25 Ibid., pp. 345, 22–3, 50, 114, 22, 55, 57, 244.
26 William Gilpin to William Mason, 12 July 1755; Carl P. Barbier, *William Gilpin: His Drawings, Teaching and Theory of the Picturesque* (Oxford, 1963), p. 53.
27 Robert Mayhew, 'William Gilpin and the Latitudinarian Picturesque', *Eighteenth-century Studies*, 33 (2000), pp. 349–66, 351.
28 John Ray, *The Wisdom of God Manifested in the Works of the Creation*, 1st edn 1691 (London, 1771), p. 87.
29 William Gilpin, *Remarks on Forest Scenery* (London, 1791), vol. I, p. 103, note.
30 Ibid., pp. 1–3.
31 Ibid., vol. II, pp. 305–7.
32 Ibid., vol. I, pp. 7–8; John Considine, 'Lawson, William (1553/4–1635)', *Oxford Dictionary of National Biography*, (Oxford, 2004); William Lawson, *A New Orchard and Garden, or, The Best Way for Planting, Grafting, and to Make Any Ground Good for a Rich Orchard; Particularly in the North Parts of England* (London, 1618).
33 Ibid., vol. I, pp. 8–9, 14.
34 Ibid., vol. I, pp. 10–14; Price, *Essays*, vol. I, p. 244.
35 Watkins and Cowell, 'Letters', Uvedale Price to Lord Abercorn, 31 May 1796, p. 85.
36 Ibid., Uvedale Price to Lord Aberdeen, 6 February 1818, p. 274. Price may have come across this analogy via Joseph Addison, who in *The Spectator*, 215, 6 November 1706, stated that Aristotle in his *Doctrine of Substantial Forms* tells us that 'a Statue lies hid in a Block of Marble'.
37 Ibid., Uvedale Price to Lady Beaumont, August 1803, p. 165.
38 Gilpin, *Forest Scenery*, vol. I, pp. 4, 34, 15.
39 Ibid., p. 4; Arthur Young, *A Six Weeks Tour through the Southern Counties of England and Wales* (London, 1769) pp. 92, 308; J. Middleton, *General View of the Agriculture of the County of Middlesex* (London, 1813), pp. 344–7; Watkins and Cowell, 'Letters', Uvedale Price to Lord Abercorn, 14 July 1792, p. 79.
40 Linnard, *Welsh Woods*, p. 156; H. S. Steuart, *The Planter's Guide: or A Practical Essay on the Best Method of Giving Immediate Effect to Wood by the Removal of Large Trees and Underwood* (Edinburgh, 1828), p. 60; J. G. Strutt, *Sylva Britannica; or, Portraits of Forest Trees, Distinguished for their Antiquity, Magnitude, or Beauty* (London, 1830), p. 98; J. Main, *The Forest Planter and Pruner's Assistant, Being a Practical Treatise on the Management of the Native and Exotic Forest Trees Commonly Cultivated in Great Britain* (London, 1839), p. 236.
41 W. M. Craig, *A Course of Lectures on Drawing, Painting, and Engraving Considered as Branches of Elegant Education Delivered in the Saloon of the Royal Institution* (London, 1821), p. 286; Anonymous, *Woodland Gleanings: An Account of British Forest-trees* (London, 1865), p. 20; Anonymous, *English Forests and Forest Trees: Historical, Legendary, and Descriptive* (London, 1853), p. 107; J. Dagley and P. Burman, 'The Management

of Pollards of Epping Forest: Its History and Revival' in *Pollard and Veteran Tree Management II*, ed. Helen Read (London, 1996), pp. 29–41.

🦌 第五章 截头木

1 Sandrine Petit and Charles Watkins, 'Pollarding Trees: Changing Attitudes to a Traditional Land Management Practice in Britain, 1600–1900', *Rural History*, 14 (2003), pp. 157–76; Helen Read, *Veteran Trees: A Guide to Good Management* (Peterborough, 2000).

2 Frans Vera, *Grazing Ecology and Forest History* (Wallingford, 2000).

3 I. Austad, 'Tree Pollarding in Western Norway', in *The Cultural Landscape: Past, Future, Present*, ed. H. Birks et al. (Cambridge, 1988), pp. 11–29; E. Bargioni and A. Z. Sulli, 'The Production of Fodder Trees in Valdagano, Vicenza, Italy', in *The Ecological History of European Forests*, ed. Keith J. Kirby and Charles Watkins (Wallingford, 1998), pp. 43–52; C.-A. Hæggström, 'Pollard Meadows: Multiple Use of Human-made Nature', in *The Ecological History of European Forests*, ed. Kirby and Watkins, pp. 33–42; Paul Halstead, 'Ask the Fellows Who Lop the Hay: Leaf-fodder in the Mountains of Northwest Greece', *Rural History*, 9 (1998), pp. 211–34; F.-X. Trivière, 'Emonder Les Arbres: Tradition Paysanne, Pratique Ouvrière', *Terrain*, March (1991), pp. 62–77.

4 Sandrine Petit, 'Parklands with Fodder Trees: a Full Response to Environmental and Social Changes', *Applied Geography*, 23 (2003), pp. 205–25; J. Anderson et al., 'Le Fourrage Arboré à Bamako: Production et Gestion des Arbres Fourragers, Consommation et Filières d'Approvisionnement', *Sécheresse*, 2 (1994) pp. 99–105; Food and Agriculture Organization, *Forests, Trees and Food* (Rome, 1992).

5 R. C. Khanal and D. B. Subba, 'Nutritional Evaluation of Leaves from Some Major Fodder Trees Cultivated in the Hills of Nepal', *Animal and Feed Science Technology*, 92 (2001), pp. 17–32; D. A. Gilmour and M. C. Nurse, 'Farmer Initiatives in Increasing Tree Cover in Central Nepal', *Mountain Research and Development*, 11 (1991), pp. 329–37; J. L. Hellin et al., 'The Quezungual System: An Indigenous Agroforestry System from Western Honduras', *Agroforestry Systems*, 46 (1999), pp. 229–37.

6 Eirini Saratsi, 'Landscape History and Traditional Management Practices in the Pindos Mountains, Northwest Greece, c. 1850–2000', PhD thesis (University of Nottingham, 2003), pp. 199–207.

7 Ibid.

8 Pantelis Arvanitis, 'Traditional Forest Management in Psiloritis, Crete, c. 1850–2011: Integrating Archives, Oral History and GIS', PhD thesis (University of Nottingham, 2011), pp. 203–55.

9 Ibid.

10 Ruth M. Tittensor, 'A History of the Mens: A Sussex Woodland Common', *Sussex Archaeological Collections*, 116 (1977–8), pp. 347–74; Oliver Rackham, *The Last Forest: The Story of Hatfield Forest* (London, 1989), p. 247.

11 Petit and Watkins, 'Pollarding Trees'; N.D.G. James, *An Historical Dictionary of Forestry and Woodland Terms* (Oxford, 1991); Richard Muir,

'Pollards in Nidderdale: A Landscape History', *Rural History*, 11 (2001), pp. 95–111.

12 J. Worlidge, *A Compleat System of Husbandry and Gardening* (London, 1669), p. 133, in the 1728 edition it is p. 212; Moses Cook, *The Manner of Raising, Ordering, and Improving Forest-trees: With Directions How to Plant, Make, and Keep Woods, Walks, Avenues, Lawns, Hedges, &c* (London, 1676), pp. 42, 141; Batty Langley, *A Sure Method of Improving Estates by Plantations of Oak, Elm, Ash, Beech, and Other Timber-trees, Coppice-woods, &c.* (London, 1728), p. 212.

13 Arthur Standish, *New Directions of Experience Authorized by the Kings Most Excellent Majesty, as May Appear, for the Increasing of Timber and Fire-wood with the Least Waste and Losse of Ground* (London, 1615), p. 21, 9; Arthur Standish, *The Commons Complaint* (London, 1611), p. 9; Worlidge, *Husbandry*, p. 126; John Mortimer, *The Whole Art of Husbandry: Or the Way of Managing and Improving of Land* (London, 1707), pp. 331, 393.

14 John Evelyn, *Sylva*, 1st edn (London, 1664), p. 213; 2nd edn (1670), p. 142; 4th edn (1706), p. 208; 2nd edn (1670), p.141; 1st edn (1664), p. 19; 4th edn (1706), pp. 46–7.

15 Cook, *Forest-trees*, pp. 18, 110, 102; W. Ellis, *The Timber-tree Improved or the Best Practical Methods of Improving Different Lands with Proper Timber* (London, 1742), p. 106.

16 Arthur Young, 'French Edict in Consequence of the Scarcity in France', in *Annals of Agriculture and Other Useful Arts* (London, 1785), pp. 63–71, 62; William Marshall, *Planting and Rural Ornament*, 2nd edn (London, 1796), pp. 100, 142, 182.

17 John Middleton, *General View of the Agriculture of the County of Middlesex* (London, 1813), p. 345; W. T. Pomeroy, *General View of the Agriculture of the County of Worcester* (London, 1794), p. 21; J. Clark, *General View of the Agriculture of the County of Hereford* (London, 1794), p. 66. See also John Barrell, *The Idea of Landscape and the Sense of Place, 1730–1840* (Cambridge, 1972).

18 W. Pearce, *General View of the Agriculture of the County of Berkshire* (London, 1794), p. 57; T. Stone, *General View of the Agriculture of the County of Bedford* (London, 1794), p. 53; J. Clark, *General View of the Agriculture of the County of Radnor* (London, 1794), p. 28.

19 J. Anderson, *Essays Relating to Agriculture and Rural Affairs* (Edinburgh, 1784), vol. II, p. 17, fn.

20 Uvedale Price, 'On the Bad Effects of Stripping and Cropping Trees', *Annals of Agriculture*, 5 (1786), pp. 241–3.

21 Price, 'Stripping', pp. 247–9.

22 Herefordshire Record Office, BC 986A.

23 J. Priest, *General View of the Agriculture of the County of Buckinghamshire* (London, 1813), pp. 258–9; Middleton, *Middlesex*, pp. 344–7; Clark, *Hereford*, p. 26.

24 Christopher Hibbert, *Queen Victoria in Her Letters and Journals: A Selection* (London, 1985), p. 273.

25 Elizabeth Baigent, 'A "Splendid Pleasure Ground [for] the Elevation and Refinement of the People of London": an Historical Geography of Epping

Forest, 1860–95', in *English Geographies, 1600–1950: Historical Essays on English Customs, Cultures and Communities in Honour of Jack Langton*, ed. Elizabeth Baigent and Robert Mayhew (Oxford, 2009), pp. 104–26; Edward Buxton, *Epping Forest* (London, 1884).

第六章　舍伍德森林

1 *Ivanhoe* was first published on 18 December in Edinburgh and 31 December 1819 in London, 'so close to the end of the year, *Ivanhoe* bore the date 1820 on its title-page', Walter Scott Digital Archive, University of Edinburgh, www.walterscott.lib.ed.ac.uk.

2 Mark Girouard, *The Return to Camelot: Chivalry and the English Gentleman* (London, 1981).

3 Sir Walter Scott, *Ivanhoe* (Edinburgh, 1820), pp. 195, 561.

4 Washington Irving, *Abbotsford and Newstead Abbey* (London, 1835), pp. 233–4.

5 There is a large literature on the history of royal forests. See for example: Charles R. Young, *The Royal Forests of Medieval England* (Philadelphia, PA, 1979); Oliver Rackham, *Ancient Woodland* (London, 1980); Rackham, *The Last Forest: The Story of Hatfield Forest* (London, 1989); N.D.G. James, *A History of English Forestry* (London, 1981); John Langton and Graham Jones, *Forests and Chases of England and Wales, c. 1000 – c. 1500* (Oxford, 2010); Mary Wiltshire et al., *Duffield Frith: History and Evolution of a Medieval Derbyshire Forest* (Ashbourne, 2005).

6 Stephanos Mastoris and Sue Groves, *Sherwood Forest in 1609: A Crown Survey by Richard Bankes* (Nottingham, 1997).

7 Jacob George Strutt, 'Introduction', in *Sylva Britannica* (London, 1826).

8 J. C. Holt, *Robin Hood* (London, 1982).

9 Charles Watkins,'"A Solemn and Gloomy Umbrage": Changing Interpretations of the Ancient Oaks of Sherwood Forest', in *European Woods and Forests: Studies in Cultural History*, ed. Charles Watkins (Wallingford, 1998), pp. 93–114.

10 'The Fourteenth Report of the Commissioners Appointed to Enquire into the State and Condition of the Woods, Forests, and Land Revenues of the Crown, and to Sell or Alienate Fee Farm and Other Unimproveable Rents', *House of Commons Journal*, 48 (1793), p. 469.

11 Ibid., p. 469.

12 Ibid., pp. 473, 509.

13 Ibid., p. 481.

14 Ibid., pp. 473, 481.

15 Ibid., pp. 472–3.

16 Ann Gore and George Carter, *Humphry Repton's Memoirs* (Norwich, 2005), p. 106; Hayman Rooke, *A Sketch of the Ancient and Present Extent of Sherwood Forest, in the County of Nottingham* (Nottingham, 1799), incorporated material from the Commissioners Report on Sherwood Forest of 1791 and the results of some of his archaeological work.

17 Rooke, *Sketch*, pp. 5–6.

18 Evelyn, *Sylva* (1670), pp. 159–60.

19 Rooke, *Sketch*, pp. 16–17.
20 Ibid., pp. 18–19.
21 William Howitt, 'Sherwood Forest', in *The Rural Life of England* (London, 1838), pp. 383, 387, 385.
22 January Searle, *Leaves from Sherwood Forest* (London, 1850), pp. 71–2.
23 Christopher Thomson, *Autobiography of an Artisan* (London, 1847), pp. 301–2.
24 Christopher Thomson, *Hallamshire Scrapbook*, 4.
25 Anonymous, *Worksop, 'The Dukery' and Sherwood Forest* (London, 1850) p. 244; E. Eddison, *History of Worksop: With Historical, Descriptive and Discursive Sketches of Sherwood Forest* (London, 1854), pp. 194–5.
26 Ford Madox Ford, 'The Beautiful Genius Ivan Turgenev', in *Memories and Impressions* (London, 1971), p. 129.
27 F. Sissons, *Beauties of Sherwood Forest* (Worksop, 1888), p. 58.
28 Searle, *Leaves*, pp. 72, 104.
29 *Victoria County History of Nottinghamshire* (London, 1908), vol. 1, p. 93.
30 Ibid., p. 100.
31 Ibid., p. 156.
32 W. J. Sterland, *The Birds of Sherwood Forest* (London, 1869), p. 144.
33 Sissons, *Sherwood Forest*, p. 2.
34 Nottingham University Manuscripts Department (NUMD) Ma 2S 7, p. 117.
35 Sissons, *Sherwood Forest*, p. 71.
36 Joseph Rodgers, *Sherwood Forest* (London, 1908), p. 16; Nottingham University Manuscripts Department (NUMD) MA 2C 132.
37 NUMD Ma 2C 133; NUMD Ma 2C 208.
38 NUMD Ma 4E 81.
39 NUMD Ma 3E 151.
40 James, *English Forestry*, p. 247.
41 NUMD Ma 5E 211.
42 NUMD Ma 5E 211.
43 NUMD Ma 4A 7/41.
44 NUMD Ma 4A 7/49/2.
45 NUMD Ma 4A 7/56.
46 NUMD Ma 4A 7/43.
47 NUMD Ma 3E 4799.
48 NUMD Ma 2A 94.
49 Interview with George Holt (1998).
50 Royal Forestry Society 1984.
51 NUMD Ma 4A 7/41.
52 Brian Wood, 'Land Management and Farm Structure: Spatial Organisation on a Nottinghamshire Landed Estate and its Successors, 1860–1978', PhD Thesis (University of Nottingham, 1981).
53 Interview with John Irbe (1998).
54 NUMD Ma 4A 7/41.
55 Nikolaus Pevsner, *Nottinghamshire* (London, 1979), p. 120. Architects Ian Pryer, William Saunders and Partners 1973–6.
56 NUMD Ma 4A 7/41.

57 C. R. McLeod et al., *The Habitats Directive: Selection of Special Areas of Conservation in the* UK, 2nd edn (Peterborough, 2005), www.jncc.gov.uk/SACselection; Charles Watkins et al., 'The Use of Dendrochronology to Evaluate Dead Wood Habitats and Management Priorities for the Ancient Oaks of Sherwood Forest', in *Forest Biodiversity: Lessons from History for Conservation*, ed. O. Honnay et al. (Wallingford, 2004), pp. 247–67.

58 Interview with Andrew Poole (1998).

🦌 第七章　地产林业

1 John Stoddart, *Remarks on the Scenery and Manners in Scotland during the Years 1799 and 1800* (Edinburgh, 1801). The drawing is by Hugh William 'Grecian' Williams, BM 1872,0413.289.

2 James Boswell, *The Life of Samuel Johnson* (Edinburgh, 1823), vol. II, p. 316.

3 Jane Austen, *Mansfield Park* (London, 1814), chapter 6.

4 D. Hudson and K. W. Luckhurst, *The Royal Society of Arts: 1754–1954* (London, 1954), pp. 86–9.

5 Uvedale Price, *Essays* (London, 1810), vol. I, pp. 259–63.

6 J. C. Loudon, *Observations on the Formation and Management of Useful and Ornamental Plantations* (Edinburgh, 1804).

7 John Claudius Loudon, *Arboretum et Fruticetum Britannicum* (London, 1838), vol. I, pp. 1–2.

8 Stephen Daniels and Charles Watkins, 'Picturesque Landscaping and Estate Management: Uvedale Price at Foxley, 1770–1829', *Rural History*, 2 (1991), pp. 141–70; J. M. Neeson, *Commoners: Common Right, Enclosure and Social Change in England, 1700–1820* (Cambridge, 1993). See also Nicola Whyte, 'An Archaeology of Natural Places: Trees in the Early Modern Landscape', *Huntington Library Quarterly*, 76 (2013), pp. 499–517; Carl Griffin, 'Protest Practice and (Tree) Cultures of Conflict: Understanding the Spaces of "Tree Maiming" in Eighteenth and Early Nineteenth-century England', *Transactions of the Institute of British Geographers*, 33 (2008), pp. 91–108.

9 Tim Shakesheff, 'Wood and Crop Theft in Rural Herefordshire, 1800–60', *Rural History*, 13 (2002), pp. 1–17, 14.

10 E.J.T. Collins, 'Woodlands and Woodland Industries in Great Britain during and after the Charcoal Iron Era', in *Protoindustries et Histoire des Forêts*, ed J.-P. Métaillé (Toulouse, 1992), pp. 109–20.

11 J. Main, *The Forest Planter and Pruner's Assistant* (London, 1839); J. West, *Remarks on the Management or Rather the Mismanagement of Woods, Plantations and Hedgerow Timber* (London, 1842); J. Standish and C. Noble, *Practical Hints on Planting Ornamental Trees* (London, 1852).

12 William Ablett, *English Trees and Tree Planting* (London, 1880), p. 402.

13 Tom Bright, *Pole Plantations and Underwoods* (London, 1888), pp. 20–21.

14 J. Nisbet, *James Brown's The Forester*, 6th edn (London, 1894), vol. I, p. 44.

15 J. Nisbet, *The Forester* (London, 1905), vol. I, p. 49.

16 H. FitzRandolph and M. Hay, *The Rural Industries of England and Wales* (Oxford, 1926); Herbert Edlin, *Woodland Crafts in Britain* (London, 1949); Eastnor Estate coppice sale records, Eastnor Estate Muniments, 1933.

17 George Sinclair, *Useful and Ornamental Planting* (London, 1832), p. 2.

18 Eric Richards, *The Highland Clearances* (Edinburgh, 2000).

19 J.L.F. Fergusson, 'Forestry in Perthshire: Notes on Past History', *Forestry*, 29 (1956), pp. 84–5.

20 Ibid., p. 86.

21 H. M. Steven, 'Silviculture of Conifers in Britain', *Forestry* (1927), p. 9.

22 K. Garlick and A. Macintyre, '3 October 1801', in *The Diary of Joseph Farington* (New Haven, CT, and London, 1978–98), p. 1644.

23 Richard Moore-Colyer, 'Thomas Johnes (1748–1816)', *Oxford Dictionary of National Biography* (Oxford, 2004); William Linnard, *Welsh Woods and Forests* (Llandysul, 2000), Peniarth MS 28.

24 Price, *Essays*, vol. I, p. 26.

25 Ibid., pp. 265–6.

26 Ibid., pp. 26–7.

27 Ibid., pp. 273–6.

28 Charles Watkins and Ben Cowell, 'Letters of Uvedale Price', *Walpole Society*, 68 (2006).

29 Price, *Essays*, vol. I, pp. 270–73.

30 John Claudius Loudon, *Hints on the Formation of Gardens and Pleasure-grounds with Designs in Various Styles of Rural Embellishment* (London, 1812).

31 John Claudius Loudon, *Encyclopaedia of Gardening* (London, 1830), p. 943.

32 Sophieke Piebenga, 'William Sawrey Gilpin', *Oxford Dictionary of National Biography* (Oxford, 2004).

33 R. Monteath, *The Forester's Guide and Profitable Planter*, 2nd edn (Edinburgh, 1824); A. C. Forbes, *English Estate Forestry* (London, 1904), pp. 16–17.

34 Linnard, *Welsh Woods*, pp. 160–61.

35 Forbes, *English Forestry*, p. 318.

36 Ibid.

37 J. Brown, *The Forester*, 4th edn (Edinburgh, 1871), advertisement, p. 836.

38 Forbes, *English Forestry*, p. 17.

39 Brown, *Forester*, p. 568.

40 J. Brown, *The Forester* (Edinburgh, 1851), pp. 138, 420.

41 Loudon, *Plantations*; Jane Loudon, *A Short Account of the Life and Writings of John Claudius Loudon* (London, 1845), pp. xiii–xvi.

42 Paul Elliott et al., 'William Barron (1805–91) and Nineteenth-century British Arboriculture: Evergreens in Victorian Industrializing Society', *Garden History*, 35 supplement 2 (2008), pp. 129–48.

43 William Barron, *The British Winter Garden* (London, 1853), pp. 9–24.

44 'Champion Trees', at www.bicton.ac.uk.

45 Thomas Baines, 'Eastnor Castle, Ledbury: The Seat of Earl Somers', *Gardeners' Chronicle*, 19 January (1878), p. 76.

46 William Gilpin, *Observations on the River Wye . . .* 2nd edn (London, 1789), p. 6.

47 Colin Ellis, *Leicestershire and the Quorn Hunt* (Leicester, 1951), p. 61.

48 J. Otho Paget, *Hunting* (London, 1900), pp. 81–4.

49 C. C. Rogers, 'Pheasant Management and Shooting in Hill Countries', in *Shooting*, ed. Horace G. Hutchinson (London, 1903), p. 55.

50 Patrick Waddington, *Turgenev and England* (London, 1980), pp. 15, 59, 228–9.

51 Ibid., pp. 228–9.

52 Alexander J. Napier, 'Pheasants at Holkham', in *Shooting*, ed. Horace G. Hutchinson (London, 1903), pp. 35–6.

53 John Simpson, *Game and Game Coverts* (Sheffield, 1907).

54 Rogers, 'Pheasant Management', pp. 59–64.

55 C. J. Cornish, 'Pheasants at Nuneham', in *Shooting*, ed. Hutchinson, p. 45.

56 Jonathan Garnier Ruffer, *The Big Shots* (London, 1977), pp. 79–81.

57 J. Ruskin, *Modern Painters*, vol. v (1860), in *Selections from the Writings of John Ruskin* (Edinburgh, 1907), pp. 79–81.

58 John Ruskin to John Davidson, 24 February 1887, in *Transactions of the English Arboricultural Society* (1887), pp. 156–7.

🌿 第八章　科学林业

1 Hannss Carl von Carlowitz, *Sylvicultura Oeconomica* (Leipzig, 1713); Christoph Ernst 'An Ecological Revolution? The "Schlagwaldwirtschaft" in Western Germany in the Eighteenth and Nineteenth Centuries', in *European Woods and Forests: Studies in Cultural History*, ed. Charles Watkins (Wallingford, 1998), pp. 83–92.

2 Ibid., pp. 84, 90.

3 Richard Keyser, 'The Transformation of Traditional Woodland Management: Commercial Sylviculture in Medieval Champagne', *French Historical Studies*, 32 (2009), pp. 353–84, 356, 361.

4 Ibid., pp. 366, 368.

5 Ibid., pp. 366, 368, 372, 375.

6 Ibid., pp. 379–80.

7 Ibid., pp. 356–7, 380, 384.

8 Paul Warde, *Ecology, Economy and State Formation in Early Modern Germany* (Cambridge, 2006), p. 171; Joachim Radkau, 'Wood and Forest in German History: In Quest of an Environmental Approach', *Environment and History*, 2 (1996), pp. 63–76, 65.

9 Radkau, 'Wood and Forest', p. 66.

10 Ibid., pp. 71–2.

11 Gregory Barton, 'Empire Forestry and the Origins of Environmentalism', *Journal of Historical Geography*, 27 (2001), pp. 529–52.

12 David Prain, 'Brandis, Sir Dietrich (1824–1907)', revd M. Rangarajan, *Oxford Dictionary of National Biography* (Oxford, 2004); R. S. Troup, 'Schlich, Sir William Philipp Daniel (1840–1925)', revd Andrew Grout, *Oxford Dictionary of National Biography* (Oxford, 2004).

13 William Schlich, *A Manual of Forestry* (London, 1889–95) vol. I, pp. v–vii.

14 Troup, 'Schlich'.

15 Schlich, *Forestry*, vol. III, p. ix.

16 Dr Richard Hess, Professor of Forestry, University of Geissen; Dr Karl Gayer, Professor of Forestry, University of Munich.

17 John Nisbet, *Studies in Forestry* (Oxford, 1894), pp. vii–viii.

18 J. M. Powell, '"Dominion over Palm and Pine": The British Empire Forestry Conferences, 1920–47', *Journal of Historical Geography*, 33 (2007), pp. 852–77.

19 Karen Hovde, 'Charles Sprague Sargent', *Forest History Today* (Spring 2002), pp. 38–9; Barton, 'Empire Forestry'.

20 Charles Sprague Sargent, *Garden and Forest*, 9 (1896) pp. 191–2, quoted by Barton, 'Empire Forestry', p. 540.

21 Barton, 'Empire Forestry', pp. 541, 542; Gifford Pinchot, *Breaking New Ground* (Washington, DC, 1998), p. 27.

22 Carl Alwin Schenck Photograph Series MC35, NSCU Library, note on reverse of photograph of Frederick Law Olmsted, at www.lib.ncsu.edu; Carl Alwin Schenck, *Cradle of Forestry in America: The Biltmore Forest School, 1898–1913* (Durham, NC, 2001).

23 A. B. Recknagel, *The Theory and Practice of Working Plans*, 2nd edn (New York, 1917), p. v.

24 John Simpson, *The New Forestry* (Sheffield, 1903).

25 A. C. Forbes, *The Development of British Forest* (1910), p. 252; N.D.G. James, *A History of English Forestry* (London, 1981); N.D.G. James, 'A History of Forestry and Monographic Forestry Literature in Germany, France and the United Kingdom', in *The Literature of Forestry and Agroforestry*, ed. P. McDonald and J. Lassoie (New York, 1996), pp. 15–44; Judith Tsouvalis and Charles Watkins, 'Imagining and Creating Forests in Britain 1890–1939', in *Forest History: International Studies on Socio-Economic and Forest Ecosystem Change*, ed. Mauro Agnoletti and S. Anderson (Wallingford, 2000), pp. 371–86.

26 James, *English Forestry*, p. 75.

27 Thomas Bewick, *Quarterly Journal of Forestry* (1914); William Schlich, 'Report on the Visit of Royal English Arboricultural Society to German Forests', *Quarterly Journal of Forestry*, 8 (1914), pp. 75–81.

28 David E. Evans, 'Robinson, Roy Lister, Baron Robinson (1883–1952)', *Oxford Dictionary of National Biography* (Oxford, 2004); G. B. Ryle, *Forest Service: The First Forty-five Years of the Forestry Commission of Great Britain* (Newton Abbot, 1969), pp. 21–2.

29 Evans, 'Roy Robinson'; James, *English Forestry*, p. 196. Anon., 'Report on the REAS Meeting in September 1916 on the Present Position and Future Development of Forestry in England and Wales', *Quarterly Journal of Forestry*, 11 (1917), pp. 20–58.

30 John V. Beckett, *The Aristocracy in England: 1660–1914* (Oxford, 1986); David Cannadine, *The Decline and Fall of the British Aristocracy* (London, 1996).

31 Myfanwy Piper, 'Nash, Paul (1889–1946)', revd Andrew Causey, *Oxford Dictionary of National Biography* (Oxford, 2004).

32 Andrew Causey, 'Introduction', in *Paul Nash: Paintings and Watercolours* (London, 1975).

33 Ryle, *Forest Service*, p. 23.

34 Ibid., pp. 26–8.

35 Ibid., pp. 43, 28.

36 Forestry Commission, *Forestry Practice: Forestry Commission Bulletin 14* (London, 1933); R. F. Wood and M. Nimmo, *Chalk Downland Afforestation: Forestry Commission Bulletin 34* (London, 1962), Foreword.

第九章　休闲与保护

1 Kim Novak interview with Stephen Rebello, March 2003, www.labyrinth.net.au.

2 Wilson E. Albee in *San Jose Mercury*, 22 April 1917, quoted by Eugene T. Sawyer, *Santa Clara County, California* (Los Angeles, CA, 1922), p. 206.

3 Big Basin Redwoods State Park California, 2011 Leaflet, at www.parks.ca.gov.

4 Dennis R., 'Dean Muir, John (1838–1914)', *Oxford Dictionary of National Biography* (Oxford, 2004); Donald Worster, *A Passion for Nature: The Life of John Muir* (Oxford, 2008).

5 Sue Shephard, 'Lobb, William (1809–1863)', *Oxford Dictionary of National Biography* Worster, *Passion*.

6 George Gordon, *The Pinetum*, 2nd edn (London, 1875), pp. 414–16; William J. Bean, *Trees and Shrubs Hardy in the British Isles*, 7th edn (London, 1951), vol. III, pp. 303–5.

7 National Gallery of Art, *Carleton Watkins: The Art of Perception*, www.nga.gov.

8 John Auwaerter and John Sears, *Historic Resource Study for Muir Woods National Monument* (Boston, 2006), p. 59.

9 Worster, *Passion*, p. 170.

10 John Muir, *Our National Parks* (Boston, 1901).

11 Ronald A. Bosco and Glen M. Johnson, *Journals and Miscellaneous Notebooks of Ralph Waldo Emerson* (Cambridge, MA, 1982) vol. XVI, 12 May 1871, pp. 237–9.

12 Muir, *National Parks*.

13 Auwaerter and Sears, *Muir Woods*, pp. 41–3.

14 Ibid., pp. 48–50.

15 F. E. Olmsted, *Muir National Monument Redwood Canyon: Marin County, California*, unpublished report, 26 September 1907, pp. 4–5, Muir Woods Park Files, quoted in Auwaerter and Sears, *Muir Woods*, p. 73.

16 William Kent, 'Redwoods', *Sierra Club Bulletin*, 6 (June 1908), pp. 286–7.

17 A. MacEwen and M. MacEwen, *National Parks: Conservation or Cosmetics?* (London, 1982).

18 The National Archives TNA F18 162, Forestry Commission Mimeograph (1929).

19 Ibid.

20 George Revill and Charles Watkins, 'Educated Access: Interpreting Forestry Commission Forest Park Guides', in *Rights of Way: Policy, Culture and Management*, ed. Charles Watkins (London, 1996), pp. 100–128.

21 Forestry Commission, *Report of the National Forest Park Committee 1935* (London, 1935), pp. 2–6.

22 Internal report written by Sir Roy Robinson for Sir Francis Acland
    (Commissioner, 1919–39), on the Forestry Commissioners' contributions
    towards the idea underlying National Parks, *c.* 1936.

23 *Hansard*, 9 December 1936, p. 2105.

24 J. R. Aaron, 'H. L. Edlin, MBE', *Forestry*, 55 (1977), pp. 203–5.

25 H. L. Edlin, 'Fifty Years of Forest Parks', *Commonwealth Forestry Review*,
    48 (1969), pp. 113–26, 125.

26 Forestry Commission, *Thirtieth Annual Report of the Forestry Commissioners
    for the Year Ending 30th September 1949* (London, 1950), p. 87.

27 Forestry Commission, *Thirty-second Annual Report of the Forestry
    Commissioners for the Year Ending 30 September 1951* (London, 1952), p. 50.

28 Forestry Commission, *National Forest*, p. 5.

29 Forestry Commission, *Report of the National Forest Park Committee (Forest
    of Dean)* (London, 1938), pp. 4–6.

30 W. E. S. Mutch, *Public Recreation in National Forests: A Factual Survey*
    (London, 1968), p. 83.

31 Edlin, 'Fifty Years', p. 125.

32 William Wordsworth, 'A Guide through the District of the Lakes' (1835),
    in *William Wordsworth: Selected Prose*, ed. J. Hayden (London, 1988), p. 57.

33 Miles Hadfield, *Landscape with Trees* (London, 1967), p. 181.

34 H. H. Symonds, *Afforestation in the Lake District: A Reply to the Forestry
    Commission's White Paper of 26 August 1936* (London, 1936), pp. 51, 16.

35 Edlin, 'Fifty Years', pp. 117, 116.

36 Alan Horne, 'Rooke, Noel (1881–1953)', *Oxford Dictionary of National
    Biography* (Oxford, 2004).

37 John Walton, *The Border Forest Park Guide* (London, 1962), p. 1.

38 John Moore, *Wood Properties and Uses of Sitka Spruce in Britain*
    (Edinburgh, 2011), pp. 1–2.

39 H. L. Edlin, 'Britain's New Forest Villages', *Canadian Forestry Gazette*
    (1953), pp. 151–8.

40 Frank E. Lutz, *Nature Trails: An Experiment in Outdoor Education*,
    Miscellaneous Publication 21, The American Museum of Natural History
    (New York, 1926).

41 Ralph H. Lewis, *Museum Curatorship in the National Park Service,
    1904–1982*, National Park Service (Washington, DC, 1993), p. 38.

42 Lutz, *Nature Trails*, p. 3.

43 Ibid., p. 36.

44 J. N. Rogers, *Yosemite Nature Notes*, 9 March (1930), p. 17, at
    www.nps.gov.

45 David Matless et al., 'Nature Trails: The Production of Instructive
    Landscapes in Britain, 1960–72', *Rural History*, 21 (2010), pp. 97–131.

第十章 利古里亚半自然林地

 1 Diego Moreno, *Dal Documento: Storia e Archeologia dei Sistemi Agro-Sylvo-
    Pastorali* (Bologna, 1990); Ross Balzaretti et al., *Ligurian Landscapes: Studies
    in Archaeology, Geography and History* (London, 2004); Roberta Cevasco,
    Memoria Verde: Nuovi Spazi per La Geografia (Reggio Emilia, 2007).

2 ASP Uff. Confini, b.266/1. Paulo De Podio, public notary, 27/09/1564 (Reference provided by Roberta Cevasco).

3 Diego Moreno and Osvaldo Raggio, 'The Making and Fall of an Intensive Pastoral Land-use System: Eastern Liguria, 16–19th Centuries', *Rivista di Studi Liguri*, LVI (1990), pp. 193–217, 196.

4 Ibid., p. 204.

5 Archivio De Paoli, Porciorasco, N. 8, Museo Contadini, Cassego.

6 Archivio De Paoli, Porciorasco, N. 13, Museo Contadini, Cassego.

7 The coring was done by Roberta Cevasco, Diego Moreno and Charles Watkins; the ring counting was undertaken by Robert Howard, Nottingham Tree-ring Dating Laboratory.

8 M. Conedera et al., 'The Cultivation of Castanea Sativa (Mill.) in Europe, from its Origin to its Diffusion on a Continental Scale', *Vegetation History and Archaeobotany*, 13 (2004), pp. 161–79, 165.

9 Nick P. Branch, 'Late Würm Lateglacial and Holocene Environmental History of the Ligurian Apennines, Italy', in *Ligurian Landscapes: Studies in Archaeology, Geography and History*, ed Ross Balzaretti et al. (London, 2004), p. 57.

10 Conedera et al., p. 61.

11 Ross Balzaretti, *Dark Age Liguria* (London, 2013), p. 57.

12 Enzo Baraldi et al., 'Ironworks Economy and Woodmanship Practices, Chestnut Woodland Culture in Ligurian Apennines (16–19th C.)', in *Protoindustries et Histoire des Forêts,* ed. Jean-Paul Métaillé (Toulouse, 1990), pp. 135–50.

13 Cécile Robin and Ursula Heiniger, 'Chestnut Blight in Europe: Diversity of *Cryphonectria Parasitica*, Hypovirulence and Biocontrol', *Journal of Forest Snow and Landscape Research*, 76 (2001) pp. 361–7.

14 Carlo Montanari et al., *Note Illustrative Della Carta Della Vegetazione dell'Alta Val di Vara, Supplemento agli atti dell'Istituto Botanico e Laboratorio Crittogamico dell'Universita di Pavia, Serie 7,* 6 (1987).

15 Charles Watkins, 'The Management History and Conservation of Terraces in the Val di Vara, Liguria', in *Ligurian Landscapes: Studies in Archaeology, Geography and History*, ed. Ross Balzaretti, Mark Pearce and Charles Watkins (London, 2004), pp. 141–54.

16 Diego Moreno, 'Liguria', in *Paesaggi Rurali Storici per un Catalogo Nazionale*, ed. Mauro Agnoletti (Rome, 2010), pp. 180–203, 185.

17 See www.wildenerdale.co.uk and www.rewildingeurope.com.

🌿 后记

1 Michael Williams, *Americans and Their Forests: A Historical Geography* (Cambridge, 1989); George F. Peterken, *Natural Woodland* (London, 1996); George F. Peterken, *Meadows* (Gillingham, 2013).

2 Colin Tudge, *The Secret Life of Trees* (London, 2005).

3 William Cobbett, *The Woodlands* (London, 1825) paragraph 323.

4 Forestry Commission Scotland, 'Historic Woodland Survey at South Loch Katrine', www.forestry.gov.uk/histenvpolicy. The research was undertaken by Coralie Mills, Peter Quelch and Mairi Stewart.

5 Louis Gil, Pablo Fuentes-Utrilla, Álvara Soto, M. Teresa Cervera and
  Carmen Collada, 'English Elm is a 2,000-year-old Roman Clone', *Nature*,
  431 (28 October 2004), p. 1053.
6 Robert Lowe, *General View of the Agriculture of the County of Nottingham*
  (London, 1798).
7 A complete history of spread of this disease and its identification, with a
  distribution map, is at www.forestry.gov.uk/chalara.

参考资料

Baigent, Elizabeth, 'A "Splendid Pleasure Ground [for] the Elevation and Refinement of the People of London": Geographical Aspects of the History of Epping Forest, 1860–95', in *English Geographies, 1600–1950*, ed. Elizabeth Baigent and Robert Mayhew (Oxford, 2009)

Balzaretti, Ross, *Dark Age Liguria* (London, 2013)

——, et al., *Ligurian Landscapes: Studies in Archaeology, Geography and History* (London, 2004)

Bean, William J., *Trees and Shrubs Hardy in the British Isles*, 7th edn (London, 1951)

Birrell, Jean, 'Records of Feckenham Forest, Worcestershire, *c.* 1236–1377', *Worcestershire Historical Society New Series*, 21 (2006)

Cevasco, Roberta, *Memoria Verde: Nuovi Spazi per la Geografia* (Reggio Emilia, 2007)

Chambers, Douglas, *The Planters of the English Landscape Garden: Botany, Trees and the Georgics* (New Haven, CT, and London, 1993)

Coles, Bryony, and John Coles, *Sweet Track to Glastonbury: The Somerset Levels in Prehistory* (London, 1986)

Collins, E.J.T., 'Woodlands and Woodland Industries in Great Britain during and after the Charcoal Iron Era', in *Protoindustries et Histoire des Forêts*, ed. J.-P. Métaillé (Toulouse, 1992), pp. 109–20

Daniels, Stephen, and Charles Watkins, 'Picturesque Landscaping and Estate Management: Uvedale Price at Foxley, 1770–1829', *Rural History*, 2 (1991), pp. 141–70

Edlin, Herbert L., *Woodland Crafts in Britain* (London, 1949)

Elliott, Paul A., et al., *The British Arboretum: Trees, Science and Culture in the Nineteenth Century* (London, 2011)

Elwes, H. J., and A. Henry, *The Trees of Great Britain and Ireland*, (Edinburgh, 1906–13)

Evelyn, John, *Sylva* (London, 1664; 1670; 1706)

Gilpin, William, *Remarks on Forest Scenery and other Woodland Views* (London, 1791)

Griffin, Carl, 'Protest Practice and (Tree) Cultures of Conflict: Understanding the Spaces of "Tree Maiming" in Eighteenth- and Early Nineteenth-century England', *Transactions of the Institute of British Geographers*, 33 (2008), pp. 91–108

Hadfield, Miles, *Landscape with Trees* (London, 1967)

Hæggström, C.-A., 'Pollard Meadows: Multiple Use of Human-made Nature', in *The Ecological History of European Forests*, ed. Keith Kirby and Charles Watkins (Wallingford, 1998), pp. 33–42

Hartley, Beryl, 'Exploring and Communicating Knowledge of Trees in the Early Royal Society', *Notes and Records of the Royal Society*, 64 (2010), pp. 229–50

Hooke, Della, *Trees in Anglo-Saxon England: Literature, Lore and Landscape* (Woodbridge, 2010)

Jarvis, P. J., 'Plant Introductions to England and Their Role in Horticultural and Silvicultural Innovation, 1500–1900', in *Change in the Countryside: Essays on Rural England, 1500–1900*, ed. H.S.A. Fox and R. A. Butlin (London, 1979), pp. 145–64

Keyser, Richard, 'The Transformation of Traditional Woodland Management: Commercial Sylviculture in Medieval Champagne', *French Historical Studies*, 32 (2009), pp. 353–84

Kirby, Keith, and Charles Watkins, *The Ecological History of European Forests* (Wallingford, 1998)

Langton, John, and Graham Jones, *Forests and Chases of England and Wales, c. 1000–c. 1500* (Oxford, 2010)

Linnard, William, *Welsh Woods and Forests* (Llandysul, 2000)

Loudon, John Claudius, *Arboretum et Fruticetum Britannicum* (London, 1838)

Meiggs, Russell, *Trees and Timber in the Ancient Mediterranean World* (Oxford, 1982)

Métaillé, J. P., *Protoindustries et Histoire des Forêts* (Toulouse, 1992)

Mileson, Stephen, *Parks in Medieval England* (Oxford, 2009)

Moreno, Diego, *Dal Documento: Storia e Archeologia dei Sistemi Agro-Sylvo-Pastorali* (Bologna, 1990)

——, 'Liguria', in *Paesaggi Rurali Storici per un Catalogo Nazionale* ed. Mauro Agnoletti (Rome, 2010), pp. 180–213

Peterken, George, *Woodland Conservation and Management* (London, 1981)

——, *Natural Woodland* (Cambridge, 1996)

Petit, Sandrine, and Charles Watkins, 'Pollarding Trees: Changing Attitudes to a Traditional Land Management Practice in Britain, 1600–1900', *Rural History*, 14 (2003), pp. 157–76

Powell, J. M., '"Dominion over Palm and Pine": The British Empire Forestry Conferences, 1920–1947', *Journal of Historical Geography*, 33 (2007), pp. 852–77

Price, Uvedale, *Essays on the Picturesque as Compared with the Sublime and the Beautiful: And, on the Use of Studying Pictures for the Purpose of Improving Real Landscape* (London, 1810)

Rackham, Oliver, *Ancient Woodland* (London, 1980)

——, *History of the Countryside* (London, 1986)

——, *Woodlands* (London, 2006)

Radkau, Joachim, 'Wood and Forest in German History: In Quest of an Environmental Approach', *Environment and History*, 2 (1996), pp. 63–76

Ryle, George, *Forest Service: The First Forty-five Years of the Forestry Commission of Great Britain* (Newton Abbot, 1969)

Salbitano, Fabio, *Human Influence on Forest Ecosystems Development in Europe* (Bologna, 1988)

Saratsi, Eirini, et al., *Woodland Cultures in Time and Space* (Athens, 2009)

Saunders, Corinne, *The Forest of Medieval Romance: Avernus, Boceliande, Arden* (Woodbridge, 1993)

Schlich, W. A., *Manual of Forestry* (London, 1889–96)

Shakesheff, Tim, 'Wood and Crop Theft in Rural Herefordshire, 1800–60', *Rural History*, 13 (2002), pp. 1–17

Slive, Seymour, *Jacob van Ruisdael: A Complete Catalogue of His Paintings, Drawings and Etchings* (New Haven, CT, and London, 2001)

Sloman, Susan, *Gainsborough in Bath* (New Haven, CT, and London, 2002)

Smout, T. C., et al., *A History of the Native Woodlands of Scotland, 1500–1920* (Edinburgh, 2005)

Symonds, H. H., *Afforestation in the Lake District: A Reply to the Forestry Commission's White Paper of 26th August 1936* (London, 1936)

Tachibana, Setsu, and Charles Watkins, 'Botanical Transculturation: Japanese and British Knowledge and Understanding of *Aucuba japonica* and *Larix leptolepis*, 1700–1920', *Environment and History*, 16 (2010), pp. 43–71

Taylor, Maisie, 'Big Trees and Monumental Timbers' in *Flag Fen: Peterborough Excavation and Research, 1995–2007*, ed. Francis Pryor and Michael Bamforth (Peterborough, 2010)

Tittensor, Ruth, *From Peat Bog to Conifer Forest* (Chichester, 2009)

Totman, Conrad, *The Green Archipelago: Forestry in Pre-industrial Japan* (Berkeley, CA, 1989)

Tubbs, Colin, *The New Forest* (London, 1986)

Vera, Frans, *Grazing Ecology and Forest History* (Wallingford, 2000)

Warde, Paul, *Ecology, Economy and State Formation in Early Modern Germany* (Cambridge, 2006)

Watkins, Charles, *Woodland Management and Conservation* (Newton Abbot, 1990)

——, *European Woods and Forests: Studies in Cultural History* (Wallingford, 1998)

——, and Ben Cowell, *Uvedale Price, 1747–1829: Decoding the Picturesque* (Woodbridge, 2012)

Whyte, Nicola, 'An Archaeology of Natural Places: Trees in the Early Modern Landscape', *Huntington Library Quarterly*, 76 (2013), pp. 499–517

Wickham, Chris, 'European Forests in the Early Middle Ages: Landscape and Land Clearance', in *Land and Power: Studies in Italian and European Social History, 400–1200*, ed. Chris Wickham (London, 1994), pp. 155–99

Wiltshire, Mary et al., *Duffield Frith: History and Evolution of a Medieval Derbyshire Forest* (Ashbourne, 2005)

Young, Charles, *The Royal Forests of Medieval England* (Philadelphia, PA, 1979)